纺织检测知识丛书

功能性纺织产品性能评价及检测

党 敏 主 编

中国纺织出版社

内 容 提 要

本书系统地介绍了功能性纺织产品的功能性原理和加工手段，着重介绍了吸湿快干纺织产品、防水透湿纺织产品、温度调节纺织产品、防湿与防风纺织产品、抗微生物和消臭纺织产品、防螨和防蚊纺织产品、远红外纺织产品、负离子纺织产品、芳香纺织产品、防紫外线纺织产品、抗静电纺织产品和阻燃纺织产品的检测标准、检测原理、检测设备和技术要求，并讨论了相关标准的适用性。最后，还对功能性纺织产品开发和应用中的生态安全与环境问题进行了阐述。

本书适合纺织科研人员、纺织技术人员和纺织检测人员阅读，也可作为纺织高等院校专业教材或参考书。

图书在版编目(CIP)数据

功能性纺织产品性能评价及检测/党敏主编．--北京：中国纺织出版社，2019.10

(纺织检测知识丛书)

ISBN 978-7-5180-5890-7

Ⅰ.①功… Ⅱ.①党… Ⅲ.①功能性纺织品—性能检测 Ⅳ.①TS107

中国版本图书馆CIP数据核字(2019)第004874号

策划编辑：沈 靖 孔会云 责任编辑：沈 靖
责任校对：楼旭红 责任印制：何 建

中国纺织出版社出版发行
地址：北京市朝阳区百子湾东里A407号楼 邮政编码：100124
销售电话：010—67004422 传真：010—87155801
http://www.c-textilep.com
中国纺织出版社天猫旗舰店
官方微博 http://weibo.com/2119887771
北京市密东印刷有限公司印刷 各地新华书店经销
2019年10月第1版第1次印刷
开本：787×1092 1/16 印张：16
字数：312千字 定价：128.00元

前言

功能性纺织品是指纺织品除了具有基本的保暖和蔽体功能之外,还具有某种或某几种特殊功能,如满足运动舒适功能的吸湿快干性能、防水透湿性能和温度调节性能;满足普通穿着舒适性的防沾湿和防风性能;提高卫生功能的抗菌、防霉、消臭性能和防螨、防蚊性能;满足保健要求的远红外性能、负离子性能和芳香性能;保障人体安全与防护功能的防紫外线性能、抗静电性能和阻燃性能等。功能性纺织品的设计和开发,不仅满足了人们对高品质生活的追求,也使人们的生活更加健康、舒适和环保。

功能纺织品的发展、研究和应用已成为当前科学技术发展的重要组成部分。自20世纪90年代以来,中国功能性纺织品研究和开发呈现蓬勃发展的态势,作为全球纺织大国,我国的功能性纺织品也为世界纺织市场做出了卓越的贡献。功能性纺织品的蓬勃发展,一方面得益于人们消费水平的不断提高,对高品质纺织产品需求的不断增加,促使一部分纺织品生产企业加大功能性纺织品的开发力度和投入,以满足这种消费趋势的要求。另外一方面还得益于基础科学、新工艺、新理论的不断发展,使各种新型功能纤维和功能性纺织品整理从技术和设备上得以成型,得到应用。典型的技术应用例子有异形截面纺丝技术和复合纺丝技术。异形截面纺丝技术衍生出了吸湿快干纤维和保暖纤维,而复合纺丝技术衍生出了抗静电纤维、负离子纤维和防紫外线纤维等。

我国功能性纺织品开发起步较晚,短时间蓬勃发展的背后,也经历了阵痛,比如功能性纺织产品一哄而上、鱼龙混杂、消费者的信任度下降等问题。随着国家对市场抽查力度不断加大,行业和市场得以不断规范,已逐渐形成了具有一定规模、品种相对齐全、功能日趋完善、发展相对稳定的功能性纺织品产业格局。在功能性纺织品功能评价方面,标准化组织、企业和检测行业做了大量工作,不断开发出相应的功能性纺织品检测标准,并结合消费者实际应用情况及时更新测试方法和标准。但相对而言,我国的功能性纺织品检测标准还存在一定程度的滞后或缺失,同时,还存在某些功能性评价指标要求过高或过低等问题。

另一个易于被忽视的问题是功能性纺织品的生态安全性问题。众所周知,功能性纺织品的某些特殊功能,主要是通过在纤维材料中添加或在产品后整理中使用某些具有特殊功能的化学物质来实现的。但目前在功能性纺织品上使用的这些化学物质有相当一部分并未经过严格的生态安全性能评估,特别是缺乏经过长期跟踪分析的安全风险评估。

有鉴于此,本书吸收国内外研究成果,结合科研、生产实践和纺织品功能性检测实践,系统地阐述了功能性纺织品的生产原理、检测标准、技术手段和评价指标,梳理了功能性纺织品测试的原理和设备,分析了现有标准的适用性等问题。同时,还对功能性纺织品的生态安全性问题做了分析和阐述。本书作为纺织检测知识丛书之一,可用作纺织科研人员、纺织检测人员和纺织高校的参考书目,旨在帮助纺织专业人员梳理功能性纺织品的生产原理,拓展功能性纺织品检测技术知识,提高从业人员技术水平。

本书的前言和第一章、第二章、第六章、第七章、第八章、第九章、第十章由党敏撰写，第三章由吕晶撰写，第四章由蒋莺撰写，第五章、第十二章由姚江薇撰写，第十一章由李金秀、党敏撰写，第十三章由王建平撰写，党敏负责全书的统稿和修改。本系列丛书的编著得到了天祥集团(Intertek)管理层和专家团队的大力支持，在此深表谢意！同时，本书引用了纺织业界学者们公开发表的学术文献和学术专著，结合本人对功能性纺织品及其检测性能的理解，力求为读者提供翔实全面的知识体系。在此，对被引用文献的作者和对本书的编著和出版做出贡献的人员表示衷心的感谢！

功能性纺织品代表了纺织发展的前沿和趋势，在科技日新月异的今天，功能性纺织品必将有长足的发展。也正是由于科技的不断更迭，加之作者水平有限，书中难免有不足之处，欢迎广大读者批评指正，我们所有参与编著的人员将不胜感激！

作者

2019 年 4 月 22 日

目录

第一章　吸湿快干纺织产品检测技术

随着人们生活水平的不断提高，服装的舒适性越来越受到广泛关注，而服装的吸湿快干性能是影响服装穿着舒适性的重要因素。纯棉织物在崇尚自然、环保、舒适的21世纪，以其柔软和高透气性，备受人们青睐。纯棉织物在出汗量不大时，能提供令人满意的舒适性。但当夏季高温、高湿或人体大量出汗时，纯棉织物虽然可以大量吸收汗液，却由于其固有的导湿差、放湿慢的特性，致使吸湿膨胀后的棉纤维阻塞织物空隙，妨碍了皮肤与外界环境间的热湿交换，汗液、水汽留存于皮肤和织物之间，形成了令人不舒服的闷热感。而人体一旦停止出汗，缓慢的放湿过程又使织物长时间处于潮湿状态，造成阴冷感。

有鉴于此，人们从未减缓开发吸湿速干纺织品的脚步，比如，从较早的异形截面，且表面有沟槽的化学纤维 Coolmax，到兼具异形截面、沟槽效果和无数细微长孔的 Coolplus；从单纯应用吸湿快干纤维生产吸湿快干面料到通过混纺、构思不同织物组织结构和后整理的吸湿快干面料开发；从开发吸湿快干性能良好的面料到吸湿快干性能卓越的单向导湿面料；从开发单一吸湿快干功能到集合多种功能于一体的复合功能面料。

第一节　纺织品吸湿快干原理

一、水在纤维中的存在形式

（一）气相水的吸收

传统意义上的吸湿是指纤维吸收气相水，这种水多以结合水形式存在，是与纤维分子键合的水分子，它们靠氢键或者分子间力紧密结合在纤维分子上。纤维上结合水的量与纤维分子结构、化学组成和无定形区密切相关。含亲水性基团越多、无定形区越大，吸湿性能越好。当织物上只存在结合水时，人体不会有湿感。

1. 亲水基团的影响

亲水基团能与水分子形成水合物，是纤维具有吸湿能力的主要原因。吸收水分子的多少同纤维大分子上亲水基团的多少、性质和强弱有关。

纤维中常见的亲水基团有羟基(—OH)、氨基(—NH_2)、羧基(—COOH)、酰氨基(—NHCO—)等，这些亲水基团对水分子有较强的亲和力，它们与水蒸气分子缔合形成氢键，使水蒸气分子失去热运动能力，而在纤维内依存下来。纤维中游离的亲水基团越多，基团的极性越强，纤维的吸湿能力就越强。

天然纤维由于都是靠水分而生长的，故无论动物纤维还是植物纤维都含有较多的亲水基团：棉纤维大分子中含有很多羟基，羊毛纤维大分子中有很多酰氨基、羟基、氨基，所以它们具有较好的吸湿能力。维纶大分子中虽然有羟基，但缩甲醛化后数量较少，所以吸湿性比棉和黏胶纤维差,但在合成纤维中其吸湿能力较好。锦纶大分子内有一定数量的酰氨基,所以也有一定的吸湿能力。腈纶大分子中只有亲水性极弱的氰基(—CN),故吸湿能力差。涤纶、丙纶和氯纶大分子中不含亲水基团或亲水性极弱,故吸湿能力极差,尤其是丙纶基本不吸湿。

2. 结晶区和无定形区的影响

纤维中的大分子在结晶区中紧密而有规则地排列在一起,在晶区中,活性基团之间形成交联,如纤维素中的羧基间形成氢键,聚酰胺中的酰氨基间形成氢键,所以水分子不容易渗入结晶区。如果要使晶区分子吸湿,必须破坏这种结构,使活性基团处于游离状态。因此,纤维的吸湿主要发生在无定形区,且纤维的结晶度越低,吸湿能力越强。棉和黏胶纤维同样是纤维素纤维,大分子结构相同,但是由于棉的结晶度为70%,而黏胶纤维仅为30%左右,所以黏胶纤维的回潮率明显大于棉纤维。在任何一种相对湿度环境下,纤维的吸湿量与其无定形区含量成比例。在同样的结晶度情况下,晶区的大小对吸湿性也有影响。一般来说,晶区小、晶粒表面积大,晶粒表面未键合的亲水基团也多,因而吸湿性较强。

(二)液相水的吸收

现代意义上的吸湿是指纺织品吸收液相水的能力。这一点在吸湿快干产品的宣传及其测试方法上,表现尤为突出。比如,商家宣传吸湿产品时,会表明其产品能迅速吸收汗水;国内外的吸湿快干产品检测标准中,吸湿性模拟的是显汗时织物对液态水的吸收情况。

纤维吸收液相水时,水分子先靠氢键或分子间力紧密结合在纤维分子上,形成结合水。随后再在结合水之外,运用结合水分子间存在的氢键吸附在结合水上,形成中间水。由于中间水的存在,皮肤会有凉感。而自由水是在中间水之外的水,它们与织物间作用力非常微弱。当带有自由水的织物与皮肤相接触时,人体会感到湿润。液相水的吸收主要和下面因素有关。

1. 纤维内微孔、缝隙的影响

天然纤维在生长过程中,形成各种结晶聚集体,其中基原纤之间、微原纤之间以及巨原纤之间,都存在一些缝隙和微孔,它们的尺寸从不到1纳米至几百纳米。

比如,棉纤维中,微原纤内有1nm左右的缝隙和微孔,原纤之间有5~10nm的缝隙和微孔,而在次生胞壁中日轮层之间则有100nm的缝隙和微孔,棉纤维就是一种多孔性结构的纤维。虽然结晶把大部分吸水的羟基封闭,导致它的吸湿率仅有8%左右,但棉纤维的多孔结构提供了很高的保水率,将近50%,比吸湿率高5倍以上。羊毛纤维中的缝隙和微孔尺寸与棉纤维相仿,所以它的保水率也在40%以上。

在化学纤维中,一般湿法纺丝成型的纤维中大都存在微孔结构,比如,黏胶纤维,它结晶度比棉纤维低,因而吸湿率比棉纤维高,同时存在微孔,因而它的保水率亦优良。腈纶也是湿法纺丝成型纤维,纺丝拉伸后纤维中存在很多微孔,但经过致密化热处理,只留下极少的微孔,所以它的保水率不高。熔纺合成纤维涤纶、丙纶和乙纶,由于大分子链没有亲水基团,因而吸湿率很低,而且纤维截面呈圆形,结构致密,没有微孔和缝隙,因而保水率也极小。熔纺的聚酰胺大分子链中有亲水的酰氨基,因而吸湿率较高,但是由于纤维中没有微孔和缝隙,保水率虽比疏水性合成纤维高些,但是无法与天然纤维和黏胶纤维相比。

2. 纤维比表面积的影响

纤维集合体中,纤维越细,内部空隙越多,比表面积越大。纤维的比表面积越大,表面能也就越大,表面吸附能力越强,吸附的水分子数也越多,吸湿性越强。

3. 纤维表面形态结构及截面形态结构的影响

纤维表面具有凹槽或截面异形化，不仅增加了表面积，使纤维表面吸湿能力增强，而且也使纤维间毛细空隙内的水分增加，因此，异形纤维和表面凹凸化的纤维其吸湿率高于同组分圆形光滑的纤维。对于疏水性的化学纤维来说，利用纤维表面微细沟槽所产生的毛细现象使汗水经芯吸、扩散、传输等作用，迅速迁移至织物的表面并发散，可以达到导湿快干的目的。

二、水汽在纺织品中的传输

无感出汗时，汗以气相水的形式存在。在皮肤和织物之间的微气候空间内，一部分气相水被纤维内亲水基团吸收，形成结合水；一部分气相水穿过织物组织和纱线间的空隙，最终释放到外界空气中。

有感出汗时，纺织品吸湿快干过程包括吸水、导湿和散湿三部分，如图1－1所示。液态水首先润湿与皮肤接触的织物反面，并迅速在水平方向扩散，液态水存在于纤维内微孔和纤维之间的空隙中。微孔中的水分在水压差的作用下，从纤维的一端传输到另外一端。而更多的水分则在纤维间的空隙内进行芯吸作用，完成在织物内垂直方向的传输。芯吸作用是指纤维集合体内或单纤维空洞内，利用毛细管势能和未饱和毛细管流动机理，将水分沿着纤维缝隙或内孔传输的过程。另外，随着织物反面汗液吸收的不断增加，织物反面吸水接近饱和，而织物正面仍处于相对干燥状态，织物正反两面形成湿度压力差，水分子在此压力差作用下，从织物反面向正面移动，这就是差动毛细效应。这样织物反面所吸收的水分被源源不断地输送到织物正面，并在织物正面蒸发，实现织物的快干。

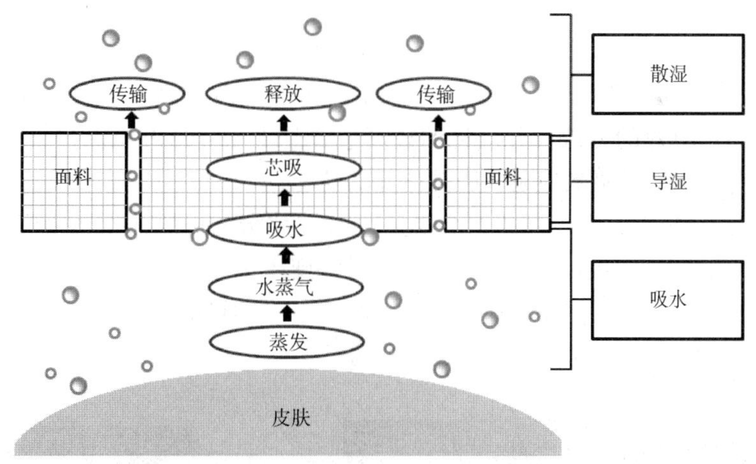

图1－1　纺织品吸湿快干过程图

由此可见，织物吸湿快干是一个连续的动态过程，吸水、导湿和散湿三个环节紧密相连。吸湿快干面料的吸水过程要快，否则汗液长时间滞留在皮肤表面，造成黏闷感，影响人体舒适性和人体运动机能。故所选纤维要容易被润湿，或具有一定储水功能，可采用比表面积大的纤维、具有微孔或贯通空腔的纤维。棉纤维具有亲水基团羟基，有良好的吸水性。但羟基与水分子的结合力较大，在传输水分子和蒸发水分子时，所需克服分子间结合力来释放水分子的能量高，所花时间长。也可直观地理解为棉纤维与普通涤纶相比，吸水锁水能力更强。由此可见，吸湿快干面料不仅要求面料具有良好的吸水性,还要求其具有较低的锁水性,能快速将所吸水分传输出去。同时,人体出汗后,尽量减少汗液在贴皮肤的织物反面上扩散,而是直接被导向织物正面,在正面蒸发,以保持织物内层相对干燥,减少人体和织物之间的黏着效应。疏水高导湿纤维织成的面料,可实现把汗液从皮肤吸附至织物正面,不倒流,不会进入纤维内部,利用差动芯吸效应将水分从织物反面传输到织物正面,进而蒸发干燥。

第二节 吸湿快干纺织品

一、吸湿快干纤维

"吸湿排汗"要求纤维同时具有吸水性和快干性,无论天然纤维还是合成纤维都很难兼具这两种性能。科研工作者尝试以化学或物理方法将聚合物分子亲水化,或将纤维表面粗糙化、异形化和细孔化,使疏水性的合成纤维转变成亲水性的合成纤维,让汗气和汗液通过衣料快速吸收水分,并向体外逸散。水分的扩散、蒸发又会产生汽化热,使衣料的温度下降,产生凉爽感,达到吸汗、快干、凉爽的要求。

(一)利用物理改性获得吸湿速干性

1. 超细纤维

如图1-2所示,在同样线密度丝束中,超细纤维单丝根数比普通纤维多,会形成更多的纤维间隙,进而形成更多的毛细管,差动毛细芯吸效应明显增加,大大改善了织物的透气性和疏水导汗性能。

2. 异形截面法

具有吸湿快干功能的纤维,一般都要有高的比表面积。改变喷丝孔形状是提高纤维导湿性的简单、直观且行之有效的方法。导湿性的提高主要是由于异形纤维纵向表面产生了许多沟槽,纤维通过这些沟槽的芯吸效应起到吸湿排汗的功能,图1-3为十字形纤维横截面图。同时因纤维间有较大的空隙而具有良好的毛细效应,加快了水分的扩散,润湿蒸发面积显著增大,水分的扩散和干燥速度大大增强,从而具有良好的吸湿排汗和导湿功效。由于汗液能快速蒸发带走人体的部分热量,使体表的温度有所下降,从而让人体感觉凉爽,即使在剧烈运动之后,衣物也会干爽不贴身,能够使运动员保持最佳运动状态。

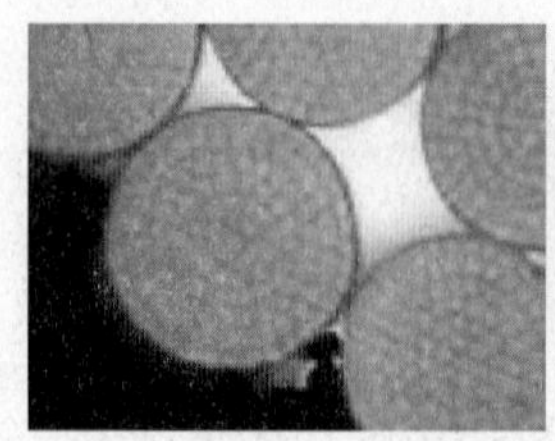

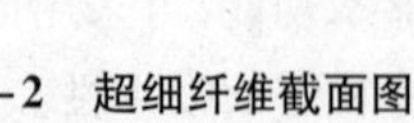

(a)海岛型超细纤维　(b)锦/涤复合超细纤维

图1-2 超细纤维截面图

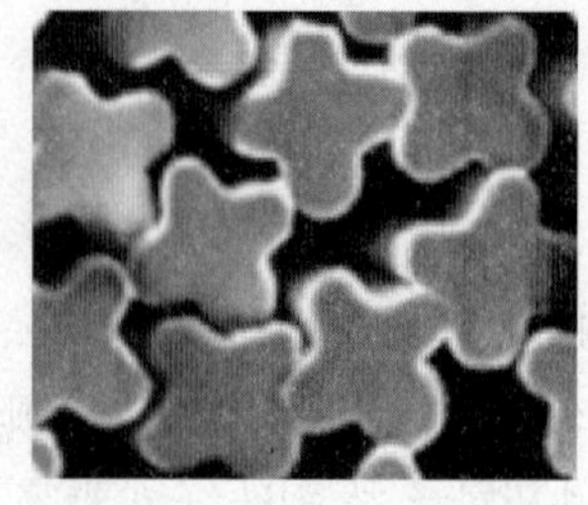

图1-3 十字形纤维横截面

通过比较各异形纤维可以发现,纤维的吸湿功能不仅与异形度有关,还与沟槽的深度和形状有关。而不同异形截面纤维在异形度相同时，导湿性能也不一样，带有较深且较窄沟槽的异形纤维导湿性能好。当水珠滴落在上面时，沟槽产生加速的排水效果，人体的汗液利用纱中纤维的细小沟槽被迅速扩散到布面，再利用异形截面产生的高比表面积，使水分快速地蒸发到空气中。异形纤维还使纱具有良好的蓬松性，织物具有良好的干爽效果，如图1－4所示。

图1－4　异形纤维的沟槽

3. 中空微孔纤维

中空微孔纤维通常是指纤维芯部有中孔、皮层有微孔的差别化短纤维，其中有部分微孔成为从表面到中空部分的贯穿孔。当织物与汗水接触时，在毛细管效应作用下，一边从内侧贯穿孔将汗水运输向中孔，并沿中孔部分分布，一边又通过外侧微孔向空气中蒸发。因而吸水迅速，输水率高，透气性好，能较好地满足穿着舒适性的要求。这种纤维的生产利用异形孔喷丝板直接纺丝或采用复合纺丝法纺制双组分皮芯纤维得到中孔，而微孔结构的形成则是向普通聚酯中添加成孔改性剂，使它均匀分布在聚合物中，经熔融纺丝后，于织物整理阶段再用碱将其溶解出来，纤维上就留下了许多微孔。

4. 原料共混纺丝

原料共混纺丝是在原料层面进行研发，采用含有亲水性基团的聚合物与聚酯共混进行纺丝，同时采用特殊设计的异形喷丝板，生产吸湿排汗纤维；利用磺酸盐作为吸湿基团，生产具有吸湿排汗功能的纤维。

5. 双组分复合共纺

将聚酯和其他亲水性聚合物用双螺杆纺丝机进行复合共纺，制成具有皮芯复合结构的异形截面新型吸湿排汗纤维。其中，亲水性材料作为皮层，常规聚酯作为芯层，两种组分分别起亲水吸湿和导湿的作用。亲水性聚合物一般是聚醚改性聚酯和/或亲水性改性聚酰胺，该复合纤维有吸湿、导湿和吸湿排汗的功效。

（二）利用化学改性获得吸湿速干性

1. 用亲水性基团接枝共聚

可通过接枝共聚的方法，在大分子结构内引入亲水基团，从而增加纤维吸湿排汗性能。常采用引入羟基、酰氨基、羧基、氨基等。由于聚酯分子链结构具有紧密的敛集能力和高结晶度，并且大分子上没有活性基团，其接枝共聚要在放射线、电子线等强烈辐射引发条件下才能进行。接枝共聚的改性纤维，吸湿率可达4%～13.4%，但成本高。

2. 用亲水性化合物进行涂层处理

聚酯的疏水性除与化学结构有关外,与其表面组成也有很大关系。用亲水性整理剂对纤维进行涂层处理以改变聚酯的疏水表面层性能,是应用较广的方法。国内外已经推出了多种以亲水性为主,兼有防污、抗静电性能的整理剂。但是这种方法常因亲水剂与纤维结合不牢导致耐久性差,经过洗涤后,吸湿功能会渐渐降低。采取一定的加工方法能够减少这种弱点。

3. 应用第三单体合成具有亲水性的共聚物共混纺丝

如以间苯二甲酸—磺酸钠作为第三单体合成共聚酯,然后再与普通聚酯共混纺出中空纤维,然后对其织物进行碱减量处理。由于共聚酯容易被碱液水解,在纤维内部形成许多与中空部连通的微孔,从而使之具有良好的吸水透湿性。

4. 用丝胶朊附着

用化学方法将真丝织物煮练中所抽提出的丝胶朊附着于聚酯分子上。丝胶朊具有良好的吸湿性,而且与构成人体皮肤的氨基酸的组成接近,因此,使纤维更具有吸湿功能,且对皮肤无任何不良作用。

二、吸湿快干复合纱线和织物

(一)吸湿快干复合纱线

一般来讲,导湿纤维的性能单一,往往难以兼顾纤维的吸湿、导湿、放湿三方面的性能指标,从而使织物的吸湿排汗快干性能受到制约。将具有吸湿性的纱线和具有导湿放湿性能的纱线纺制成复合纱线,是提高织物干爽舒适性的有效途径。可以选用不同种类的纤维、纱线或长丝,利用先进的纺纱技术,通过构造不同层次的纱线来开发具有不同导湿性能的新型导湿干爽复合纱线。目前已开发的导湿干爽复合纱线主要有三种。

1. 包覆纱

将长丝和短纤维按照使用的要求,形成皮芯结构,以达到特殊的使用效果。Firacis ® 纱线就是典型代表之一。Firacis ® 纱线是东洋纺公司的一种新型复合短纤纱,采用新型纺纱工艺将一种特殊的聚酯长丝附着在优质长绒棉的外部,其纱线横截面显微镜照片如图 1 – 5 所示。由于纱线表面几乎全由聚酯长丝包覆,纱线几乎不起毛、细度均匀、富有光泽,具有常规短纤纱所不具备的如丝般光滑手感和足够的悬垂性。其织物综合了长丝纱线的触感以及优质棉的外观和特有性质,即使大量出汗也能显著降低潮湿感,几乎不沾身。同时该织物还具有极佳的汗液吸收和散逸性能,速干性好,洗后收缩率极低,不起皱,形状稳定性好。

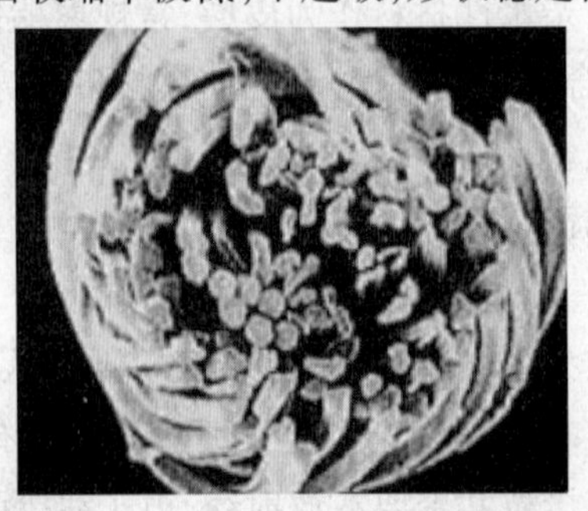

图 1 – 5　Firacis ® 纱线横截面的显微镜照片

2. 并捻纱线

将具有不同吸放湿功能的单纱或长丝通过并捻的方式，加工成并捻纱线，可以获得吸湿、导湿和散湿功能。如将具有吸湿性的棉单纱和具有导湿放湿性能的长丝捻合成并捻纱线，便能获得兼具吸湿、排汗、快干性能的纱线。

3. 多层结构复合纱线

采用不同形态或不同种类的纤维，利用先进的纺纱技术，使纱线具有多层结构。如东洋纺公司的 COOL&DRY® 复合纱，它是模拟热生理学的"热转移现象"而开发出来的一种三层结构复合短纤纱。其芯纱为粗旦聚酯长丝，中间层为超细聚酯短纤，外层为聚酯长丝，纱线横截面如图 1-6 所示。可用来在运动中和运动后调节体温，有助于在运动中通过散热、空气流动和透气控制体温，减少运动后散热，极少粘身，不会因出汗而妨碍运动。

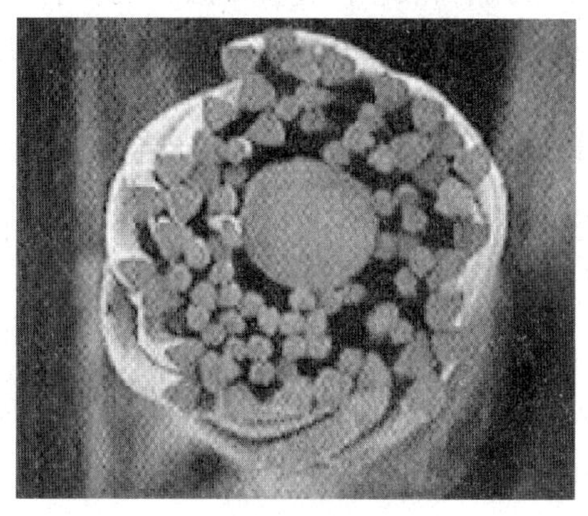

图 1-6 COOL&DRY® 纱线横截面显微镜照片

(二)吸湿快干织物

吸湿排汗运动面料以薄型居多，可以是单面织物，也可以是双层或多层织物。比如，通过提花工艺设计，合理安排面料厚薄、提花及弹性区域，满足透气和弹性的同时，使织物具有一定的吸湿排汗功能。

还可用结构法开发单向导湿双面针织面料，织物采用单面添纱提花组织、罗纹变化组织或双罗纹变化组织，内层采用疏水性纤维(如细特涤纶、丙纶等编织蜂窝或网眼等)点状组织结构，外层采用亲水性纤维(如棉、毛、黏胶等)编织高密组织结构，增加内外层织物的差动毛细效应，从而实现单向导湿功能。

此外，利用多层结构织物开发吸湿排汗面料时，一般内层为丙纶、涤纶等特细丝，中间层由棉纱构成吸湿层，外层由强力高、通透性好的纤维构成，可采用双罗纹复合组织进行编织。

织物组织结构会影响织物与水的接触面积和角度、水的传导速率与距离以及水的蒸发面积，进而影响织物的湿热舒适性。有研究人员采用 H 形截面涤纶与彩棉制成灯芯点结构单向导湿功能针织物，研究结果表明，灯芯点密度越小，织物的透湿性能和干燥性能越好。还有研究人员用异形涤纶织造了单面填纱、鱼眼结构和法国罗纹三种单向导湿针织面料，发现法国罗纹织物的单向导湿性能要优于其他两种织物。

机织物的经纬密、组织结构、纤维种类、捻度和纤维混纺比例都会对织物导湿快干性能产生影响。有研究结果表明,增加织物纬向紧度,织物的吸湿导湿性能会先提高再下降。组织中纱线的交织频率过大或过小都会影响织物的吸湿导湿性的提高。交织频率在0.2～0.4时织物的吸湿导湿性较好。还有研究表明,缎纹的吸湿快干性能要好于斜纹,平纹织物最差。

三、吸湿快干整理

通过浸轧吸湿快干功能性整理剂,可使运动面料具有吸湿快干功能。既可以在染缸内直接加入功能性染色助剂,也可以在定形时加入功能性后整理助剂。

现在市场上的吸湿快干整理剂主要是以一种水分散性聚酯为主组分的复配物,这种助剂是对苯二甲酸(乙二酯)与聚环氧乙烷的嵌段共聚物,分子结构中具有与涤纶分子结构相同的苯环,高温时由于分子链段被锚牢在涤纶的表面,使涤纶由原来的疏水性表面变成耐久的亲水性表面。水分散性嵌段共聚物的应用有轧烘焙工艺和高温浸渍两种工艺,处理效果以高温浸渍工艺较好且效果稳定。经吸湿排汗整理后,除能明显提高吸湿排汗功能外,还有抗静电和易去污效果。

为了适应聚酯织物亲水整理要求,国内一些助剂厂商和科研单位也陆续开发一批嵌段共聚物,如采用在硅氧烷骨架(主链)中进行氨基与聚醚基嵌段共聚硅氧烷线性聚合新技术,产生新的线性氨基聚醚基嵌段共聚物。目前,有资料显示应用生物酶技术也能提高聚酯纤维的亲水性。

第三节 单向导湿纺织品

人们在使用吸湿快干产品过程中发现,虽然导湿纤维或亲水整理可以解决吸湿导湿的问题,但大量出汗时仍然存在不能及时迅速将汗液排出到织物外层的现象,从而造成人体黏闷感。为了解决这一问题,使吸收的水分迅速导出不倒流,保持皮肤干爽,人们开发了单向导湿织物。

一、单向导湿原理

单向导湿织物是指通过织物内外层材料亲、疏水性的差异,将水滴从织物内层的疏水端传导至外层的亲水端,且不会出现逆流的织物。通常,织物的外层是亲水层,内层是疏水层,也有些织物为了改善内层对汗液的快速吸收,加入少部分亲水性纤维,单向导湿原理如图1-7所示。内层疏水纤维被汗液润湿后,汗液在差动毛细效应作用下,被吸附到亲水性表层并迅速挥发。同时,由于内层纤维疏水性强,纤维表面张力较大,汗液不会在内层存留,有利于保持皮肤的干爽。

单向导湿织物的单向导湿机理可以概括为差动毛细效应和湿润梯度效应。在双层结构织物中,当织物外层纤维形成细的毛细管,织物内层纤维之间形成较粗的毛细管时,在织物内外层界面间会产生附加压力差,织物中的液态水在附加压力差作用下自动从内层流到外层,形成一定的单向导湿能力。同时,当织物具有亲/疏水性双侧结构时,在织物厚度方向上从疏水性区域至亲水性区域产生润湿性梯度,水分在附加压力差的作用下产生单向导湿效应。

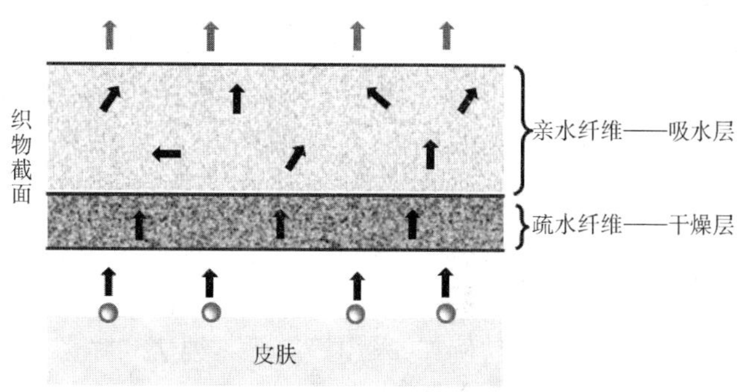

图1-7 单向导湿原理图

二、单向导湿织物

实现单向导湿的关键是使织物内外两层产生梯度润湿性，结合差动毛细效应，实现单向导湿。实践中可通过多种加工方法实现，主要包括化学法和织物组织结构设计法。

（一）利用化学法获得单向导湿织物

化学法是采用化学整理剂对织物表面进行后整理，从而改变织物的吸湿性能。根据所用整理剂和整理面的不同，可分为单面疏水整理、单面亲水整理和亲疏水双面整理。

1. 单面疏水整理

单面疏水整理是采用疏水剂对织物进行单面整理，使整理面具有疏水性，而未整理面保持亲水性，从而织物两面形成差动毛细效应，实现单向导湿。

比如，对纯棉水刺非织造材料进行单面整理，使织物一面亲水，一面疏水。对面料进行红外光谱分析后发现，经疏水剂处理后亲水基团显著减少。比较整理前后纤维的电镜照片发现，整理后棉纤维表面纵向条纹消失，因此，整理面疏水性增强。

有学者运用印花法对涤纶织物进行微型窗整理，使内外层亲疏水性差异变大，形成差动毛细效应，实现单向导湿。还有学者运用丝网印花涂层法和刮刀涂层法开发木浆复合水刺单向导湿非织造材料。有研究将拒水整理剂按一定图案印制于纯棉针织物的一面（贴皮肤面），使其具有非连续的疏水性。经实际穿着效果证实，40%拒水面积的织物湿舒适性较好，黏着性低，适合人体在湿热环境下中等运动量时穿着。还有学者研究了疏水整理图形形状（正方形、圆形、十字形、三角形、五角星形）、疏水整理图形所占面积比例（20%、40%、50%、60%、80%、100%）及疏水整理图形大小对整理后棉织物吸湿快干性能的影响。结果表明，采用正方形图案，疏水面积占总面积比例为50%，疏水整理图形为小尺寸时为宜。整理对棉织物原有吸湿性影响较小，同时能提高棉织物的放湿速率，棉织物具有了优异的吸湿快干性能，且耐水洗牢度较高。另外，利用泡沫涂层技术对纯棉针织物内表面（贴皮肤面）进行局部疏水性整理，优化工艺后，可实现良好的单向导湿功能，单向传递指数达153.35，水滴渗透平均时间为0.91s。

单面疏水整理操作简便，效果明显。只需在亲水性织物一面喷涂疏水剂，封闭亲水性基团，即可使织物形成差动毛细效应，实现单向导湿。然而，疏水剂多为含硅、含氟类化学试剂，且疏水面通常与皮肤相接处，容易使人体产生不适。无毒、健康、环境友好型的疏水剂已成为一种趋势。

2. 单面亲水整理

单面亲水整理是用亲水整理剂对织物一面进行亲水整理，使织物两面形成吸湿性差异，在差动毛细效应的作用下，实现单向导湿。

有学者采用高支羊毛/细特涤纶混纺纱与亚麻纱交织，织造纬平针添纱组织，然后利用纳米功能乳液对织物进行单面亲水整理。测试了织物的单向传递指数和液态水动态传递综合指数，与未经处理的织物相比，具有单向导湿效果。

此外，还有许多学者进行类似研究，例如，采用等离子刻蚀法和喷雾整理法对织物进行单面亲水整理，实现单向导湿性；利用亲水性整理剂对聚丙烯 SMS 非织造材料进行单面亲水整理，使非织造材料形成亲疏水双侧结构而实现单向导湿等。

单面亲水整理后，织物单向导湿效果较好，且与人体接触的疏水面不含化学试剂。然而，亲水整理需要精确的工艺条件。因此，需要严格控制工艺条件，才能使织物具有优异的单向导湿效果。

3. 亲疏水双面整理

亲疏水双面整理是对织物一面进行亲水整理，另一面进行疏水整理，使织物双面分别具有亲水性和疏水性，内外两层形成显著的差动毛细效应，实现单向导湿。

有研究人员采用亲疏水双面整理的方法，开发了梯度单向导湿针织物。该织物采用三层空气层结构，内层和外层均选用棉纱，中间层为涤纶。内层进行部分疏水整理，外层进行亲水整理，形成亲疏水梯度结构。由于织物内层为部分疏水层，水可以通过未整理部分传到中间层，在差动毛细效应作用下，经中间层传递到亲水性强的外侧，并快速扩散。同时，内层保留的水分少，使人体保持舒适。

还可以利用印花手段，先在纯棉针织物内侧进行部分疏水整理，再在外侧进行亲水整理。研究结果表明，织物内层经疏水处理后，亲水性基团被封闭，疏水性增强，自由水数量增加，易于扩散传输。

经过亲疏水双面整理的织物，差动毛细效应强于单面亲/疏水整理的织物，单向导湿效果更好。但双面整理时如果织物较为轻薄，则亲、疏水整理剂易在临界位置发生接触，从而破坏单向导湿效果。因此，在进行双面整理时应严格控制整理工艺，防止亲、疏水整理剂的直接接触。

4. 光催化法

光催化法是在化学处理的基础上，对织物进行紫外照射，使织物具有单向导湿性能的技术。织物在无光或弱光情况下表现出疏水性，具有防水透湿功能。在紫外照射之后外层变得超亲水，而内层依然保持相对疏水，这样在润湿性梯度的作用下实现水分从内层到外层的单向湿传导。并且在结束紫外照射后织物外层又逐渐回复到原来的疏水状态。

有研究利用二氧化钛在紫外光照射下的亲疏水性转换，通过对棉与黏胶两种织物进行整理，制备了一种具有光催化导湿效应的智能型织物。织物的光反应时间与恢复时间大大缩短，在照射 5 h 后单向导湿指数可达到 140 左右。

（二）利用织物组织结构设计法获得单向导湿织物

通过设计织物组织结构，合理配置纤维原料，制成两层或三层组织结构织物是一种有效实现织物单向导湿的方法。从服装穿着时同人体或大气接触的不同侧面着眼，可将织物划分为内层、中层、外层，对织物各层分别提出以下要求。

1. 内层

织物内层接触并润湿液体，液体在内层不停滞，不在皮肤表面铺展，保持织物内侧干燥，织物内表面不与人体表面粘贴。因此，对织物内层有下列要求。

(1)容易被液体润湿，并具有创造输送水分的毛细通道条件。对一定润湿性的纤维其被液体润湿的一个力学条件是刺破水膜，而且只有排除纤维表面空气分子膜的影响才能充分完全润湿。另外，单根纤维被液体润湿，并不能完成水分的大量传输，只有依靠毛细管通道内的毛细现象，才可实现水分的有效传输。所以，过大的纱线捻度和过紧的织物结构，会阻塞毛细通道，不利于导湿。

(2)吸水快，不保水，且蒸发小。内层织物不能用吸湿性太强的纤维，如棉、黏胶纤维等，可选用适当润湿性(对蒸馏水润湿角 50° ~65°)的纤维，如腈纶、丙纶、涤纶、维纶，通过适当增大孔隙率来达到快吸水的目的。

(3)保持面料与人体皮肤的不紧密接触，在两者间留有适当的微气候区，使服装不粘贴人体表面，满足人体卫生的需要。织物内表面可安排一定的不平整度或者蓬松度，纤维宜选用较柔软、无刺痒感但又能刺破水膜的纤维。可轻度起绒，使织物内侧与人体接触时，以点状接触皮肤形式吸水。将内层做成凹凸不平的表面，织物与人体间可采取“点”或“线”接触，考虑到毛细管连通的需要，内层与中层的孔隙率不能相差太大。

2. 中层

在大量连续出汗的情况下，织物主体层——中层从内层吸收、转移并储存待散逸的液体。当外层缺水时应补充蒸发用水，即毛细管道应直接或间接地连通织物外表面。中层要满足牢度、尺寸形态稳定等方面的要求。为了达到以上目的，织物中层应具备如下性能。

(1)吸水快。中层用纤维材料应具有优良的润湿性(润湿角 60°以下)，吸水时间短，毛细管道与织物内层很好贯通，纤维排列宜相对规则有序，孔隙率较低。

(2)能够从织物内层转移水。如果织物中层纤维间毛细力大于内层纤维间毛细力，则中层可将留在内层的液体转移过来，保持织物内侧的干燥，避免液体铺展粘贴。要满足此要求，中层纤维除选用易润湿纤维外，也要适当降低集合体孔隙率，通过减小毛细管等效半径来提高中层毛细力。

(3)具有一定的保水能力。织物单位面积保水量与织物厚度成正比。对于有快速吸水要求的织物，可通过改变织物中层厚度及其孔隙率来调节储水量。

3. 外层

织物外层的作用是传递散逸液体，并实现耐磨、美观等要求。大量连续出汗时，快速有效地散发汗液对调节体温具有重要意义。加快汗液蒸发可通过增大蒸发面或提高蒸发效率来达到。前者可采用使液体在织物外表面适度铺展的方法，后者则同织物表面状态有关。合适的织物外层结构可以导入织物附近空气层的对流作用，因而大大提高效率。因此，对快干功能性织物外层的要求如下。

(1)纤维润湿性能好，有较大的表面积。

(2)外表面可凹凸不平。表面有凹凸的织物在同等条件下有较高的蒸发效率。

(3)毛细输水管道与中层贯通。织物外层与中层连接好，在水分蒸发的同时织物中层能及时补水。

实际设计时,单向导湿织物的各层结构可以合并,即织物内层、中层和外层并没有严格界限,只要功能匹配、符合要求即可。单向导湿织物不仅可以是多层针织物,也可以是机织物。单向导湿织物开发还要考虑染整工艺的影响,在染整和使用中要尽量保持结构与性能的稳定。

织物组织结构设计法不采用化学试剂,织物可直接与人体接触,利于环境保护。此法织造的单向导湿织物立体感强,具有连续吸湿梯度变化,导湿效果持久。但不足之处在于织物面密度往往过高,使用纳米技术时又受产量限制。

三、织物单向导湿效果的影响因素

影响织物单向导湿效果的因素很多,可分为物理因素与化学因素。物理因素是指纤维截面形状、纤维细度、纱线捻度、织物厚度、织物紧度和织物组织结构等因素。化学因素是指整理液浓度、用量、整理面积等与化学处理方法有关的因素。

有研究人员通过对四种纯棉机织物分析研究,认为组织结构对织物单向导湿能力影响不大,而线密度、紧度、密度和厚度是影响单向导湿性能的主要因素。有学者对整理液浓度、用量和烘燥条件等影响因素进行实验研究,得出实现最佳单向导湿效果的工艺条件为:整理剂与水的体积比为 1∶5,整理液用量为 10g/m^2,烘燥温度为 90℃,烘燥时间为 3min。有研究发现,在三层织物中,内、外线密度的差异对单向导湿效果的影响更大。并在此基础上进一步研究了纤维异形度对单向导湿性能的影响,研究结果表明,异形度越大,形成的毛细管数量越多,单向导湿效果越好。此外,有研究指出,织物的内层纤维粗、纱线捻度小、密度大于外层,以及纤维伸长小于外层,均有利于提高差动毛细效应,提高织物的单向导湿性能。

第四节　纺织品吸湿性能的测试

吸湿快干纺织品作为众多功能性纺织品之一,一直备受人们关注。为了开发吸湿快干产品,各大化纤公司也积极投入研发,并推出了各种各样的吸湿快干纤维。2017 年广州消费者协会抽检了吸湿快干类产品,从抽检结果来看,吸湿快干产品的不合格率十分突出。为了更好地研究纺织品的吸湿快干性能,本节将从吸湿测试标准入手,比较、分析和梳理目前国内外吸湿测试方法的测试原理、测试设备和表征指标等。

一、纺织品吸湿性能测试标准

目前,国内外常用的纺织品吸湿性能测试标准有十余个,按测试原理可分为六大类,见表 1-1。其中,JIS 1907—2010、GB/T 21655. 1—2008 和 GB/T 21655. 2—2019 为组合测试,包含了多个吸湿性能测试方法和指标,其他标准为单一吸湿性测试。

滴水扩散时间法是被广泛使用的一种吸湿性测试方法,此方法测试简便快捷,用来模拟面料吸收一滴水的时间。垂直芯吸法适用于考核蘸湿一端面料,水分从一端传递到另外一端的能力,主要用于模拟大量出汗时,汗水润湿面料,并沿润湿面料向干燥面料扩散传输的情形。静态润湿法则侧重于考核面料被浸没水中取出后,面料的锁水能力。但并不是所有吸湿快干面料都一定要具备良好的浸没锁水能力,很多化学纤维面料并不具备良好的锁水能力,但其优良的被润湿能力和输水快干能力,使这类面料并不逊色于其他吸湿快干产品。毛圈织物整理过程中柔软剂的使用,在一定程度上削弱了毛圈织物的吸水性,ASTM D4772—2009 和 BS EN 14697—2005 则是专门针对毛圈织物的测试方法,这两个方法采用沉降法和毛圈吸水法,分别考核毛巾织物吸水的快慢和吸水量。液态水分管理测试方法将吸湿过程分为两部分,一是从液体接触织物表面,到面料开始吸收水分所需的时间,即浸湿时间,二是面料开始吸收水分后,面料内水分不断增加,由此产生的吸水速率。通过此方法,可以更精准地判断面料吸湿性,尤其适用于单向导湿面料。

表 1-1 吸湿测试标准及原理

吸湿测试原理	吸湿测试标准
滴水扩散时间法	AATCC 79—2014 纺织品的吸水性
	AATCC 198—2013 纺织品的水平芯吸
	BS 4554:1970(2012)纺织织物润湿度的试验方法
	JIS 1907:2010,纺织品吸水性试验方法,第 7.1.1 节 吸水率测试方法——滴水法
	GB/T 21655.1—2008 纺织品 吸湿速干性的评定 第 1 部分:单项组合试验法,第 8.2 节 滴水扩散时间
垂直芯吸法	AATCC 197—2013 纺织品的垂直芯吸性
	JIS 1907:2010 纺织品吸水性试验方法,第 7.1.2 节 吸水率测试方法——Byreck 法
	GB/T 21655.1—2008 纺织品 吸湿速干性的评定 第 1 部分:单项组合试验法,第 8.4 节 芯吸高度
静态润湿法	BS 3449:1990 织物耐吸水性的试验方法(静态浸渍试验)
	GB/T 21655.1—2008 纺织品 吸湿速干性的评定 第 1 部分:单项组合试验法,第 8.1 节 吸水率
沉降法	BS EN 14697:2005 纺织品 丝绒毛巾及丝绒毛巾织物:规范和试验方法,附录 B:吸湿时间的测定
	JIS 1907:2010 纺织品吸水性试验方法,第 7.1.3 节 吸水率测试方法——沉降法
毛圈吸水—水流法	ASTM D4772—2014 毛圈织物表面吸水性的标准试验方法(水流法)
液态水分管理测试方法	GB/T 21655.2—2019 纺织品 吸湿速干性的评定 第 2 部分:动态水分传递法
	AATCC 195—2017 纺织品的液态水动态传递性能

二、标准适用范围和测试样品状态

在测试范围上,除 ASTM D4772、BS EN 14697 和 BS 4554 外,其他吸湿测试标准均可适用于各类纺织品。AATCC 197、AATCC 198 和 ASTM D4772 指出,若双方协定,可以进行洗后性能的测试。而 GB/T 21655.1 和 GB/T 21655.2 则要求测试洗前和洗涤 5 次之后的样品性能。其他标准虽然没有提到是否进行洗涤后样品的性能测试,但这并不意味这些标准不适用于考核洗后样品的吸湿性能。相反,这些标准只是提供了吸湿性能的一种测试方法,至于是否测试洗后产品性能,很大程度上还取决于买家及生产厂家对产品质量控制等级和程度。表 1-2 列出了 ASTM D4772、BS EN 14697 和 BS 4554 的标准适用范围。

表 1-2 各吸湿标准的适用范围

测试标准	适用范围
ASTM D4772	仅适用于毛圈织物，不适用于非毛圈织物，如粗麻布巾、蜂巢组织毛巾、粗毛巾、面粉袋布和非织造擦拭布，也不适用于织物表面有装饰作用的毛圈，而此毛圈不起吸水作用的产品
BS EN 14697	仅适用于机织毛圈组织织物，不适用于卫生保健用毛巾和舱室用滚轴毛巾
BS 4554	主要用于含亲水性纤维的织物，不适合吸水时间超过 200s 的织物

三、测试原理和设备

1. 滴水扩散时间法

将一滴水从固定高度滴到拉紧的纺织品表面，记录从水滴接触织物表面到完全扩散（不再呈现镜面反射）所需时间。通过对滴管规格的选择，来控制每滴水的体积。除 BS 4554 的滴水高度为 6mm 外，其他标准的滴水高度均为 10mm。AATCC 79 和 JIS 1907 的 7. 1. 1 节规定，若吸湿时间超过 60s，则终止测试。JIS 1907 的 7. 1. 1 节的终止时间为 200s，GB/T 21655. 1—2009 的 8. 2 节的终止时间为 300s。为了更好地观察吸湿效果，BS 4554 还配置了遮光罩、30W 光源和观测环，如图 1-8 所示。当吸湿时间小于 2s 时，BS 4554 用 50% 糖溶液来替代蒸馏水。

AATCC 198 与上述测试原理稍有不同，设备如图 1-9 所示。首先在纺织品上画一直径为 100mm 的圆，然后在圆中心位置处利用滴管释放 1mL 的水，并开始计时。当水润湿至圆圈边线时，停止测试，并记录此时水润湿面料的长度、宽度和润湿时间。若 5min 内仍不能润湿圆圈边线，可停止测试，并记录下时间、润湿长度和宽度，并按下式计算芯吸速率。

$$W = \frac{\frac{\pi}{4} d_1 d_2}{t} \tag{1-1}$$

式中：W——芯吸速率，mm^2/s；

d_1——长度方向的芯吸距离，mm；

d_2——宽度方向的芯吸距离，mm；

t——芯吸时间，s。

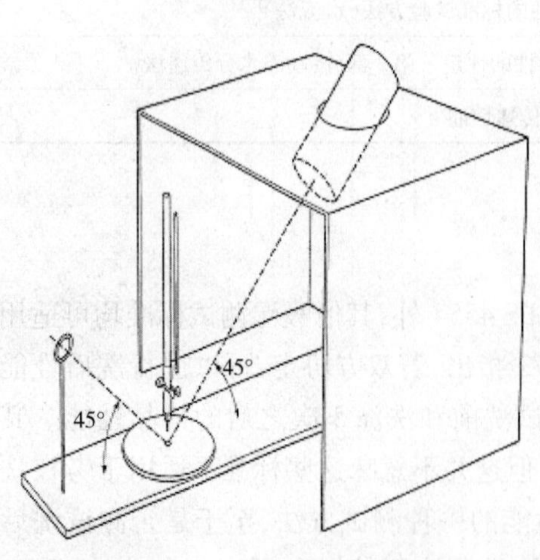

图 1-8 BS 4554 测试原理图

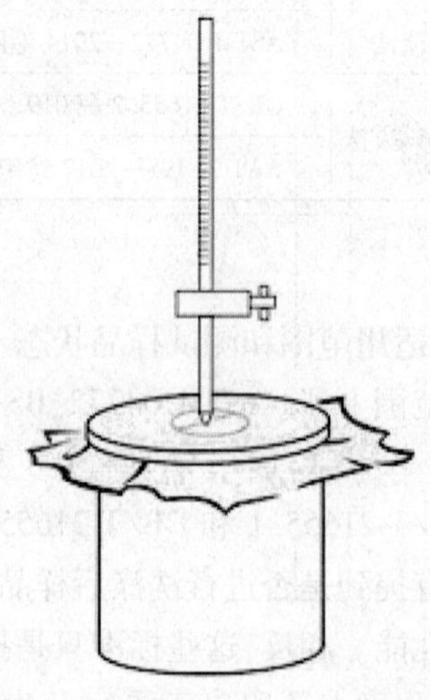

图 1-9 AATCC 198 测试原理图

2. 垂直芯吸法

应用垂直芯吸法的标准有 AATCC 197、JIS 1907 的 7.1.2 节和 GB/T 21655.1 的 8.4 节。AATCC 197 又分 A 法和 B 法。

A 法为测规定距离的芯吸时间。如图 1-10 所示,将纺织品末端 5mm 浸入水中,记录水沿着面料爬升到 20mm 和 150mm 测试线所花的时间。若 5min 仍没有达到 20mm 测试线,或者 30min 仍没有达到 150mm 的线,可终止测试,并记录芯吸高度。

B 法为测给定时间内的芯吸高度。放置试样使试样下边缘刚刚接触到液面,并开始计时。记录 2min、10min 后或其他协定时间的面料芯吸高度,多采用 30min。若 10min 后面料仍没有任何芯吸,或芯吸到面料另外一端的时间超过 30min,终止测试,并记录测试时间和距离,并按下式计算芯吸速率。

$$W = \frac{d}{t} \tag{1-2}$$

式中:W——芯吸速度,mm/s;

d——芯吸高度,mm;

t——芯吸时间,s。

JIS 1907 的 7.1.2 节和 GB/T 21655.1 的 8.4 节均采用了 AATCC 197 方法 B 的原理,但纺织品一端浸入水中的距离分别为 20mm 和 15mm。图 1-11 为 GB/T 21655.1 的测试原理图。JIS 1907 的 7.1.2 节需报告 10min 后的芯吸高度,国标方法则报告 30min 后的芯吸高度。

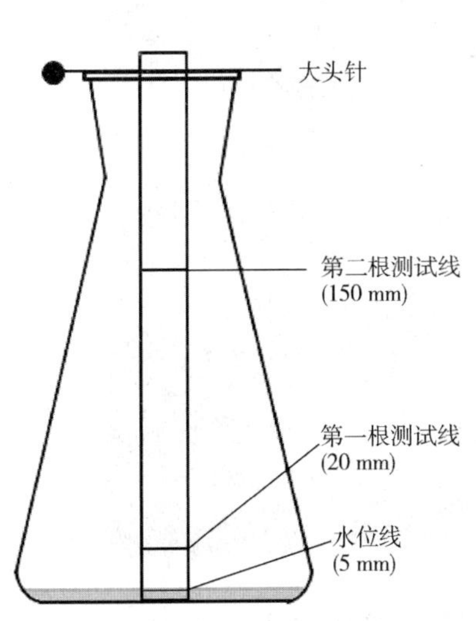

图 1-10 AATCC 197 A 法测试原理图

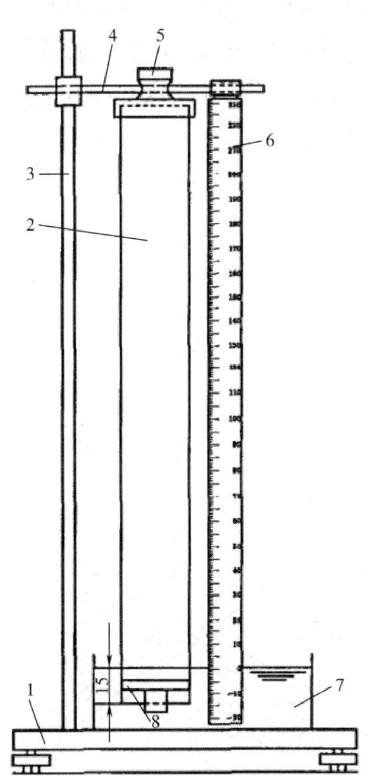

图 1-11 GB/T 21655.1 垂直芯吸测试原理图

1—底座 2—试样 3—垂直支架 4—横梁架
5—试样夹 6—标尺 7—容器 8—张力夹

3. 静态润湿法

运用静态润湿法的标准有 BS 3449 和 GB/T 21655.1 的 8.1 节。BS 3449 将面料放入如图 1－12 所示的十字金属框架中，浸入水中 20min 后取出，再放到离心脱水机中甩干 15s 后称重，并利用下式计算吸水率。十字金属框架可以有效地使面料完全浸没于水中而不漂浮。

$$吸水率=\frac{M_2-M_1-M_3}{M_3}\times 100\% \tag{1-3}$$

式中：M_1——容器质量，g；

M_2——容器和湿试样的质量，g；

M_3——调湿后试样的质量，g。

GB/T 21655.1 的浸没时间为 5min，取出后垂直悬挂，直至试样不再滴水后称重，最后计算出试样的吸水率。

4. 沉降法

沉降法是将试样水平放入盛水水槽中，使试样下表面水平接触水面，此时开始计时，随着试样吸水，试样开始下沉，记录试样完全浸没于水中所需的时间。

5. 毛圈吸水—水流法

如图 1－13 所示，ASTM D4772 采用毛圈吸水—水流法测试毛巾织物的吸水性。在漏斗中加入 50mL 蒸馏水，水流经漏斗和量筒流到面料表面，控制整个水流时间在(25 ±5)s。一部分水被测试试样吸收，另一部分水经试样流到试样下方的空盘中。将盘中收集到的水倒入量筒，称取体积。再用 50mL 减去盘中水体积，得到试样的吸水量。按照上述步骤，完成织物正面吸水量的测试后，还要进行织物反面吸水量的测试。最终，取面料正面和反面吸水量的平均值，作为该面料的总体吸水量。

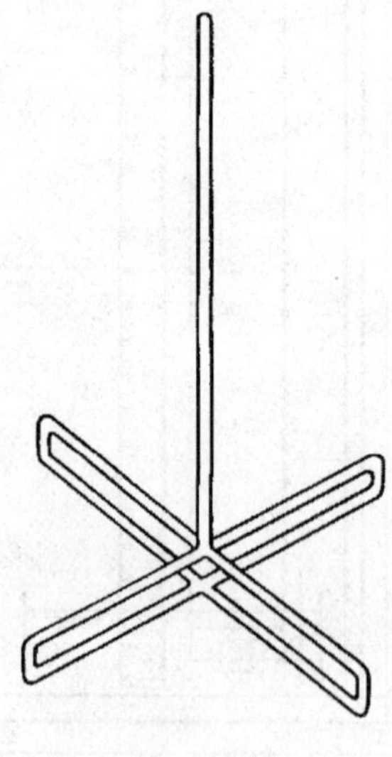

图 1－12　BS 3449 中所使用的十字金属架

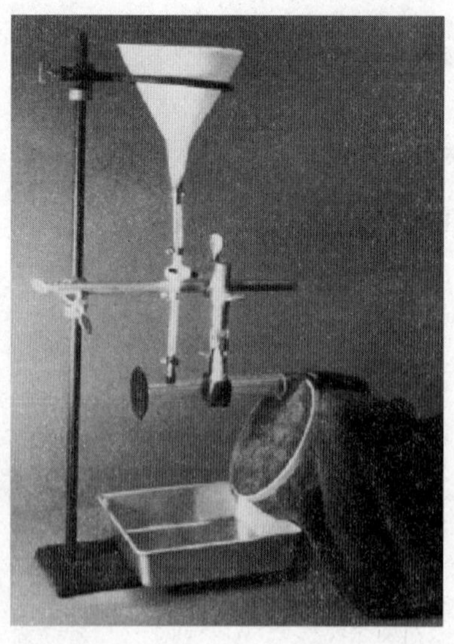

图 1－13　ASTM D4772 测试原理图

6. 液态水分管理测试方法

采用液态水分管理测试仪，按图 1－14 所示测试原理，测试时将试样放置于设备的上下同心传感器之间，将一定量的模拟汗液滴到织物上，模拟汗液会在织物上沿三维方向传递：液态水沿织物的浸水面扩散；从织物的浸水面向渗透面传递；在织物的渗透面扩散。而与测试面料紧密接触的上下传感器会测量出电阻，进而计算出面料内液态水的动态传递情况，得出浸湿时间和吸水速率。

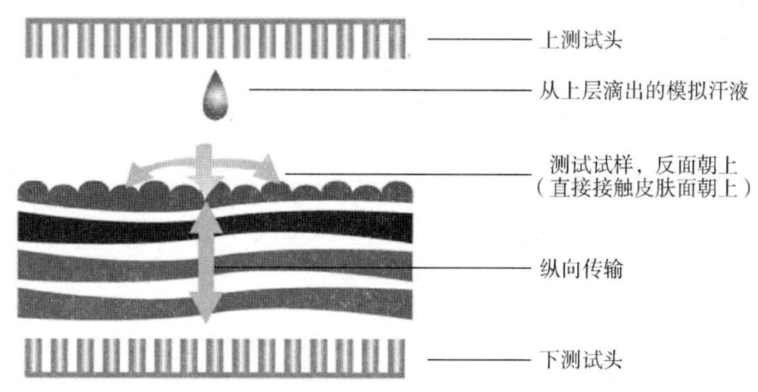

图 1－14　动态、水分传递法测试的基本原理示意图

四、测试表征指标

表 1－3 列出了不同标准采用的吸湿指标。

表 1－3　不同标准的吸湿测试指标

原理	标准	表征指标(单位)
滴水扩散时间法	AATCC 79	润湿时间(s)
	BS 4554	润湿时间(s)
	JIS 1907,7. 1. 1 节	润湿时间(s)
	GB/T 21655. 1,8. 2 节	滴水扩散时间(s)
	AATCC 198	芯吸时间(s) 芯吸距离(mm) 芯吸速率(mm^2/s)
垂直芯吸法	AATCC 197	芯吸时间(s) 芯吸高度(mm) 芯吸速率(mm/s)
	JIS 1907,7. 1. 2 节	芯吸高度(mm)
	GB/T 21655. 1,8. 4 节	芯吸高度(mm)
静态润湿法	BS 3449	吸水率(%)
	GB/T 21655. 1,8. 1 节	吸水率(%)

续表

原理	标准	表征指标(单位)
沉降法	BS EN 14697,附录 B	浸没时间(s)
	JIS 1907,7.1.3 节	浸没时间(s)
毛圈吸水—水流法	ASTM D4772	正面吸水量(mL) 反面吸水量(mL) 总体吸水量(mL)
液态水分管理测试方法	GB/T 21655.2	浸湿时间(s) 吸水速率(%/s)

国外标准一般多为测试方法,不提供各测试指标需达到的最低要求。但中国国家推荐性标准 GB/T 21655.1 和 GB/T 21655.2 中,不仅提供了吸湿速干测试方法,还规定了该类产品需达到的最低值,见表 1-4~表 1-6 所示。

表 1-4 GB/T 21655.1 吸湿快干性能技术要求

产品类别	吸湿性检测项目			速干性检测项目	
	吸水率(%)	滴水扩散时间(s)	芯吸高度(mm)	蒸发速率(g/h)	透湿量[g/(m² · d)]
针织产品	≥200	≤3	≥100	≥0.18	≥10000
机织产品	≥100	≤5	≥90	≥0.18	≥8 000

表 1-5 GB/T 21655.2 规定的各项性能指标分级标准

性能指标等级	1	2	3	4	5
浸湿时间 T(s)	>120	20.1~120	6.1~20	3.1~6	≤3
吸水速率 A(%/s)	0~10	10.1~30	30.1~50	50.1~100	>100
渗透面最大浸湿半径 R(mm)	0~7	7.1~12	12.1~17	17.1~22	>22
渗透面液态水扩散速度 S(mm/s)	0~1	1.1~2	2.1~3	3.1~4	>4
单向传递指数 O	< -50	-50~100	100.1~200	200.1~300	>300

表 1-6 GB/T 21655.2 吸湿快干性能技术要求

性能	项目	要求
吸湿速干性	浸水面和渗透面浸湿时间	≥3 级
	浸水面和渗透面吸水速率	≥3 级
	渗透面最大浸湿半径	≥3 级
	渗透面液态水扩散速度	≥3 级

续表

性能	项目	要求
吸湿排汗性	渗透面浸湿时间	≥3 级
	渗透面吸水速率	≥3 级
	单向传递指数	≥3 级

第五节 纺织品快干性能的测试

一、纺织品快干性能测试标准

目前,国内外常用的快干性能测试标准有 9 个,从测试原理上看,可分为 5 类见表 1 - 7,其中 IHTM 048 和 IHTM 048A 为天祥(Intertek)公司内部测试方法。

表 1 - 7 快干测试标准及原理

测试原理	测试标准
滴湿/润湿称重法	JIS L 1096:2010 织物和针织物的实验方法,8. 25 节 干燥
	GB/T 21655. 1—2008 纺织品 吸湿速干性的评定 第 1 部分:单项组合试验法,8. 3 节 水分蒸发速率和蒸发时间
	ISO 17617:2014 纺织品 水分干燥速率的测定
	IHTM 048 蒸发率
	IHTM 048A 蒸发率
液态水分管理测试法	AATCC 195—2017 纺织品的液态水动态传递性能
	GB/T 21655. 2—2019 纺织品 吸湿速干性的评定 第 2 部分:动态水分传递法
水分分析仪法	AATCC 199—2013 纺织品的干燥时间:水分计法
热板法	AATCC 201—2014 织物干燥速率:加热板法
透湿量法	GB/T 21655. 1—2008 纺织品 吸湿速干性的评定 第 1 部分:单项组合试验法,8. 5 节 透湿量

二、测试标准适用范围和样品状态

这 9 个测试标准在测试范围上,均适用于各类纺织品。但 AATCC 199 指出,若 AATCC 79 的预测试结果大于 30s,则该类产品不适合安排 AATCC 199 测试。除 AATCC 199、AATCC 201 和 JIS 1096 的 8. 25 节外,大部分标准考核了洗前和洗后的产品快干性能。

三、测试原理和设备

1. 滴湿/润湿称重法

JIS 1096 的 8.25 节为润湿称重方法，是将试样浸没于 20℃ 的水中，随后从水中取出，悬挂滴干称重，并记录试样达到恒重所花的时间。

滴湿称重法按照试样放置方式分垂直悬挂和水平放置两种，参数见表 1－8。采用垂直悬挂法的有 GB/T 21655.1 的 8.3 节、ISO 17617 的方法 A_1 和 A_2。以 ISO 17617 方法 A_2 为例，测试过程如下：用微量吸液管将 0.08mL 的水施加到试样接触皮肤面的中心处，再将试样垂直悬挂于天平上，并称得初始重量 M_0，如图 1－15 所示。接下来每隔 5min 称一次重量，直至测试 60min 为止，或试样上含水量不高于初始水量的 10% 为止。

表 1－8　滴湿称重法测试标准的参数

放置方式	测试标准	样品大小	滴水量（mL）	测量间隔	测试终点
垂直悬挂	GB/T 21655.1，8.3 节	至少 10cm × 10cm	0.2	5min	直至连续两次称取质量的变化不超过 1%
	ISO 17617 方法 A_1	200mm × 200mm	0.3	5min	直到测试达 60min，或含水量小于等于初始含水量的 10%
	ISO 17617 方法 A_2	100mm × 100mm	0.08	5min	
水平放置	ISO 17617 方法 B	直径为 85mm 的圆	0.1	5min	
	IHTM 048	面积为 $100cm^2$ 的圆	3	5min	30min
	IHTM 048A		1	15min 30min	

通过天平在各时刻称量的试样质量，按下式可计算出 t 时刻的干燥质量百分比 L_t。再对 t 和 L_t 的散点图做线性拟合，即可得到干燥速率。

$$L_t = \frac{M_0 - M_t}{M_0 - M_w} \times 100\% \tag{1-4}$$

式中：M_0——$t=0$ 时，试样的质量，g；

M_t——t 时刻，试样的质量，g；

M_w——滴水前试样的质量，g。

采用水平放置方法的有 ISO 17617 方法 B、IHTM 048 和 IHTM 048A。以 IHTM 048A 为例，如图 1－16 所示，将试样放入培养皿中并称重，记为重量 A。再将试样从培养皿中移出，在培养皿中央滴 1mL 水。然后，将试样重新放入培养皿中的液滴上，正面朝上，并马上称重，记为重量 B。在此之后，分别在 5min、15min 和 30min 时，称量重量，记为重量 C。按下式可计算出蒸发率。

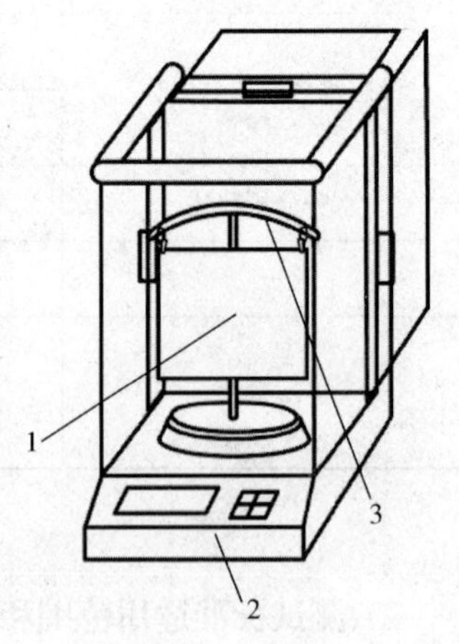

图 1－15　ISO 17617 方法 A_2 测试原理图

1—测试试样　2—天平
3—悬挂试样的支架

$$蒸发率 = \frac{B - C}{B - A} \times 100\% \tag{1-5}$$

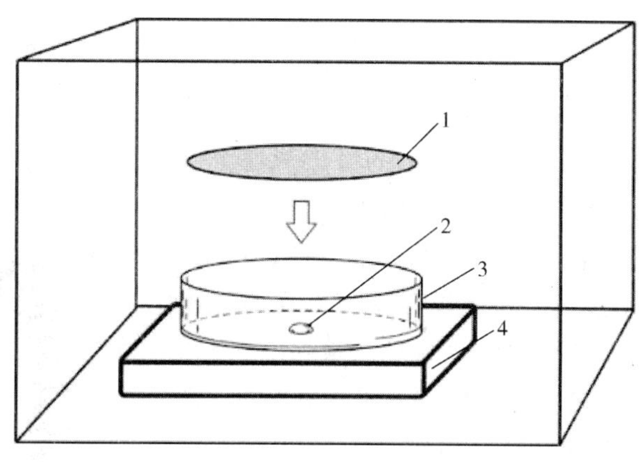

图 1-16　IHTM 048A 测试原理图

1—测试试样　2—水滴　3—培养皿　4—天平

2. 液态水分管理测试方法

液态水分管理测试仪可同时测吸湿和快干性能，测试过程同第四节中的吸湿测试。快干测试的技术指标有渗透面最大浸润半径和渗透面液态水扩散速度。液态水扩散速度是指织物表面浸湿后扩散到最大浸湿半径时，沿半径方向液态水的累积传递速度。

GB/T 21655. 2 方法中，还引入了吸湿排汗性，用渗透面浸湿时间、渗透面吸水速率和单向传递指数来考核。单向传递指数是指液态水从织物浸水面传递到渗透面的能力，是织物两面吸水量的差值与测试时间的比值。

3. 水分分析仪法

AATCC 199 运用水分分析仪自带的加热装置，将湿润的面料加热，当达到双方协定的测试终点时，记录下干燥过程所需的时间。双方协定的测试终点，可以是面料的原始干重，也可以是协定的某一重量，比如，可以是面料干重加上 4% 的水含量。

测试分为三个步骤。第一步，先找出样品的吸水面并判断样品是否适合安排 AATCC 199 测试。先将平衡后的样品按照 AATCC 79 分别滴一滴液滴在面料的正面和反面，看哪面吸水更快，进而决定该面为测试面。若正反两面的滴水吸收时间均超过 30s，则该面料不适合进行 AATCC 199 测试，测试终止。第二步，将试样称干重，记为 W_1，将试样浸没在水溶液中 1min 后取出，悬挂晾 5min，再次称重，记重量为 W_2。利用式(1-6)计算出含水率。再利用得出的含水率和样品干重，运用式(1-7)计算在干燥面料上加水的量。第三步，在水分分析仪上完成测试开机并设定温度为 37℃，半小时后，打开加热腔体，依次放入支撑架和金属网，去皮后放入干燥样品，在干燥的样品上滴式(1-7)计算出的水量，再在样品上放上金属网。关闭腔体，开始加热，直至测试终点，并记录达到测试终点所花时间，即为干燥时间。

$$含水率 = \frac{W_2 - W_1}{W_1} \times 100\% \tag{1-6}$$

$$y = x \cdot W_1 \tag{1-7}$$

式中：y——总的加水量，mL；

x——含水率；

W_1——样品干重，g。

4. 热板法

AATCC 201 加热板法的测试设备如图 1-17 所示，设备顶端有风扇，可在测试热板上方空间内提供 1.5m/s 的风速。打开设备舱门，可见中心带有圆孔的金属板。圆孔的正上方 1cm 处，有一红外热电偶探头，用来检测面料温度。按照标准设计，金属板可加热至 37℃，金属板下方为隔热板。在设备前部，还装配有风速仪。

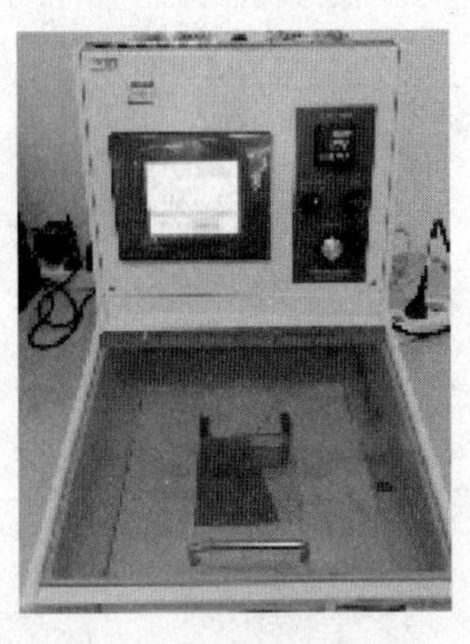

图 1-17 加热板法测干燥速率设备

测试时，先启动设备，开启风扇，使金属热板温度稳定在 37℃，注意监测风速为 1.5m/s。之后将试样放置于金属热板上 5 min，接触皮肤面接触热板。然后，掀起测试面料一角，露出金属热板上的圆孔，在圆孔处滴 0.2mL 水。再重新将样品放好，使样品覆盖水滴，并压好压板，此时开始计时。设备会自动记录各个时刻的面料温度。刚开始，面料温度会急剧下降，随着时间推移，部分水分蒸发，温度回升，直至稳定，由此可得到面料温度和时间曲线，如图 1-18 所示。对最陡的一段和最平缓的一段曲线做线性拟合，其交点即为测试终点，由此得出干燥时间。干燥速率 R 和干燥时间的关系如下：

$$R = \frac{V}{\text{干燥时间}} \quad (1-8)$$

式中：R——干燥速率，mL/h；

V——测试时滴水的体积，mL；

干燥时间——终止时间与起始时间的差值，h。

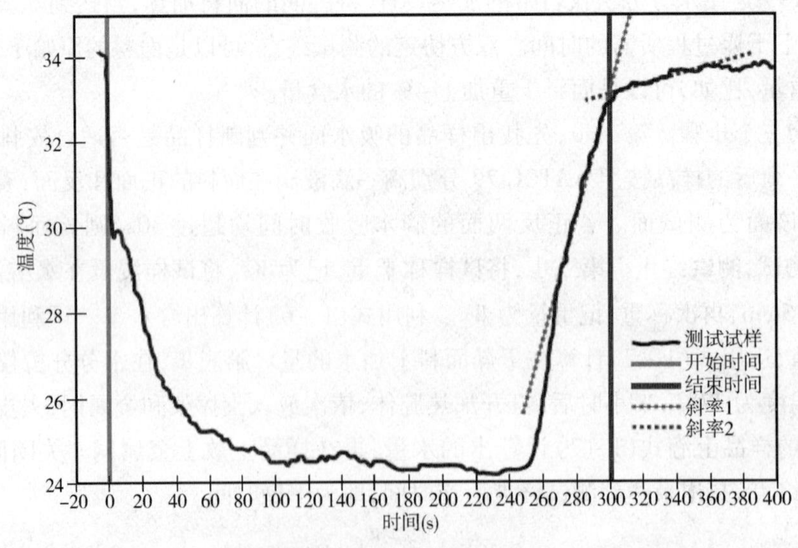

图 1-18 AATCC 201 加热板法测试温度—时间曲线图

5. 透湿量法

GB/T 21655.1 的 8.5 节考核了透湿量，测试方法依照 GB/T 12704.1—2009《纺织品 织物透湿性试验方法 第 1 部分：吸湿法》进行。不同于国外标准的吸湿量测试，透湿杯会分两次放入恒温恒湿箱中。先在如图 1－19 所示透湿杯中放入 35g 无水氯化钙干燥剂，再将试样测试面朝上放置于透湿杯上，加装垫圈、压环和乙烯胶密闭透湿杯。将此透湿杯放入规定条件的恒温恒湿箱内 1h 后，取出，盖好杯盖，放入硅胶干燥器中平衡 30min，并称重。

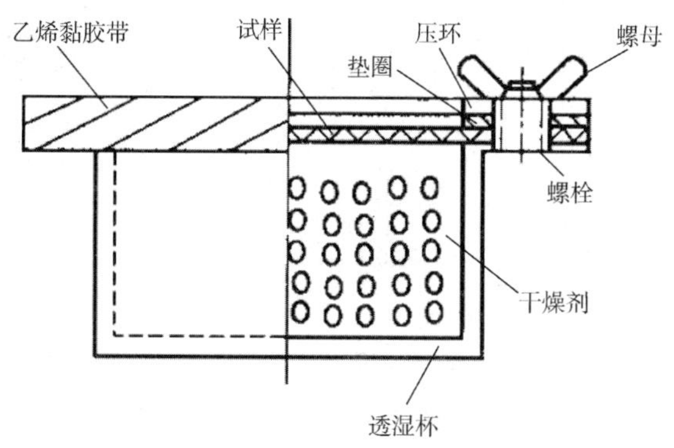

图 1－19　GB/T 21655.1 中 8.5 节透湿量法所用的透湿杯

GB/T 12704.1 推荐的 3 种恒温恒湿的环境，其中优先选择安排条件 a，即（38 ± 2）℃，（90 ± 2）% 的相对湿度。称量后轻微震动杯内的干燥剂，使其上下混合，取走杯盖，再次将透湿杯放入恒温恒湿箱内 1h，称重。最后，面料的透湿量（透湿率）计算式如下：

$$WVT = \frac{(\Delta m - \Delta m')}{A \cdot t} \tag{1-9}$$

式中：WVT——透湿率，g/（m^2 · 24h）；

Δm——同一实验组合体两次称重之差，g；

$\Delta m'$——空白样的同一实验组合体两次称重之差（g）；

A——有效实验面积（0.00283 m^2）；

t——试验时间，h。

四、测试表征指标

表 1－9 列出了不同标准的快干指标。除液态水分管理测试方法之外，其他测试方法的指标主要围绕干燥时间、干燥速率和蒸发率。但由于测试原理和测试方法不同，各指标之间不具有可比性。另外，AATCC 201 中，标准只要求报告干燥速率，但很多买家还采用了更为直观的干燥时间作为快干性能的考核指标。中国国家标准 GB/T 21655.1 的 8.3 节和 GB/T 21655.2 同样给出快干性能的技术要求，见表 1－4 ~ 表 1－6 所示。

表 1－9　快干标准的测试指标

原理	标准	表征指标(单位)
滴湿/润湿称重法	JIS 1096,8.25 节	干燥时间(min)
	IHTM 048	5min 时的蒸发率(%) 15min 时的蒸发率(%) 30min 时的蒸发率(%)
	GB/T 21655.1,8.3 节	水分蒸发速率(g/h)或(%/h) 蒸发时间(min)
液态水分管理测试方法	AATCC 195	最大浸湿半径(mm) 液态水扩散速度(mm/s) 单向传递指数
	GB/T 21655.2	最大浸湿半径(mm) 液态水扩散速度(mm/s)
水分分析仪法	AATCC 199	干燥时间(min)
热板法	AATCC 201	干燥速率(mL/h) 干燥时间(min)
透湿量法	GB/T 21655.1,8.5 节	透湿量[g/(m^2·d)]

第六节　国家推荐性吸湿快干标准的适用性分析

一、国家标准吸湿快干测试标准发展历程

为保障吸湿速干纺织产品开发的有序进行,2006 年国家质检总局和标准化管理委员会将纺织产品吸湿速干性评价方法列入国家标准制修订计划。2008 年 4 月 29 日,国家推荐性标准 GB/T 21655.1—2008《纺织品 吸湿速干性的评定 第 1 部分:单项组合试验法》正式发布,该标准规定了纺织产品吸湿速干性能的单项组合的测试方法和评价指标。单项测试项目包括吸水率、滴水扩散速度、芯吸高度、蒸发速度和透湿量等 5 项。在这 5 项指标中,前 3 项是对应吸湿性的评价,后 2 项是对应速干性的评价。

吸湿速干的过程其实包括吸湿、导湿和蒸发 3 个主要步骤。最早基于棉纱或改变织物组织结构而开发的吸湿速干产品,已被实践证明并无良好的发展前景。而新型吸湿快干纤维和纱线技术利用芯吸效应和沟槽导湿技术,产生同传统产品完全不同的吸湿快干原理。因此,继续以 5 个原本关联性并不十分紧密,且在某些情况下相互之间很可能存在对立的单项指标来评价最新的吸湿速干产品的综合性能,已经不合时宜,特别是吸水率指标已经完全不适合以合成纤维为原料的导湿速干产品的性能评价。但鉴于当时的实际情况,在未找到替代办法之前,标准还是以 GB/T 21655.1 的编号出台,这也为日后的仪器评价方法标准化留出了空间。

2009 年,美国 AATCC 基于 SDL Atlas(锡莱—亚太拉斯)已经定型的水分管理测试仪

(Moisture Management Tester),推出了 AATCC 195—2009 标准,成为吸湿速干产品在国际市场中被采用的性能评价方法和标准之一。2009 年 6 月 19 日,我国也基于同样的设备推出了国家推荐性标准 GB/T 21655.2—2009《纺织品 吸湿速干性的评定 第 2 部分:动态水分传递法》,在所用设备、技术条件、测试方法和评级标准上与 AATCC 195 基本保持一致,且不涉及因纤维材料特性的不同而带来的适用性问题,为吸湿速干纺织产品的性能综合评价提供了一种更为科学合理的方法,并与国际接轨。

与 AATCC 195 不同的是,GB/T 21655.2—2009 在规定评级标准的基础上,还提出了标称吸湿速干产品所应达到的等级要求。但按国际贸易惯例,达到何种等级是可以接受的应由贸易双方决定,而不应由标准去规范,且部分指标的设计和实测结果并不能真实反映吸湿速干产品的实际使用性能,因此,2019 年,标委会对其进行了修订和调整,并于 2020 年 1 月 1 日正式实施。

二、GB/T 21655.1—2008 的适用性问题

按 GB/T 21655.1—2008 的要求,只有 5 个单项指标的洗前和洗后检测都符合要求时,才可以标注为吸湿速干产品。

目前市场上的吸湿速干纺织产品绝大部分已经不是传统意义上天然纤维的吸湿过程。基于合成纤维的吸湿速干纺织产品在吸附水分的同时,水的传导也在同步快速进行,锁水功能几乎完全没有。从吸湿速干纺织产品的使用功能要求看,如果能够达到导湿速干的效果,吸湿并非一个必需的过程,而吸附、传导和扩散才是影响吸湿速干性能高低的主要因素。因此,将体现吸水和锁水能力的指标——吸水率作为纺织品吸湿速干性能的评价依据是不合理和没有必要的。

有学者对在市场上随机抽取的 50 个标称具有吸湿速干、吸湿排汗、吸湿、速干等功能的纺织产品进行了测试,结果发现,虽然 50 个批次样品吸水率的合格率高达 80%,但吸水率、滴水扩散时间和芯吸高度 3 项指标组合起来的吸湿性合格率仅为 42%。这反映出吸水率指标容易达到,且吸水率并非影响吸湿性综合评价的主要因素。

纺织品的透湿量是指蒸汽透过纺织品的能力。众所周知,人体在未出汗的情况下,仍会持续不断地向四周散热,其传导方式是身上的水分以水蒸气的形式由皮肤向外散发,以保持人体热量的平衡。但人们对吸湿快干产品的期望不单单是排出以水蒸气形式存在的潜汗,更多的是希望能迅速吸收蒸发掉显汗,减少黏闷感。因此,将以排水蒸气为出发点的透湿量作为评价纺织品速干性能的主要依据,缺乏有效的针对性和科学性。在多次的市场监督抽查中可以发现,居高不下的不合格率在很大程度上是由于透湿量指标不合格造成的。而对 50 批次随机抽查样品的检测结果也显示,无法通过透湿量考核的达 72%,居 5 项组合考核项目不合格率之首。

大量的实验结果表明,在这 5 个组合项目中,最能体现吸湿速干性能的应为芯吸高度和蒸发速率 2 项指标。另外,将机织产品和针织产品分别按不同的要求进行考核,在某种程度上也是一种对缺乏相关专业知识的消费者的误导,有待后续标准更新中完善。

三、GB/T 21655.2—2009 的适用性问题

从理论上讲,基于锡莱—亚太拉斯水分管理测试仪的 AATCC 195—2009 和 GB/T 21655.2—2009 提供了一种更为科学有效的、有关纺织品吸湿速干性能评价的手段和方法,但 AATCC 195 本身并不是单纯为了评价纺织品的吸湿速干性能而设计的,它更多是反映当纺织品

接触到液态水分后,液态水在织物上下两个表面的分布和扩散态势;而 GB/T 21655. 2—2009 却直接将其与吸湿、速干和排汗等性能对应,并规定了符合性要求。实践发现,水分管理测试仪测试方法还存在一定问题,如测试的稳定性和重现性不尽如人意,对不同样品的适应能力差,指标的设计和设定不够科学,实验室间的测试结果偏离较大等。

与 AATCC 195—2009 不同,GB/T 21655. 2—2009 将浸湿时间、吸水速率、渗透面最大浸湿半径、渗透面液态水扩散速度、单向传递指数和液态水动态传递综合指数等指标组合为吸湿性、速干性、排汗性和综合速干性等 4 个方面的性能评价依据,并基于与 AATCC 195—2009 基本相同的分级标准给出了合格评判要求。其中吸湿性对应浸湿时间和吸水速率 2 个项目,主要考核纺织品对水的吸附能力;速干性则通过渗透面最大浸湿半径、渗透面液态水扩散速度和单向传递指数等 3 个项目来评价纺织品的导湿性能;排汗性在 GB/T 21655. 1—2008 中并未出现过的概念,则直接由单向传递指数来对应,其定义是液态水从织物浸水面传递到渗透面的能力,以织物两面吸水量的差值与测试时间的比值表示,这与排汗的实际过程相比略显片面;综合速干性则采用单向传递指数和液态水动态传递综合指数相结合的办法来进行评判。

GB/T 21655. 2—2009 中所归类的 4 个性能和对应的 6 个项目,均基于同一次测试,然后根据传感器所接收到的数据对含水量与时间的函数关系进行分析,并按预先设定的数学模型和权重进行计算,给出测试结果。由于纺织品的吸汗、水分传递、水分挥发是一个连贯的整体,通过一次测试给出综合性的评价结果要比将几个各不相关的指标组合在一起更接近实际,因此,这个方法可能更为有效和科学。此外,GB/T 21655. 2—2009 中的速干性和排汗性,这是消费者购买和使用吸湿速干纺织产品时最关注的性能,其实与吸湿性没有任何关系。但是,该标准不区分机织和针织,给出的是同一个评级和符合性要求,比 GB/T 21655. 1—2008 更为合理。

同样,对从市场上随机抽取的 70 批次吸湿速干类产品进行了 GB/T 21655. 2—2009 的测试,其浸水面和渗透面的浸湿时间和吸水速率 2 项指标组合的吸湿性合格率达到了 71. 4%(其中浸湿时间符合率 94. 3%,吸水速率符合率 71. 4%),远高于按 GB/T 21655. 1—2008 针对 50 批次吸湿速干产品测得的 42% 的吸湿性组合性能合格率。由于 GB/T 21655. 2—2009 所定义的浸水面和渗透面的浸湿时间和吸水速率,是通过在浸水面和渗透面分别设置的传感器测得的同一个水的吸附和传递过程,其所反映的纺织品实际吸湿过程的真实性和模拟性,远优于 GB/T 21655. 1—2008 所规定的在饱和吸水条件下的测试结果。

在按 GB/T 21655. 2—2009 对 70 批次样品的速干性、排汗性和综合速干性的评价中,合格率分别为 15. 5%、21. 4% 和 21. 4%。主要是由于单向传递指数的符合率较低,导致速干性、排汗性和综合速干性 3 项综合指标的合格率均呈悬崖式下降,中间明显存在不合理的因素。

根据定义,单向传递指数指液态水从织物浸水面传递到渗透面的能力,以织物两面吸水量的差值与测试时间的比值表示。因此,在测试时间相对固定的情况下,渗透面的吸水量与浸水面的吸水量差值越大,单向传递指数就越大。要想使渗透面的吸水量与浸水面的吸水量差值变大,理想状态下应使浸水面的水量为 0,全部水分都被吸收至渗透面。但多数吸湿快干纺织品本身都不会很厚,若想让织物两面呈现完全相反的吸水效果,织物内外两层势必要产生梯度润湿性,这类产品应为单向导湿产品。但吸湿快干产品除包含单向导湿织物外,还包含其他产品。研究发现,70 批次样品的单向传递指数达到 3 级及以上的仅有 15 个批次,占总批次的 21. 4%,可见单向导湿技术并未广泛应用于市场上的吸湿快干产品。所以,用仅适用于单向导湿织物的单向传递指数，作为速干、排汗或综合速干性的考核指标缺乏科学性。有鉴于此，GB/T 21655.2—2019中，吸湿速干性不再考核单向传递指数，并取消了对纺织品速干性的考核。

四、GB/T 21655.1—2008 和 GB/T 21655.2—2009 实施中的其他问题

除上述问题外，在 GB/T 21655.1 — 2008 和 GB/T 21655.2 — 2009 的实施中，还存在一些问题值得进一步思考。

第一，相同的 50 批次样品分别采用 GB/T 21655.1—2008 和 GB/T 21655.2—2009 进行测试和吸湿速干性能评价，合格率均为 20% 左右，但相互之间的重合度很低，其中被两个标准同时判定为合格的仅有两个批次，重合度仅为 4%。两个方法之间明显缺乏可比性，这将对产品的开发和市场的规范造成很大困惑。

第二，两个标准中的各项测试条件中，均未考虑温度的影响，这与人体穿着使用时的实际情况不符。由于纺织品的吸湿速干性能与环境温度并非呈现线性关系，因此，可以考虑以人体温度作为测试时的环境温度条件。特别是对 GB/T 21655.2—2009 中采用的综合仪器测试方法，在技术上是可以实现的，比如可以借鉴 AATCC 201 织物干燥速率：加热板法。

第三，在 GB/T 21655.2—2009 中，无论是以渗透面最大浸湿半径、渗透面液态水扩散速度和单向传递指数来表征速干性能，还是以单向传递指数来表征排汗性能，抑或以液态水动态传递综合指数和单向传递指数来表征综合速干性能，都有些牵强。因为水分在纺织品中的吸附、传导和扩散的能力与水分的蒸发（速干）并不能直接划等号，水的蒸发速率在很大程度上与温度、表面和水的蒸气压有关，而纺织品对水分良好的吸附、传导和扩散性能并不必然预示着其一定具有很好的速干性。在这一点上，这样的表征方法远不如 GB/T 21655.1—2008 中的蒸发速率科学和直观。

参考文献

[1]秋庭英治. Sophista 纤维的凉爽功能[J]. 胡绍华，译. 国外纺织技术，2001(6)：41-42.

[2]陈镇，赵世显，伍国生，等. 纯棉织物的吸湿快干整理工艺[J]. 上海纺织科技，2015(2)：30-33.

[3]张富丽. 服装热湿舒适性材料[J]. 针织工业，2006(10)：14-18.

[4]王建平，朱雯喆，党敏，等. 吸湿速干纺织产品性能评价中的标准适用性问题[J]. 纺织导报，2017(10)：107-113.

[5]王伟，黄晨，靳向煜. 单向导湿织物的研究现状及进展[J]. 纺织学报，2016(5)：167-172.

[6]潘虹，李建强，周晓洁. 纯棉水刺非织造材料单向导湿性能研究[J]. 非织造布，2012(4)：58-61.

[7]杨文，朱宝瑜，李毅，等. 高支羊毛与亚麻交织针织物液态水传递性能的研究[C]. 2006 中国国际毛纺织会议暨 IWTO 羊毛论坛论文集：上册. 北京：中国学术期刊电子出版社，2006：45-49.

[8]陈晓艳，吴济宏. 梯级导湿针织面料的试制及导湿性能评价[J]. 针织工业，2010(3)：55-57.

[9]吴兴华，王学林. Topcool 纤维混纺纱的特性与应用[J]. 国际纺织导报，2017(7)：43-46.

[10]徐伟杰，张玉高. 导湿快干与单向导湿织物[J]. 印染，2011(2)：46-51.

[11]孙洁，李志伟，贺江平. 涤纶针织物吸湿快干整理工艺优化及性能探讨[J]. 西安工程大学学报，2013(4)：162-165.

[12]胡家军，赖红敏. 吸湿排汗（快干）纤维的应用及开发[J]. 浙江纺织服装职业技术学院学报，2010(2)：11-15.

[13]杨栋梁. 吸湿排汗(快干)产品加工中有关问题的探讨[J]. 上海丝绸,2009(1):2－14.

[14]徐继宠,顾维铀. 吸湿快干针织面料开发探讨[J]. 纺织导报,2009(9):36－38.

[15]何天虹,吴烨芳,姚金波,等. 吸湿快干纯棉针织物的设计新思路[J]. 针织工业,2005(12):41－43.

[16]唐虹,张渭源,黄晓梅. 机织面料吸湿快干梯度结构的构建[J]. 纺织学报,2006(8):41－44.

[17]张立洁,姚金波,王刚. 含疏水纤维的纱线对单层织物吸放湿性的影响[J]. 染整技术,2009(1):4－6.

[18]贺晓丽,王瑞,陈旭,等. 亲/疏水整理对双层结构棉织物导湿快干性能的影响[J]. 纺织学报,2016(1):98－103.

[19]张璐璐,丁放,胡雪燕,等. 疏水图形及面积对棉织物吸湿快干性能的影响[J]. 纺织学报,2017(9):89－93,100.

[20]王耀武,杨建忠. 吸汗快干凉爽型纤维及织物的开发现状[J]. 四川纺织科技,2003(3):24－26.

[21]王小兵,杨玉丰,金凌清. 吸湿、快干、卫生针织物的研究[J]. 西北纺织工学院学报,1990(3、4):83－90.

[22]刘玉磊,孟家光. 吸湿排汗纺织品类型及应用[J]. 纺织科技进展,2009(5):27－30.

[23]李培玲,张志,徐先林. 运动服导湿快干性能研究[J]. 上海纺织科技,2007(11):10－13.

[24]张红霞,刘芙蓉,王静,等. 织物结构对吸湿快干面料导湿性能的影响[J]. 纺织学报,2008(5):31－33,38.

[25]张慧敏,沈兰萍. 竹原纤维/Coolmax 纤维导湿快干双层织物的开发[J]. 西安工程大学学报,2017(6):322－326.

[26]李纳纳,陈晓玲. 基于单向导湿梯度模型的吸湿排汗面料开发[J]. 针织技术,2016(10):8－11.

[27]李辉芹,郝习波,巩继贤,等. 光催化型单向导湿织物的制备与性能[J]. 天津工业大学学报,2016(2):28－32.

[28]苏倩,任元林,信鹏月. 非织造布单向导湿改性的研究进展[J]. 产业用纺织品,2013(5):1－5.

[29]衡冲,赵立环,李小欢. 芳砜纶阻燃黏胶双层织物单向导湿性能研究[J]. 棉纺织技术,2016(3):5－7.

[30]谭冬宜,汪南方,范艳苹. 单向导湿织物及其性能研究[J]. 棉纺织技术,2015(2):69－72.

[31]吴烨芳,何天虹,姚金波,等. 单向导湿织物的开发[J]. 纺织学报,2006(6):94－96.

[32]吴金玲,刘红玉. 单向导湿针织面料生产实践[J]. 针织工业,2017(6):8－9.

[33]徐宏,刘文和,陈作芳. 单向导湿新工艺在手术服上的应用[J]. 产业用纺织品,2017(4):38－42.

[34]高丽贤,蒋卫强,曾志丰. 纯棉针织物的单向导湿整理[J]. 印染,2011(24):28－30.

[35]李珂,王明,张健飞,等. 纯棉针织物泡沫涂层单向导湿整理[J]. 印染,2016(22):26－28,55.

[36]刘红玉,陈佳,吴金玲. 单向导湿方格菱形面料的开发[J]. 针织工业,2014(8):5－7.

[37]郝习波,李辉芹,巩继贤,等. 单向导湿功能纺织品的研究进展[J]. 纺织学报,2015(7):157－161,168.

[38]邬淑芳,张亭亭,孙冬阳,等. 单向导湿机织物的设计及性能分析[J]. 棉纺织技术,2017(10):29－32.

[39]安云记. 单向导湿面料的开发[J]. 针织工业,2010(3):1－2.

[40]何天虹,姚金波,修建,等. 双侧结构吸湿快干纯棉针织物的研制[J]. 针织工业,2007(6):34－37.

[41]任祺,王洪,李建强,等. 聚丙烯 SMS 单向导湿非织造布的研究[J]. 产业用纺织品,2012(11):21－25.

[42]黄淑平,杨宏珊,余水玉. 吸湿排汗纺织品的开发现状[J]. 上海纺织科技,2014(11):1－3.

[43]马磊. 吸湿排汗纺织产品开发现状与发展趋势[J]. 纺织导报,2017(9):22－24.

[44]周用民. 多组分混纺/交织吸湿排汗针织面料的开发与性能分析(二)[J]. 纺织导报,2017(10):80－83.

[45]王孟泽,张强华,龙邵,等. 涤纶针织面料吸湿速干整理工艺实践[J]. 纺织导报,2018(4):39－41.

[46]侯秋平,顾肇文,王其.灯芯点结构导湿快干针织物的设计[J]. 上海纺织科技,2006(7):54－55.

[47]许瑞超,陈莉娜.定向导湿针织运动面料的研制[J]. 针织工业,2007(10):3－5.

[48]王其,冯勋伟.织物差动毛细效应模型及应用[J]. 东华大学学报,2001,(3):54－57.

[49]马铭池,马崇启,李辉琴.纯棉机织物水分单向传递能力影响因素的分析[J]. 黑龙江纺织,2013(2):1－3.

[50]翟孝瑜.导湿快干针织运动面料的研究与开发[D]. 苏州大学,2007.

[51]姜怀.功能纺织品[M]. 北京:化学工业出版社,2012.

[52]AATCC 79—2014 纺织品的吸水性 [S].

[53]AATCC 198—2013 纺织品水平芯吸[S].

[54]BS 4554:1970(2012)纺织织物可湿度的试验方法[S].

[55]JIS 1907:2010 纺织品吸水性试验方法 [S].

[56]GB/T 21655.1—2008 纺织品　吸湿速干性的评定　第1部分:单项组合试验法 [S].

[57]GB/T 21655.2—2019 纺织品　吸湿速干性的评定　第2部分:动态水分传递法[S].

[58]AATCC 197—2013 纺织品的垂直芯吸性 [S].

[59]BS 3449:1990 织物耐吸水性的试验方法(静态浸润测试)[S].

[60]BS EN 14697:2005 纺织品—丝绒毛巾及丝绒毛巾织物:规范和试验方法 [S].

[61]ASTM D4772—2014 毛圈织物表面吸水性(水流法)[S].

[62]AATCC 195—2017 纺织品的液态水动态传递性能[S].

[63]JIS L 1096:2010 织物和针织物的试验方法[S].

[64]ISO 17617—2014 纺织品　水分干燥速率的测定 [S].

[65]IHTM 048 蒸发率 [S].

[66]IHTM 048A 蒸发率 [S].

[67]AATCC 199—2013 纺织品的干燥时间:水分计法 [S].

[68]AATCC 201—2014 织物干燥速率:热板法 [S].

[69]FZ/T 73051—2015 热湿性能针织内衣 [S].

第二章　防水透湿纺织产品检测技术

近年来，人们对服装的功能性和舒适性的追求已成为一种新潮流，服装除了需满足人们穿衣的需要，还要在许多特殊的条件下完成特定功能，同时仍不失其原有的舒适性。防水透湿服装就是其中一个突出的例子，在一些恶劣的气候环境中所使用的服装，如风雨衣、滑雪衣、特种军服等，必须具备防水透湿功能，即一方面要防止雨雪的渗透，另一方面又要让人体的汗液以蒸气的形式通过面料排出，使人感到舒适。仅仅透湿而不防水，或是防水而不透湿同样是令人难以忍受。例如，一些涂层织物，虽然具有优良的防水性和一定的防风性，但透湿性很差。人穿着这类服装运动后，大量汗液由于无法以蒸气的形式排出，结果在衣服内部形成冷凝水，使人感觉黏湿不舒适，遇到天气寒冷时非常容易造成冻伤。由此可见，将防水、透湿这两个看似矛盾的性能结合起来非常重要，只有这样才能实现织物防护性与舒适性的统一。

第一节　防水透湿纺织品

一、防水透湿纺织品的基本概念和原理

纺织品的防水透湿性能，是指织物在一定压力的水作用下，不被水渗透，而人体散发的汗液蒸气却能通过织物扩散或传递到外界，不在体表和织物之间积聚冷凝的性能，具有这种性能的织物称为防水透湿织物。实现织物防水透湿的方法有多种途径，具体原理也各不相同，但从根本上来说，都是利用水滴和水蒸气分子之间的巨大尺寸差异来实现。经过防水透湿整理后的织物相当于一个过滤装置，它能挡住直径较大的水滴，却可以使直径极小的水蒸气分子通过，水在各种形态下的直径见表 2－1。

表 2－1　水在各种形态下的直径

类型	直径(μm)	类型	直径(μm)
水蒸气分子	0.0004	小雨	900
轻雾	20	中雨	2000
雾	200	大雨	3000～4000
毛毛雨	400	暴雨	6000～10000

从表 2－1 中可以看出，水蒸气分子直径与液态水滴直径差异非常大，如果设法在织物上形成某种“孔”，使孔径的大小介于水滴和水蒸气分子之间，则可使两者分离，如图 2－1 所示。从原理上看相当简单，但实际上要做到这一点则需要相当高的技术。

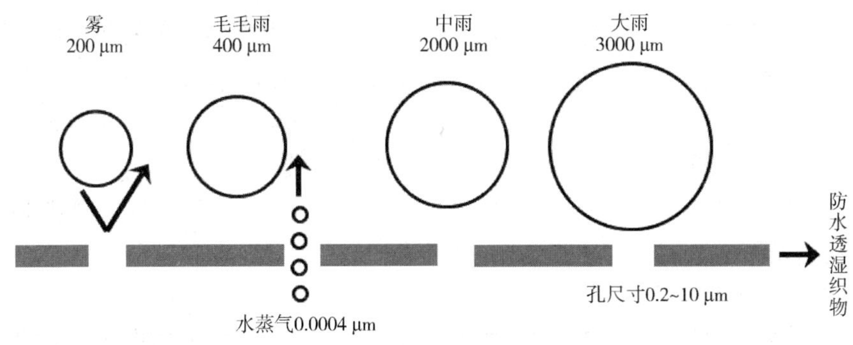

图 2-1　防水透湿织物防水透湿原理

二、实现防水透湿的主要途径

在过去几十年里，人们研制开发了许多防水透湿织物，概括起来主要包括以下四种类型。

（一）高密织物

利用高支棉纱或其他超细合成纤维长丝织成高密织物，使纱线间隙变得非常小，织物由于纤维的毛细作用而具有透湿性，再经过碳氟化合物、有机硅等防水剂整理后具有一定的防水性能，但织物表面仍留有间隙。这类织物中历史最悠久、最为典型的织物是文泰尔（Ventile）织物，它是一种经过防水整理的全棉平纹织物，干态时，防风透湿；湿态时，由于棉纱的吸湿膨胀，使纤维的间隙缩小，因而有一定防雨性，但耐水压不高。随着纺丝技术的迅速发展，许多利用超细纤维（0.1～0.3dtex）制成的超高密织物大量涌现，有报道称，一些织物不采用拒水整理也可达到9.8～14.7kPa 的耐水压。

有研究人员研究了高密防水透湿织物防水性能及影响因素，认为织物中孔径对耐水压的影响最为显著，采用无捻纱线织成的织物耐水压较高。影响高密防水透湿织物的主要因素为：织物孔径、接触角、织物厚度，分别对耐水压影响占到35.86%、34.4%、23.24%，尚有6%的影响因素不明确。

（二）涂层织物

织物经过直接或转移法涂层加工，使织物表面被涂层剂所封闭，从而得到防水性。涂层剂包括：聚氨酯、聚氯乙烯、聚丙烯酸酯、有机硅橡胶等。织物透湿性则通过涂层上经特殊方法形成的微孔结构或亲水基团的作用来获得，涂层织物可分为三类。

1. 亲水型无孔涂层织物

亲水型防水透湿织物是利用高分子间"孔"和亲水基团透湿机制设计而成，主要通过在织物表面涂层或层压亲水薄膜而形成。它含有亲水性的链段或基团，形成的薄膜是致密无孔的。亲水性薄膜的共聚物是由硬链段和软链段组成，其中硬链段部分为疏水性，能阻止水滴通过，起到防水作用。软链段部分的高分子间"孔"和亲水基团，能吸收水气大分子，向外传递到薄膜或涂层而释放。

无孔亲水型防水透湿织物的透湿性取决于薄膜本身的性能、厚度及膜内外的湿度梯度。无孔亲水型防水透湿织物加工较简单，但对设备、涂层剂有特殊要求。由于膜中没有微孔，因自身的连续性和较大的表面张力，具有持久的防水和防风性。其织物有较高的静水压，若在涂层或薄膜外再做拒水整理，则对外有拒水（不润湿）和防水（耐高压水）作用。涂层薄膜具有吸湿性，水蒸气从低湿度一侧通过吸附—扩散—解吸的作用透过涂层，但其透湿性相对较低，舒适性较差。该织物对细菌污物阻隔性好，不存在污物堵塞，穿着性能较好。

影响亲水型防水透湿涂层织物的防水及透湿性能的因素很多，而基布的种类和密度、浆料和助剂的配比以及涂层工艺控制是最主要的因素。

2. 微孔型涂层织物

微孔型涂层织物的透湿机理是：在涂层剂中形成 2 ~ 3μm 的永久性微孔与通道系统，使水蒸气能通过这些微孔和通道扩散，如图 2 – 2 所示。

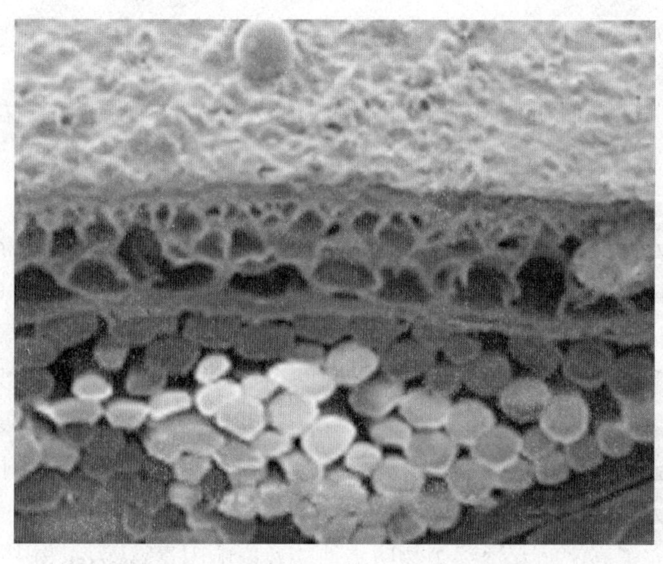

图 2 – 2 微孔型涂层织物的扩散通道

除此之外，还有一种复合型的涂层织物，在微孔型结构上经过亲水处理，以增加透湿性。总的来说，涂层织物的共同特点是，加工简单，耐水压高，但透湿性较小。

3. 形状记忆聚氨酯无孔薄膜织物

该织物是利用记忆材料的温敏透湿性变化机制设计而成。本身无孔的形状记忆聚氨酯利用高分子间"孔"、亲水基团和温敏而达到透湿的目的。由于高分子聚合物软、硬链段的不同组合而具有适当的玻璃化温度的形状记忆聚氨酯智能膜，当温度高于玻璃化温度时，分子间的间隙由于分子链微布朗运动的骤然加剧而增大，导致自由体积的急剧增大形成微孔，从而透湿性迅速提高；当温度低于玻璃化温度时，分子链间的排列由于分子链微布朗运动的减慢而变紧密，使水蒸气的透过受阻，从而使透湿量迅速减少。因此，随外界温度在玻璃化温度上下较小范围内的变化（调温功能的），形状记忆聚氨酯膜的防水透湿织物透湿性可发生较大的变化，具有智能调节的功能。形状记忆聚氨酯防水透湿织物不仅适用于一般条件下的穿着，还适合极端环境条件下的穿着，其防水透气保暖性能随温度变化而改变，使穿着者始终保持良好的舒适性。

（三）层压织物

1. 概述

防水透湿层压织物是将普通织物与一层特殊的薄膜，通过层压工艺复合在一起，成为具有防水透湿功能的新型织物。和前两种防水透湿织物相比，层压织物不仅性能突出，而且在工艺技术上也具有选材范围广、设计灵活、污染少等优点，因而是防水透湿织物的一个主要方向。

防水透湿层压织物所采用的高分子薄膜有两类：一类为亲水型；另一类为微孔型。透湿机理上，亲水薄膜利用高分子自身的透湿，而微孔薄膜则是利用水蒸气在微孔结构中的扩散。层压织物成功地解决了耐水压与透湿量之间的矛盾，尤其是微孔膜层压织物，将优良的防水透湿性和防风保暖性集于一体，具有明显的技术优势。其中最为著名的产品当属 GORE 公司的 Gore - tex 织物，多年来始终是业内的佼佼者。为了获得性能优良、成本低廉的功能织物，研究人员尝试利用聚偏氟乙烯（PVDF）替代 PTFE 制备新型防水透湿膜，并已取得了一定成绩。美国一家公司开发了一种 PVDF 涂层材料，其涂层微孔平均直径仅为 0.1μm。

2. 层压工艺简介

层压方法主要有 4 种：焰熔法、压延法、热熔法和黏合剂法。黏合剂法的层压工艺方案又可分为三种：湿法、干法和干湿法。

（1）湿法复合工艺：在织物或薄膜上进行黏合剂涂层，在溶剂或水分干燥之前使两者复合，然后烘干。

（2）干法复合工艺：织物或薄膜用热熔胶黏合剂通过加热熔融而复合。所选的热熔胶包括：聚乙烯（PE）、聚酰胺（PA）、聚酯（PES）和聚氨酯（PU）等。根据黏合剂施加方式的不同，又可分为撒粉法、粉点法、浆点法和热熔网法。

（3）干湿法复合工艺：服装在使用一定时间后，汗液中的油脂和杂质会随汗液停留在薄膜上，一方面杂质堵塞微孔，造成透湿性下降；另一方面亲水性物质也会使薄膜的防水性下降。如果采用干湿法复合工艺，例如，在面料与薄膜之间采用干法工艺，而在与里料之间采用湿法工艺，则油脂和杂质不易到达薄膜上，从而起到保护薄膜的作用。

（四）静电纺纳米纤维膜

直径一般在 1 ~ 1000nm 的静电纺纳米纤维具有较高的比表面积和吸附特性，有利于水蒸气/湿气的转移，其薄膜具有较高的孔隙率、较小的孔隙尺寸，具有曲折孔结构和更均匀的孔隙分布，厚度小、重量轻，非常适合用于防水透湿织物。还可以根据织物产品需要调整静电纺丝工艺参数，获取不同孔隙结构和厚度的微孔膜。因此，将静电纺纳米纤维膜用于防水透湿织物可获得更好的呼吸透湿效果，且其织物柔软悬垂，穿着更加舒适，适于服用材料、体育用品、帐篷类、材料工程材料和军事与航天用材料。

利用静电纺直接进行膜的复合，能够实现多种膜的不同组合，复合加工的两项核心因素为“膜”与“胶”。透湿性能好的膜，配合优质的黏合胶，才能创造耐久性好且防水透湿性能优异的面料。静电纺复合加工突破这一定律，以一种膜为基底，直接静电喷纺另一种膜。由此得到的复合膜，其透湿过程机理符合现有膜的透湿机理。

三、防水透湿纺织品的缝纫与黏合工艺

防水透湿纺织品的缝纫和黏合也很大程度上影响着产品的最终性能。要达到完美的缝制

效果,除要求缝纫机本身性能要好、操作者技术熟练外,还要求缝针、缝线、缝料三者规格相匹配。

(一)机针、缝线的选用

缝纫机针的选用是根据防水透湿服装衣料的厚薄和所用线的粗细来决定的。如果防水服装料厚,为了防止断针应选用稳定性强的较粗的机针;防水透湿服装料薄则穿阻力小,可选用较细的机针。

缝纫线的选取原则是粗针配粗线,细针配细线。线的材质应与面料特征配伍,与服装种类相一致。缝纫线与防水透湿服装的面料相同或相近,才能保证其缩率、耐热性、耐磨性、耐用性等一致,避免由于线、面料的差异而引起外观皱缩。此外,还应与线迹形态相协调,并权衡质量和价格。

(二)黏合工艺的设计

用缝纫设备将各裁片缝制成衣后,运用黏合工艺处理缝迹防止针孔漏水。用机器缝裁片,无论缝得多好,都无法解决针孔漏水的问题,要解决这一问题,一般在缝迹上运用黏合工艺。黏合工艺是一种将黏性薄膜放在两层面料之间,通过热压作用将面料黏合在一起,其机械设备一般用热风缝口密封机。热风缝口密封机包括密封带输送装置,上、下相向转动的压轮和热风装置,热风装置的喷嘴直接将热风喷淋在密封带上,经热风喷淋过的密封带和布料的缝口针孔同时穿过上、下压轮。密封带经两个相向转动的加压轮加压,贴于缝口的针孔上,通过控制喷嘴进入及离开的时间和上下压轮的相向转动,使密封带完全贴合在缝口上。

此黏合工艺具有独特的工艺效果,而带状黏性薄膜在此工艺中被较多采用,主要是因为它除了具有固定面料的作用外,还有防水作用,如图 2-3 所示。

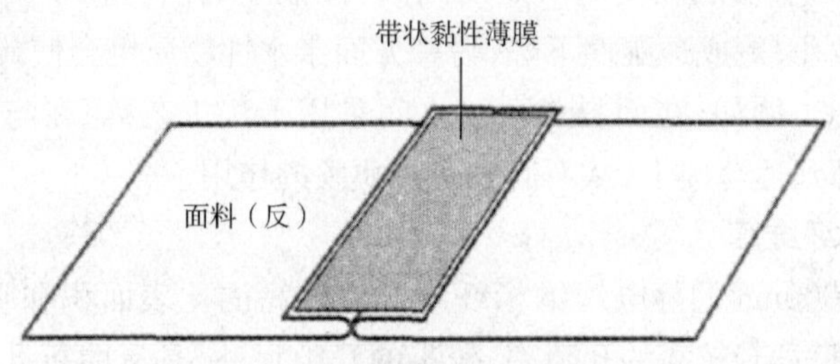

图 2-3 带状黏性薄膜黏合示意图

这样衣服不会有针迹,且不透风漏水,衣服硬挺。黏合作用使面料结合得更加牢固,其优点包括:有效地解决了传统工艺中面料叠放易造成面料边缘脱线的问题;解决了传统的缝迹庞大、沉重等问题;运用此工艺的贴体服装与皮肤的摩擦明显减弱,服装重量减轻,舒适度增强,增强了服装的防水性能。

黏合工艺广泛应用于帐篷、雨衣、滑雪衣、潜水衣、雪地靴、运动服、广告气球、登山服、野战服、警服、航海服、消防服、防化服等各类服装的针孔拼缝之间的防水处理。

(三)超声波无缝熔接工艺

超声波无缝熔接是利用超声波所产生的热量来完成两层面料黏合的新型工艺技术,以超声波超高频率振动的焊头,在适度的压力下使两块面料的结合面产生摩擦热而瞬间熔融接合,整件衣服都没有车缝线。超声波熔接工艺较传统缝纫工艺有如下优势。

(1)免用针线,省去频繁换针线的麻烦,且缝合速度是针车的 5 ~ 10 倍,快速、经济、缝合强度高。

(2)无须使用辅助的线、钉、黏合剂或夹子。由于不用针,避免了缝合加工有断针残留在料内的情况,消除了安全隐患。避免使用带有毒性的黏胶或溶剂,无染污。因为缝边没有针眼,可以阻止化学制剂、病原体和微小有害颗粒的渗透,属于安全环保型工艺。

(3)独立进行裁剪和缝合,不会产生毛边。没有传统线缝合的断线接头情况,黏固力强。加工后成品无针孔,不渗水,更具防水保暖效果。

(4)无须预热和恢复时间,且不用耗费昂贵成本来保持温度。重要部位采用少量的暗缝与超声波无缝贴合相结合技术使衣服可靠性更高,可适应恶劣条件下的使用,结合无缝超声波压贴技术和激光剪裁技术,能减少材料浪费。

第二节　防水透湿纺织品的防水性能指标及测试方法

纺织品的防水性是指织物抵抗被水润湿和渗透的性能。防沾水织物考核的是织物抵抗被水润湿的性能。根据防水性能的强弱以及被水润湿和渗透的性能,测试方法可分为静水压法和喷淋法。喷淋法又可分为沾水法、淋雨法和冲击渗透法。如图 2 - 4 所示。

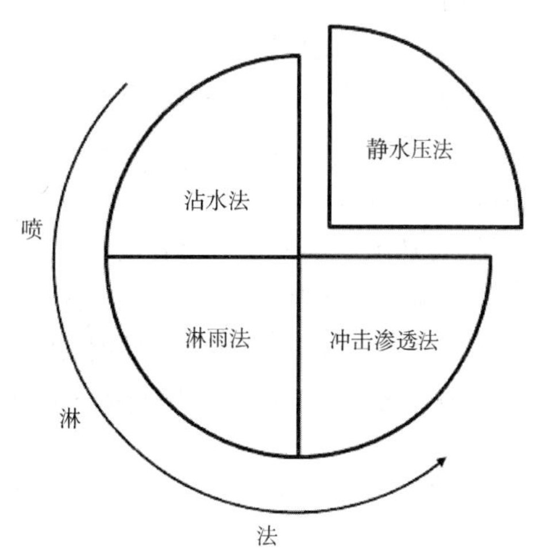

图 2 - 4　防水织物防水测试方法的划分

静水压试验以纺织品承受的静水压来表示织物抵抗静态水渗漏的性能。喷淋法是指水滴以一定角度喷射到试样表面,考核面料表面沾水或透水情况。比较而言,静水压法对面料施加的压力要远大于喷淋法,考核的是织物抵抗被水渗透的能力。所以,具有高防水要求的产品,除需满足防沾水要求之外,还需满足耐静水压的测试要求。

一、静水压法

静水压指水透过纺织品时所遇到的阻力。静水压试验以织物能承受的静水压来表示织物抵抗静态水渗漏的性能,通常试样被环形夹具夹持,一面承受持续上升的水压,面料逐渐被水顶起凸出,直到另外一面出现三处渗水为止,记录第三处渗水点出现时的压力值,如图 2 - 5 所示,结果以 kPa、mm、mmH_2O、cmH_2O 或 N 表示。织物能承受的静水压越大,防水性或抗渗漏性越好。常用的测试标准见表 2 - 2,这些测试标准虽然原理

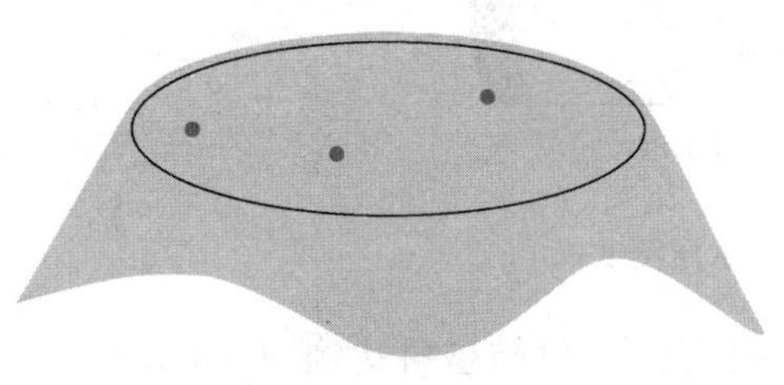

图 2 - 5　静水压测试示意图

大同小异,但各测试方法之间仍有差异。从测试量程上来看,有低压和高压两种。低压一般选用 FX 3000 IV 型设备,最大量程为 50000mmH_2O(490kPa),高压为 Mullen 测试方法,其测试量程较大,可以给织物高达 1379kPa 的均匀压力。

表 2-2 纺织品静水压测试标准

标准编号	标准名称
AATCC 127—2017	抗水性:静水压法
ASTM D751—2006(2011)	涂层织物标准测试法
ASTM D3393—1991(2014)	涂层织物耐水性的标准规范
ISO 811:2018	纺织织物抗渗水性的测定 静水压法
ISO 1420:2016	橡胶或塑料涂覆织物 抗水渗透性测定
JIS L 1092:2009	纺织品的防水性测试方法
GB/T 4744—2013	纺织品防水性能的检测和评价 静水压法
FZ/T 01004—2008	涂层织物抗渗水性的测定

选用 Mullen 测试设备的测试标准有 ASTM D751 程序 A 和 ASTM D3393。在测试 ASTM D751 程序 A 时,试样被夹持在内孔直径为(31.8 ± 0.5)mm 的圆环夹持器中,如图 2-6 所示,织物的涂层面、层压面或高密织物的耐久性拒水处理面与水接触。试样被夹持进入仪器测试前,试样夹下侧水平面必须与橡皮密封圈平齐,使得测试时水平面和试样之间不存在空气。可选择程序 1 或程序 2 进行操作。按程序 1 操作时,以(1.64 ± 0.07)cm^3/s 的速度匀速平稳地增加水压,直到出现第一处水滴为止,并记录下此时的静水压值,单位 N,总共测试 10 个试样。通常所加的静水压不超过 1103kPa。按程序 2 进行操作时,在试样上施加恒定水压 14kPa,并保持 5min。在此期间,记录任何渗水情况,出现渗水即为样品不合格,共测试 5 块样品。美国政府规定采用 Mullen 水压测试仪时织物防水的最低压力值标准为 241.32kPa。

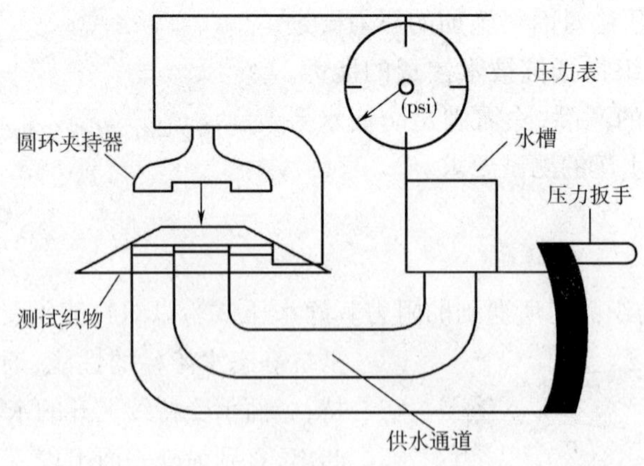

图 2-6 手动式 Mullen 水压测试仪

随着低压式静水压设备不断更新,测试量程也不断提高,目前已可达到 500kPa,而一个人跪倒在湿地上或坐在湿透的小船座位上时,在织物上产生的压力在 172.4 ~ 344.7kPa,所以低压式静水压设备已经可以满足这类情形的测试要求，而大多数产品也不需要高达上千千帕的抗静水压要求。所以，Mullen 法的测试局限性也凸显出来，因其施加的压力值过高而受到批评，测试需求越来越少。同时，由于 Mullen 测试设备的夹头面积不同于其他静水压设备，一般也不会将 Mullen 测试结果同其他设备的测试结果作比较。

目前，低压式静水压设备多采用瑞士 Textest 公司的 FX 系列，图 2－7 为 FX 3000－IV 型静水压测试仪，设备配有水槽和环形夹头，可通过观望窗口更好地看到面料表面出水情况。该设备同样可以满足等速加压和在某一固定压力值保持一定时间的测试要求。

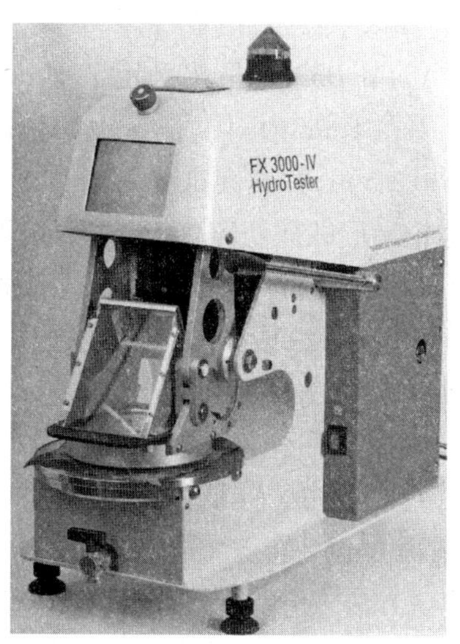

图 2－7　FX3000－IV 型静水压测试仪

表 2－3 为各标准具体的测试参数。

表 2－3　静水压测试标准参数

标准编号	样品尺寸和数量	静水压单位	判断依据	加压方式和加压速度
AATCC 127—2017	3 块 200mm × 200mm	mm	3 处出水	匀速加压，60mbar/min
ASTM D3393	10 块 至少要比圆环夹头的外径大 12.5mm	—	(60 ± 5)s 内是否出水	(207 ± 7)kPa，保持(60 ± 5)s
ISO 811:2018	5 块 200mm × 200mm	cm 或 mbar	3 处出水	(10 ± 0.5) cm H_2O/min 或 (60 ± 3) cm H_2O/min
ISO 1420:2016 FZ/T 01004—2008	5 块 200mm × 200mm 或 直径为 130 ~ 200mm 的圆	—	2min（当指定压力 ≤ 30kPa 时）或 5min（当指定压力 > 30kPa 时）内是否有出水	匀速升压，1min（当指定压力 ≤ 30kPa 时）或 2min（当指定压力 > 30kPa 时）内升压至指定压力，保持 2min（当指定压力 ≤ 30kPa 时）或 5min（当指定压力 > 30kPa 时）

续表

标准编号	样品尺寸和数量	静水压单位	判断依据	加压方式和加压速度
JIS L 1092:2009 方法 A	5 块 150mm × 150mm	mm	3 处出水	(600 ± 30) mm/min 或 (100 ± 5) mm/min
GB/T 4744—2013	5 块 200mm × 200mm	kPa	3 处出水	(60 ± 3) cm H_2O/min

同其他低压标准不同的是,ASTM D3393 虽然采用了 Mullen 法的测试设备,但其加压的压力并不很高。夹持好试样后,先在 1min 内对试样 5 次加水压至(207 ± 7) kPa,5 次加压结束后,保持水压(207 ± 7) kPa、(60 ± 5) s,并观察试样是否有出水情况。若有,则判为不合格。

ISO 1420 方法中还引入了防止涂层试样变形、爆裂的金属网,金属网由直径为 1.0 ~ 1.2mm 的金属丝组成,其网眼周长不大于 30mm。将金属网放置在测试试样上方,用试样夹夹紧。匀速升压,并在 1min(当指定压力≤30kPa 时)或 2min(当指定压力 >30kPa 时)内升压至指定压力,保持 2min(当指定压力≤30kPa 时)或 5min(当指定压力 >30kPa 时),看试样是否有漏水现象。

JIS L 1092 中的静水压测试方法分方法 A(低压法)和方法 B(高压法)。高压法适用于施加不小于 10kPa 压力的测试,低压法测试等效于 ISO 811。

GB/T 4744—2013 除给出测试方法,还给出了基于 6kPa/min 的升压速度时的抗静水压等级和防水性能,见表 2 - 4。

表 2 - 4　GB/T 4744—2013 中的抗静水压等级和防水性能评价

抗静水压等级	静水压值 P(kPa)	防水性能评价
0 级	$P<4$	抗静水压性能差
1 级	$4\leqslant P<13$	具有抗静水压性能
2 级	$13\leqslant P<20$	
3 级	$20\leqslant P<35$	具有较好的抗静水压性能
4 级	$35\leqslant P<50$	具有优异的抗静水压性能
5 级	$50\leqslant P$	

FZ/T 01004—2008 基于 ISO 1420:2001,不同的是 FZ/T 01004—2008 标准中还增加了最终静水压的测定及结果的表示。测定最终静水压时,以一定速率连续增压,直到试样表面出现水渗透点为止,记录此时的静水压值。

二、沾水法

如图 2 - 8 所示,沾水法测试原理为:将试样安装在环形夹持器上,保持夹持器与水平呈 45°,试样中心位置距喷嘴下方 150mm。用 250mL 的蒸馏水或去离子水喷淋试样,持续喷淋 25 ~ 30s。喷淋后,立即将夹有试样的夹持器拿开,使织物正面向下几乎成水平,然后对着一个固体硬物轻轻敲打一下夹持器，接着水平旋转夹持器180°后，再次轻轻敲打夹持器一下。敲打结束后，通过试样外观与沾水现象描述及图片的比较，评定织物的沾水等级。沾水测试的测试方法见表2-5。图2-8中所标尺寸为GB/T 4745和ISO 4920方法中所规定。

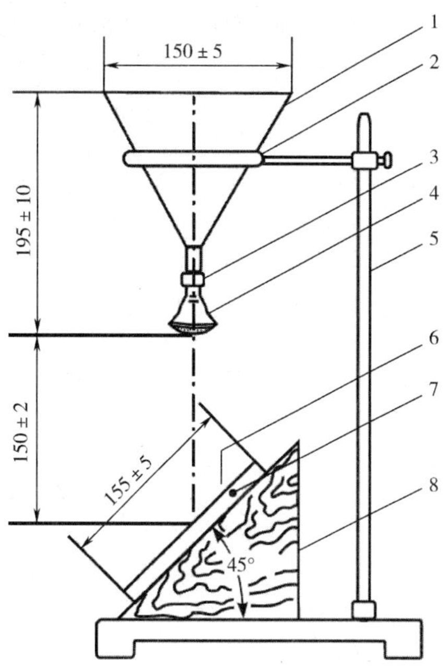

图2-8　沾水法测试的喷淋装置

1—漏斗　2—支撑环　3—橡胶管　4—淋水喷嘴
5—支架　6—试样　7—环形夹持器　8—底座

表2-5　纺织品沾水法测试标准

标准编号	标准名称
AATCC 22—2017	拒水性：喷淋试验
ISO 4920：2012	纺织面料表面抗湿性测定（喷淋试验）
GB/T 4745—2012	纺织品防水性能的检测和评价沾水法
JIS L 1092：2009	纺织品的防水性测试方法

不同于ISO方法，GB/T 4745中还包含了对半级沾水现象的描述，见表2-6。同时，GB/T 4745还给出了纺织品防水性能的评价，见表2-7。

表 2-6　GB/T 4745—2012 沾水等级的描述

沾水等级	沾水现象描述
0 级	整个试样表面完全润湿
1 级	受淋表面完全润湿
1～2 级	试样表面超出喷淋点处润湿,润湿面积超出受淋表面一半
2 级	试样表面超出喷淋点处润湿,润湿面积约为受淋表面一半
2～3 级	试样表面超出喷淋点处润湿,润湿面积少于受淋表面一半
3 级	试样表面喷淋点处润湿
3～4 级	试样表面等于或少于半数的喷淋点处润湿
4 级	试样表面有零星的喷淋点处润湿
4～5 级	试样表面没有润湿,有少量水珠
5 级	试样表面没有水珠或润湿

表 2-7　GB/T 4745—2012 防水性能评价

<table>
<tr><th>沾水等级</th><th>沾水现象描述</th></tr>
<tr><td>0 级</td><td rowspan="2">不具有抗沾湿性能</td></tr>
<tr><td>1 级</td></tr>
<tr><td>1～2 级</td><td rowspan="2">抗沾湿性能差</td></tr>
<tr><td>2 级</td></tr>
<tr><td>2～3 级</td><td>抗沾湿性能较差</td></tr>
<tr><td>3 级</td><td>具有抗沾湿性能</td></tr>
<tr><td>3～4 级</td><td>具有较好的抗沾湿性能</td></tr>
<tr><td>4 级</td><td>具有很好的抗沾湿性能</td></tr>
<tr><td>4～5 级</td><td rowspan="2">具有优异的抗沾湿性能</td></tr>
<tr><td>5 级</td></tr>
</table>

AATCC 22 采用的评级方法与 GB 和 ISO 方法略有不同,采用的是沾水图示例法,评分采用 100 分制,并给出了 ISO 方法中各等级的对应关系,如图 2-9 所示。若级数介于两个等级之间,也可以报告中间等级,如 95、85、75 等。

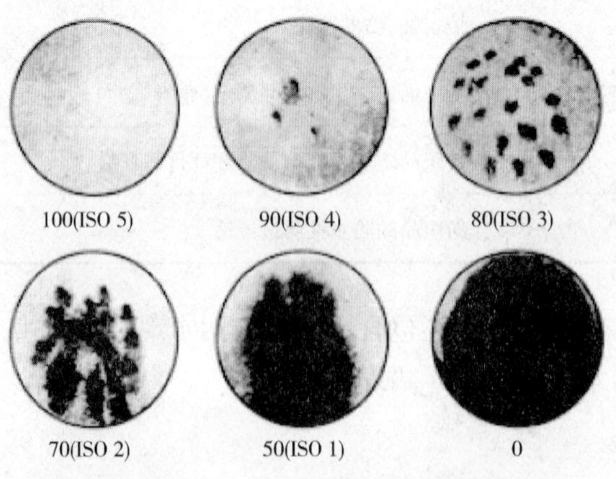

图 2-9　AATCC 22—2017 评级图

JIS L 1092:2009 中的 7.2 为沾水测试,其等效采用了 ISO 4920 的测试方法。

三、淋雨法

根据淋雨方式不同,淋雨法又可分为水平喷淋法、邦迪斯门淋雨法和维拉淋雨法,涉及标准见表 2-8。采用水平喷淋法的标准有 AATCC 35、ISO 22958、GB/T 23321 和 JIS L 1092 附录 JC.2.1 的方法 A。其中 GB 方法是基于 ISO 方法稍作修改,而 JIS 则是基于 AATCC 方法。其测试原理为:将背面附有已知质量吸水纸的试样在规定条件下用水喷淋 5min,然后再次称量吸水纸的质量,通过吸水纸质量的增加来判定试验过程中透过试样的水的质量,如图 2-10 所示。买卖双方可协定喷水时间和水压高度。美国海关关税编码(HTSUS)第 62 章,附加法律注释 2 中规定,出口美国的梭织防水产品,需按照 AATCC 35 进行测试,测试时选用 600mm 的水压高度,喷淋 2min,吸水纸吸水不能超过 1 克。

表 2-8 纺织品淋雨法测试标准

标准编号	标准名称
AATCC 35—2018	拒水性:淋雨测试
ISO 9865:1991	纺织品用邦迪斯门淋雨试验对织物拒水性的测定标准
ISO 22958:2005	纺织品耐水性淋雨试验:水平喷淋法
BS 5066:1974(2017)	纺织品耐人工喷淋试验方法
GB/T 14577—1993	织物拒水性测定邦迪斯门淋雨法
GB/T 23321—2009	纺织品 防水性 水平喷射淋雨试验
JIS L 1092:2009	纺织品的防水性测试方法

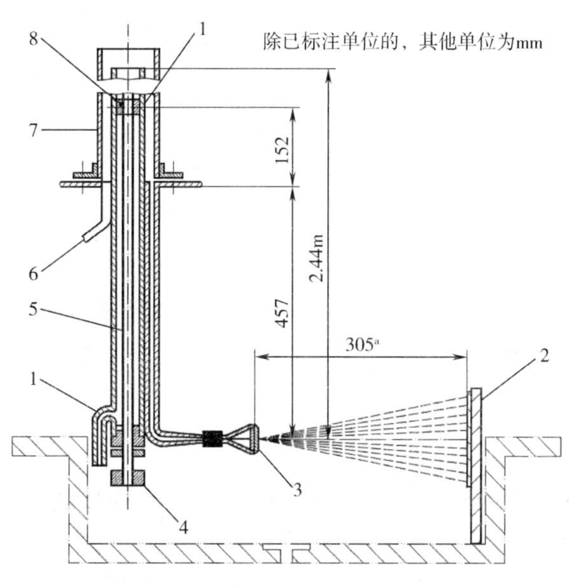

图 2-10 水平淋雨试验仪

1—过流水 2—试样夹持器 3—带孔喷嘴 4—阀门控制器
5—铜质阀杆 6—进水口 7—耐热玻璃管 8—阀门

邦迪斯门淋雨法的测试标准有 ISO 9865、GB/T 14577 和 JIS L 1092 的 7.3，模拟了不同气象条件下的雨滴大小和雨量时面料的防水性。测试设备原理图如图 2－11 所示，将试样放于测试杯上，在指定的淋雨设备下经受人造淋雨，然后用参比样照与润湿试样进行目测对比拒水性，称量试样在试验中吸收的水分，记录透过试样收集在测试杯中的水量。该方法用拒水性等级来表征织物的防水性能，可用于评价织物在运动状态下经受阵雨的拒水性整理工艺效果。但该标准仅为测试方法，没有给出防水性能的评价指标。

BS 5066 和 JIS L 1092 附录 JC. 2. 2 采用维拉淋雨测试仪，其测试原理如图 2－12 所示。模拟淋雨设备将水淋在已知重量的试样上，该试样固装在一斜坡玻璃板上，玻璃板上有棱，玻璃板同水平方向夹角 30°。每次试验用水 500mL，水流结束后测量保留在试样里的水量和穿透试样而收集的水量。

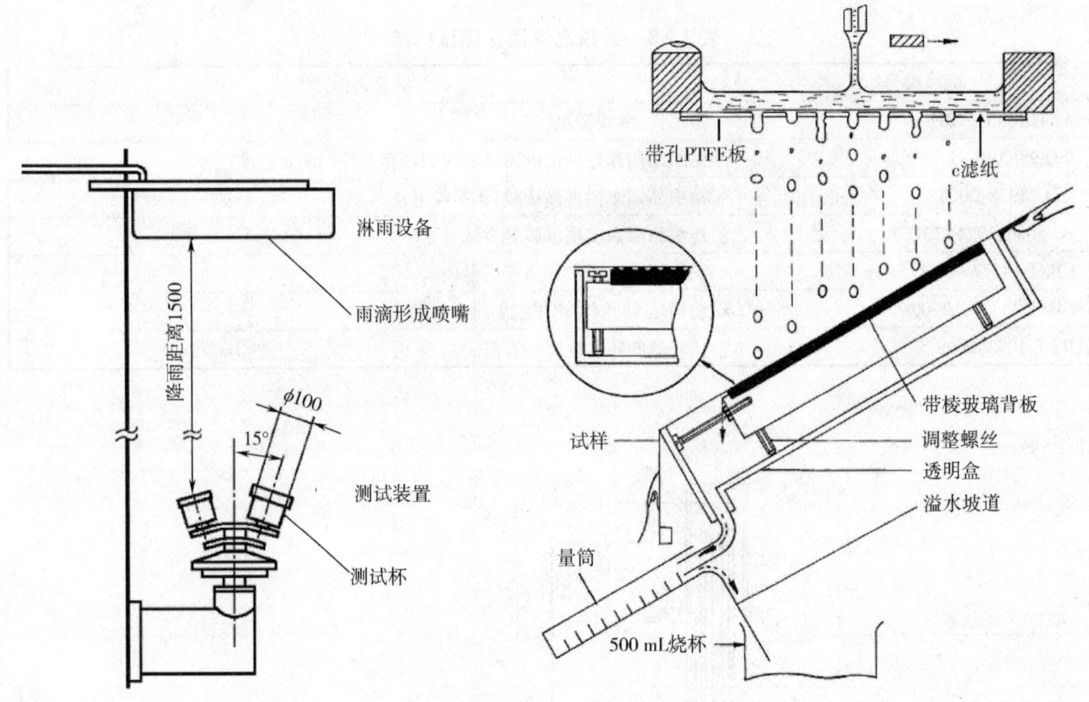

图 2－11　邦迪斯门淋雨法测试设备原理图(单位:mm)

图 2－12　BS 5066 维拉淋雨测试装置示意图

四、冲击渗透法

如图 2－13 所示，冲击渗透法是在沾水法的基础上，在面料背面衬一张已知质量的吸水纸，然后把 500mL 的水从 610mm(美标为 600mm) 的高度喷淋到试样上，再次称量吸水纸的质量。两次称量质量的差值为渗水量。差值越大，渗水量越多，样品的抗渗水性越差。测试设备还配备了水滴收集器，用于在连续喷淋停止后 2s 时，放置此水滴收集器收集水滴，防止剩余的水滴滴落在试样上。

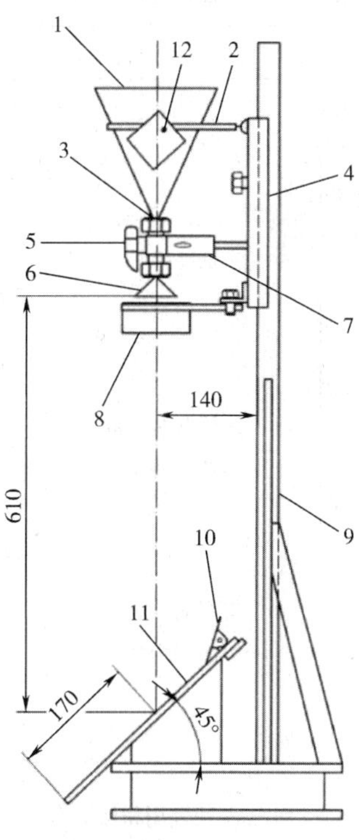

图 2-13　冲击渗透试验设备及示意图(单位:mm)

1—漏斗　2—环形支撑架　3—金属箍　4—滑动组件　5—控制阀　6—喷头
7—固定夹　8—水滴收集器　9—试验支架　10—弹簧夹　11—试样台　12—隔板

冲击渗透测试标准见表 2-9。FZ/T 01038 分方法 A 和方法 B,方法 A 的测试原理同上述。方法 B 中,试验背面垫有一块湿度检测板,当试样有渗透时,测定所需时间和持续淋雨的流量。

表 2-9　纺织品冲击渗透法测试标准

标准编号	标准名称
AATCC 42—2017	防水性:冲击渗透试验
GB/T 33732—2017	纺织品　抗渗水性的测定　冲击渗透试验
GB/T 24218. 17—2017	纺织品　非织造布试验方法　第 17 部分:抗渗水性的测定(喷淋冲击法)
FZ/T 01038—1994	纺织品防水性能淋雨渗透性试验方法
ISO 18695:2007	纺织品抗渗水性的测定　冲击渗透试验
ISO 9073-17:2008	纺织品　非织造布试验方法　第 17 部分:抗渗水性的测定(喷淋冲击法)

五、防水指标的技术要求

表 2-10 为静水压法中外标准的技术要求,表 2-11 为喷淋法中外标准的技术要求。

表 2-10　静水压法中外标准的技术要求

<table>
<tr><th>标准编号</th><th>标准名称</th><th colspan="5">静水压技术指标要求(KPa≥)</th></tr>
<tr><td>FZ /T 43012—2013</td><td>锦纶丝织物</td><td colspan="5">4</td></tr>
<tr><td rowspan="3">GB/T 23330—2009
(EN 343:2003 MOD)</td><td rowspan="3">服装　防雨
性能要求</td><td>1 级:预处理之前的材料、预处理之前的接缝</td><td colspan="4">8</td></tr>
<tr><td>2 级:预处理之前的接缝、预处理之后的材料</td><td colspan="4">8</td></tr>
<tr><td>3 级:预处理之前的接缝、预处理之后的材料</td><td colspan="4">13</td></tr>
<tr><td rowspan="2">GB/T 23317—2009
(BS 6408:1983 MOD)</td><td rowspan="2">涂层服装抗湿
技术要求</td><td>面料扭曲弯挠 9000 次后</td><td colspan="4">10</td></tr>
<tr><td>接缝</td><td colspan="4">20</td></tr>
<tr><td rowspan="5">GB/T 28464—2012</td><td rowspan="5">纺织品　服用
涂层织物</td><td></td><td>原样</td><td>屈挠后</td><td colspan="2">水洗后</td></tr>
<tr><td>Ⅰ一般服用类</td><td>15</td><td>—</td><td colspan="2">—</td></tr>
<tr><td>Ⅱ防水透湿服用类</td><td>30</td><td>25</td><td colspan="2">15</td></tr>
<tr><td>Ⅲ工作服类</td><td>30</td><td>20</td><td colspan="2">15</td></tr>
<tr><td>Ⅳ防水服用类</td><td>60</td><td>45</td><td colspan="2">25</td></tr>
<tr><td>GB/T 28463—2012</td><td>纺织品 装饰用涂层织物</td><td>室外装饰用(遮阳布、灯箱布、篷盖布等)</td><td colspan="4">50</td></tr>
<tr><td>GA 10—2014</td><td>消防员灭火防护服</td><td>洗涤 25 次后,防水透气层材料</td><td colspan="4">50</td></tr>
<tr><td>GA 634—2015
ISO 15538:2001 NEQ</td><td>消防员隔热防护服</td><td>面料外层</td><td colspan="4">17</td></tr>
<tr><td>GA 362—2009</td><td>警服材料　防水透湿复合布</td><td colspan="5">60</td></tr>
<tr><td>GA 392—2009</td><td>警服　雨衣</td><td>成品缝合部位</td><td colspan="4">18</td></tr>
<tr><td rowspan="2">GA 357—2009</td><td rowspan="2">警服材料　聚氨酯
湿法涂层雨衣布</td><td>初始</td><td colspan="4">60</td></tr>
<tr><td>5 次水洗后</td><td colspan="4">45</td></tr>
<tr><td rowspan="2">FZ/T 14009—2014</td><td rowspan="2">篷盖用维纶
染色防水帆布</td><td>篷布用织物</td><td colspan="4">3.5</td></tr>
<tr><td>盖布用织物</td><td colspan="4">6</td></tr>
<tr><td>BB/T 0037—2012</td><td>双面涂覆聚氯乙烯
阻燃防水布和篷布</td><td colspan="5">20</td></tr>
<tr><td>TB/T 1941—2013</td><td>铁路货车篷布</td><td>涂覆织物和焊缝</td><td colspan="4">20</td></tr>
<tr><td rowspan="3">GB/T 20463—2015
(ISO 8096:2005,MOD)</td><td rowspan="3">防水服用
橡胶或塑料涂
覆织物　规范</td><td></td><td>屈挠后</td><td>老化和屈挠后</td><td>磨损后</td><td>干洗后</td></tr>
<tr><td>A 类:材料用于休闲外罩和工作服</td><td>15</td><td>15</td><td rowspan="2">见成品服装最终用途规范的要求</td><td>15</td></tr>
<tr><td>B 类:长时间轻度活动工作服面料或衬里材料</td><td>30</td><td>25</td><td>15</td></tr>
</table>

续表

<table>
<tr><th>标准编号</th><th>标准名称</th><th colspan="5">静水压技术指标要求(KPa≥)</th></tr>
<tr><td rowspan="4">GB/T 20463—2015
(ISO 8096:2005,MOD)</td><td rowspan="4">防水服用
橡胶或塑料涂
覆织物　规范</td><td></td><td>屈挠后</td><td>老化和屈挠后</td><td>磨损后</td><td>干洗后</td></tr>
<tr><td>C类:长时间中度至高度活动工作服面料或衬里材料</td><td>30</td><td>25</td><td rowspan="3">见成品服装最终用途规范的要求</td><td>15</td></tr>
<tr><td>D类:长时间活动户外工作服</td><td>45</td><td>30</td><td>20</td></tr>
<tr><td>E类:长时间重度活动户外工作服</td><td>60</td><td>45</td><td>25</td></tr>
<tr><td rowspan="11">ISO 10966:2011</td><td rowspan="11">体育和娱乐品
篷盖用织物规范</td><td></td><td colspan="2">类型 A</td><td colspan="2">类型 B</td></tr>
<tr><td>住宅用涂层篷盖用织物用于屋顶</td><td colspan="2">15</td><td colspan="2">8</td></tr>
<tr><td>游览用涂层篷盖用织物用于屋顶</td><td colspan="2">15</td><td colspan="2">8</td></tr>
<tr><td>住宅用非涂层篷盖用织物用于屋顶</td><td colspan="2">—</td><td colspan="2">4</td></tr>
<tr><td>游览用非涂层篷盖用织物用于屋顶</td><td colspan="2">5</td><td colspan="2">3</td></tr>
<tr><td>住宅用涂层篷盖用织物用于墙壁</td><td colspan="2">10</td><td colspan="2">4</td></tr>
<tr><td>游览用涂层篷盖用织物用于墙壁</td><td colspan="2">15</td><td colspan="2">4</td></tr>
<tr><td>住宅用非涂层篷盖用织物用于墙壁</td><td colspan="2">2. 5</td><td colspan="2">2. 5</td></tr>
<tr><td>游览用非涂层篷盖用织物用于墙壁</td><td colspan="2">2. 5</td><td colspan="2">2</td></tr>
<tr><td>冬季用篷盖用织物用于屋顶</td><td colspan="2">15</td><td colspan="2">8</td></tr>
<tr><td>冬季用篷盖用织物用于墙壁</td><td colspan="2">15</td><td colspan="2">4</td></tr>
<tr><td>MZ/T 011. 2—2010</td><td>救灾帐篷　第 2 部分:
12m² 单帐篷</td><td colspan="5">50</td></tr>
<tr><td>MZ/T 011. 4—2010</td><td>救灾帐篷　第 4 部分:
12m² 棉帐篷</td><td colspan="5">50</td></tr>
<tr><td rowspan="3">GB/T 33272—2016</td><td rowspan="3">遮阳篷和野营帐篷用织物</td><td>Ⅰ类</td><td colspan="4">10</td></tr>
<tr><td>Ⅱ类</td><td colspan="4">15</td></tr>
<tr><td>Ⅲ类</td><td colspan="4">20</td></tr>
</table>

续表

标准编号	标准名称	静水压技术指标要求（KPa≥）			
GB/T 32614—2016	户外运动服装　冲锋衣		Ⅰ级		Ⅱ级
		洗前	面料 50 接缝 40		面料 30 接缝 20
		洗后	面料 40 接缝 30		面料 20 接缝 15
FZ/T 81010—2018	风衣		优等品	一等品	合格品
		洗后面料	50	35	20
		洗后接缝处	35	20	20
GB /T 21980—2017	专业运动服装和防护用品通用技术规范	洗后	13		
GB/T 21295—2014	服装理化性能的技术要求	有防雨功能的成品	13		
		有防暴雨功能的成品	35		
FZ/T 14023—2012	涤（锦）纶防水透湿雨衣面料	初始	50		
		5 次水洗后	20		
		加速老化试验	20		
FZ/T 81023—2019	防水透湿服装	—	一等品		合格品
		洗后	面料:50 接缝:40		面料:40 接缝:30

表 2－11　喷淋法各标准的技术要求

标准编号	标准名称	喷淋等级指标要求（级≥）	
FZ/T 43012—2013	锦纶丝织物	优等品、一等品	4 级
		二等品、三等品	3 级
GB/T 23317—2009 （BS 6408:1983 MOD）	涂层服装抗湿技术要求	4 级	
GB/T 28464—2012	纺织品　服用涂层织物	Ⅰ一般服用类	3 级
		Ⅱ防水透湿服用类	4 级
		Ⅲ工作服类	3 级
		Ⅳ防水服用类	4 级
GA 10—2014	消防员灭火防护服	外层材料洗涤 5 次后	3 级
GA 362—2009	警服材料　防水透湿复合布	初始	4
		5 次水洗后	2
GA 357—2009	警服材料　聚氨酯湿法涂层雨衣布	初始	4
		5 次水洗后	3
FZ/T 14009—2014	篷盖用维纶染色防水帆布	优等品	4
		一等品	4
		二等品	3

续表

<table>
<tr><th>标准编号</th><th>标准名称</th><th colspan="3">喷淋等级指标要求(级≥)</th></tr>
<tr><td>GB/T 20463—2015
(ISO 8096:2005,MOD)</td><td>防水服 用橡胶或
塑料涂覆织物 规范</td><td colspan="3">4</td></tr>
<tr><td rowspan="3">GB/T 32614—2016</td><td rowspan="3">户外运动服装 冲锋衣</td><td></td><td>Ⅰ级</td><td>Ⅱ级</td></tr>
<tr><td>洗前</td><td>4</td><td>4</td></tr>
<tr><td>洗后</td><td>3</td><td>—</td></tr>
<tr><td>FZ/T 81010—2018</td><td>风衣</td><td>洗后</td><td colspan="2">4</td></tr>
<tr><td>GB/T 21980—2017</td><td>专业运动服装和防护用品
通用技术规范</td><td>洗后</td><td colspan="2">3～4</td></tr>
<tr><td rowspan="2">FZ/T 14023—2012</td><td rowspan="2">涤(锦)纶防水
透湿雨衣面料</td><td>初始</td><td colspan="2">4</td></tr>
<tr><td>5 次水洗后</td><td colspan="2">3</td></tr>
<tr><td rowspan="4">FZ/T 14021—2011</td><td rowspan="4">防水、防油、
易去污、免烫
印染布</td><td></td><td>原样</td><td>洗 10 后</td></tr>
<tr><td>优等品</td><td>5</td><td>4</td></tr>
<tr><td>一等品</td><td>4</td><td>3</td></tr>
<tr><td>二等品</td><td>3</td><td>2</td></tr>
<tr><td rowspan="2">FZ/T 81023—2019</td><td rowspan="2">防水透湿服装</td><td>—</td><td>一等品</td><td>合格品</td></tr>
<tr><td>洗后</td><td>3～4</td><td>3</td></tr>
</table>

第三节 防水透湿纺织品的透湿性能指标及测试方法

透湿性是因为织物两边存在一定的水蒸气浓度差,根据纺织品的基本性质,当织物两边的水气压力不同时,水气会从高压一边透过织物流向另一边,此时气态的水分透过织物的性能称为透湿性。衡量透湿性可从透湿量和湿阻两方面着手。

一、透湿量的测量

人们多用称重法来评价织物的透湿量,在织物两面分别保持恒定水蒸气压的条件下,测定规定时间内通过单位面积织物的水蒸气质量,常用单位为 g/(m^2·24h)或 g/(m^2·h)。因为主要的测试装置是杯子,织物透湿量的测试方法也叫透湿杯法。透湿杯法包括吸湿剂法和蒸发法,还可以根据操作方法分为正杯法和倒杯法,测试标准见表 2－12。

表 2－12 纺织品透湿性检测标准

<table>
<tr><th>类型</th><th>标准号</th><th>标准名称</th></tr>
<tr><td rowspan="3">正杯吸湿法</td><td>GB/T 12704.1—2009</td><td>纺织品 织物透湿性试验方法 第 1 部分:吸湿法</td></tr>
<tr><td>ASTM E96/E96M—2016</td><td>材料透湿试验方法</td></tr>
<tr><td>JIS L 1099:2012
方法 A－1</td><td>纺织品透湿性测试方法</td></tr>
</table>

续表

类型	标准号	标准名称
倒杯吸湿法	ISO 15496:2018	纺织品　质量控制用织物的透湿性测量
	JIS L 1099:2012 方法 B－1	纺织品透湿性测试方法
正杯蒸发法	GB/T 12704.2—2009 方法 A	纺织品　织物透湿性试验方法　第 2 部分:蒸发法
	JIS L 1099:2012 方法 A－2	纺织品透湿性:测试方法
	ASTM E96/E96M—2016	材料透湿试验方法
	AATCC 204—2017	纺织品透湿性
	BS 7209:1990(2017)	服装面料的透湿性
	BS 3424 部分 34:方法 37:1992	透湿指数(WVPI)测量方法
倒杯蒸发法	GB/T 12704.2—2009 方法 B	纺织品　织物透湿性试验方法　第 2 部分:蒸发法
	ASTM E96/E96M—2016	材料透湿试验方法

(一)正杯吸湿法

我国标准 GB/T 12704.1—2009、日本标准 JIS L 1099:2012 方法 A－1 和 美国标准 ASTM E96/E96M—2016 采用了正杯吸湿测试法,其原理为在测试杯内加入一定量的干燥剂,施加垫圈和压环后用胶带封住杯子边缘,将测试杯组合体放入一定温湿度和风速环境中,每隔一定时间称重,通过透湿杯组合体质量变化计算透湿率等参数。但这三个标准在测试过程和参数计算上,还有一定差异,表 2－13 列出了测试参数比对。下面将逐一介绍这三个标准的测试过程和表征参数。

表 2－13　正杯吸湿法测试标准比对

<table>
<tr><th>标准</th><th>温度和湿度</th><th>风速(m/s)</th><th>干燥剂质量(g)</th><th>干燥剂与试样距离(mm)</th><th>表征参数</th></tr>
<tr><td>JIS L 1099
方法 A－1</td><td>(40 ±2)℃,
(90 ±)5%</td><td>≤0.8</td><td>33</td><td>3</td><td>透湿率</td></tr>
<tr><td>GB/T 12704.1</td><td>(a)(38 ±2)℃,(90 ±2)%
(b)(23 ±2)℃,(50 ±2)%
(c)(20 ±2)℃,(65 ±2)%</td><td>0.3 ~ 0.5</td><td>34</td><td>4</td><td>透湿率
透湿度
透湿系数</td></tr>
<tr><td rowspan="2">ASTM E96/E96M</td><td>非极端湿度条件:
程序 A:23℃
程序 C:32.2℃
程序 E:37.8℃
湿度:(50 ±2)%</td><td rowspan="2">0.02 ~ 0.3</td><td rowspan="2">—</td><td rowspan="2">6</td><td rowspan="2">透湿率
透湿度</td></tr>
<tr><td>极端湿度条件:
(38 ±1)℃,(90 ±2)%</td></tr>
</table>

1. 日本标准 JIS L 1099:2012 方法 A－1

将图 2－14 所示的透湿杯组合体放入规定温湿度的恒温恒湿箱体中 1h,取出称重记为 a_1,重新放回恒温恒湿箱体中 1h,再次取出称重记为 a_2。按下式计算出透湿率:

$$P_{A1} = \frac{a_2 - a_1}{S_{A1}} \tag{2-1}$$

式中:P_{A1}——透湿率,g/(m^2·h);

$a_2 - a_1$——透湿杯组合体每小时的质量变化,g/h;

S_{A1}——透湿面积,m^2。

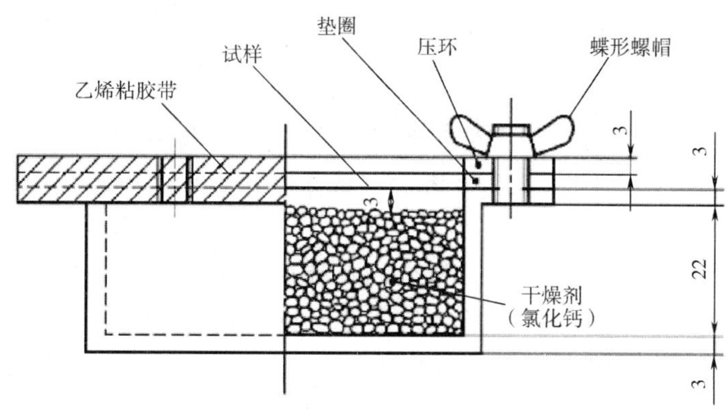

图 2－14　JIS L 1099 方法 A－1 氯化钙法

2. 中国标准 GB/T 12704.1—2009

将盛放干燥剂的透湿杯组合体和不放干燥剂的空白透湿杯组合体放入恒温恒湿箱中 1h,取出并盖好杯盖放入硅胶干燥器中平衡 30min。随后,从硅胶干燥器中取出称重。称重后轻微振动杯中的干燥剂,使其上下混合,以免长时间使用而使上层干燥剂的干燥效果减弱。振动过程中,应避免干燥剂与试样接触。去除杯盖,将透湿杯组合体放入恒温恒湿箱内 1h,再迅速盖好杯盖称重,按式(2－2)计算透湿率,按式(2－3)计算透湿度,按式(2－4)计算透湿系数。

$$WVT = \frac{\Delta m - \Delta m'}{A \cdot t} \tag{2-2}$$

式中:WVT——透湿率,g/(m^2·h)或 g/(m^2·24h);

Δm——同一实验组合体两次称重之差,g;

$\Delta m'$——空白试样的同一试验组合体两次称重之差,g,不做空白试验时,$\Delta m' = 0$;

A——有效试验面积 0.00283m^2,m^2;

t——试验时间,h。

$$WVP = \frac{WVT}{\Delta p} = \frac{WVT}{p_{CB}(R_1 - R_2)} \tag{2-3}$$

式中:WVP——透湿度,g/(m^2·Pa·h);

Δp——试样两侧水蒸气压差,Pa;

p_{CB}——在试验温度下的饱和水蒸气压力,Pa;

R_1——试验时试验箱的相对湿度,%;

R_2——透湿杯内的相对湿度,%,可按 0 计算。

$$PV = 2.778 \times 10^{-8} WVP \cdot d \tag{2-4}$$

式中:PV——透湿系数,$g \cdot cm/(cm^2 \cdot s \cdot Pa)$;

d——试样厚度,cm。

3. 美国标准 ASTM E96/E96M—2016

将干燥剂放入透湿杯中,使干燥剂上表面层距试样 6mm。将试样附着在透湿杯上并密封,放入恒温恒湿箱内,立即称重。随后,每隔一段时间称重一次,整个测试过程称重 8～10 次,每次称重后要轻轻摇动透湿杯,使干燥剂混合均匀。当试样的预期透湿度小于 3ng(m · s · Pa)时,需使用空白样来补偿环境变化对测试结果的影响,空白样透湿杯内不添加干燥剂。并计算出透湿率和透湿度,计算方法同 GB/T 12704.1。

(二)倒杯吸湿法

倒杯吸湿法的标准有欧盟标准 ISO 15496:2018、日本标准 JIS L 1099:2012 方法 B1、JIS L 1099:2012 方法 B－2 和 JIS L 1099 方法 B－3。这些标准所采用的设备、吸湿剂及操作原理基本相同,主要区别在于试验条件和计算上。

如图 2－15(a)所示,ISO 15496:2018 中,将试样和防水透湿微孔膜放于环形样品架上,放入水槽,使膜接触水,15min 后,用另外一张防水透湿微孔膜覆盖盛有饱和乙酸钠的透湿杯,称重后将透湿杯倒置于水槽中的样品架上,使膜和样品接触。在湿度压力差的作用下,水槽中的水气透过样品架上的透湿膜和样品,并通过透湿杯上的透湿膜被饱和乙酸钾吸收。15min 后,移走透湿杯,再次称重。同时,安排空白测试,样品架上不附着测试样品,仅覆盖透湿膜,从而得到两张透湿膜和设备本身的透湿度。样品的透湿度则依照式(2－5)～式(2－7)得出。

$$\Delta m = m_{15} - m_0 \tag{2-5}$$

$$\mu_{WV,app} = \frac{\Delta m_{app}}{a \cdot \Delta p \cdot \Delta t} \tag{2-6}$$

$$\mu_{WV} = \left(\frac{a \cdot \Delta p \cdot \Delta t}{\Delta m} - \frac{1}{\mu_{WV,app}} \right)^{-1} \tag{2-7}$$

式中:m_{15}——15min 后称得的透湿杯质量,g;

m_0——透湿杯初始质量,g;

$\mu_{WV,app}$——设备自身的透湿度,$g/(m^2 \cdot Pa \cdot h)$;

Δm_{app}——空白样时透湿杯的质量变化,g;

a——透湿杯开口面积,m^2;

Δp——试样两侧水蒸气压差,当水槽温度和室温均为 23℃时,Δp 为 2168Pa;

Δt——测量时间,h;

μ_{WV}——样品的透湿度,$g/(m^2 \cdot Pa \cdot h)$。

ISO 15496 计算了透湿度,同时需要安排空白试验,而 JIS L 1099 方法 B－1 和 B－2 只需计算透湿率,无须做空白试验。ISO 15496 和 JIS L 1099:2012 方法 B－2、B－3 采用了两张透湿膜,分别覆盖测试样品和透湿杯,而 JIS L 1099:2012 方法 B－1 只采用了一张透湿膜,用于覆盖透湿杯,如图 2－15(b)所示。另外,这些标准的试验条件也不完全相同,见表 2－14。JIS L 1099:2012 方法 B－3 等效采用了 ISO 15496:2004,在此就不再赘述。

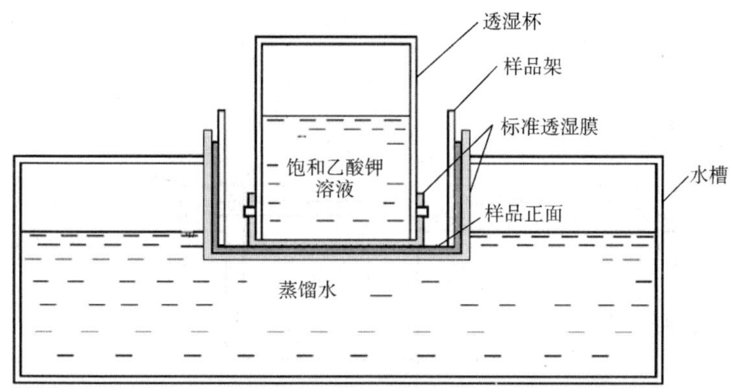

(a)ISO 15496:2018、JIS L 1099:2012方法B-2和JIS L 1099:2012方法B-3示意图

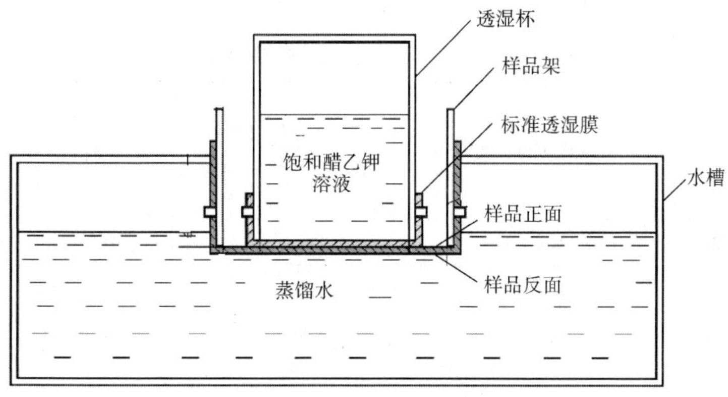

(b)JIS L 1099:2012方法B-1示意图

图 2-15　倒杯吸湿法试验示意图

表 2-14　倒杯吸湿法试验条件对比

标准	试验条件	
	水槽温度(℃)	空气温度(℃)
JIS L 1099 方法 B-1	23	30 ±2
JIS L 1099 方法 B-2	23	30 ±2
JIS L 1099 方法 B-3	23 ±0.1	23 ±3
ISO 15496	23 ±0.1	23 ±3

(三)正杯蒸发法

正杯蒸发法的测试方法主要有 GB/T 12704.2—2009 方法 A、JIS L 1099:2012 方法 A-2、ASTM E96/E96M—2016、BS 7209:1990(2017)、BS 3424 部分 34:方法 37:1992 和 AATCC 204—2017。GB/T 12704.2—2009 方法 A、JIS L 1099:2012 方法 A-2 和 ASTM E96/E96M—2016 方法均是在恒温恒湿箱内利用透湿杯完成的。测试过程同各标准的正杯吸湿法十分相似,只是将干燥剂换成了水,表征参数也和各自正杯吸湿法的相同。图 2-16 为 JIS L 1099:2012 方法

A－2的透湿杯,表2－15为正杯蒸发法测试标准参数比对。

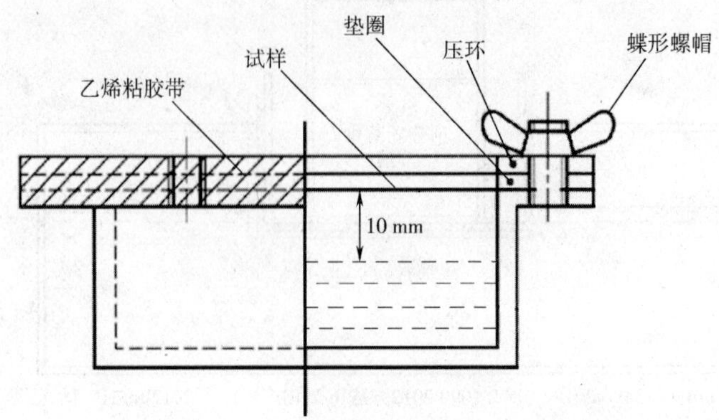

图2－16　JIS L 1099:2012 方法 A－2 透湿杯

表2－15　正杯蒸发法测试标准参数比对

标准编号	环境温度和湿度	风速(m/s)	水量(mL)	水与试样间距离(mm)	表征参数
JIS L 1099 方法 A－2	(40±2)℃,(50±5)%	≤0.8	42	10	透湿率
GB/T 12704.2 方法 A	(a)(38±2)℃,(50±2)% (b)(23±2)℃,(50±2)% (c)(20±2)℃,(65±2)%	0.3～0.5	34	10	透湿率、透湿度、透湿系数
ASTM E96/E96M	程序B:23℃ 程序D:32.2℃ 湿度:(50±2)%	0.02～0.3	—	19±6	透湿率、透湿度
BS 7209	(20±2)℃,(65±2)%	0	—	10±1	透湿率、透湿指数
BS 3424 部分34:方法37	(20±2)℃,(65±5)%	0	—	10±1	透湿率、透湿指数
AATCC 204	(21±1)℃,(65±2)%	≤0.1	390	—	透湿量、控制样平均透湿量、单个试样对控制样的透湿百分比、平均试样对控制样的透湿百分比

同其他标准不同,BS 7209除了测试面料的透湿率,还要测试参考面料的透湿率。透湿杯放在一个旋转速度不超过6m/min的测试盘上,如图2－17所示,旋转测试盘包含8个测试头,一次可安排两个样品的6个试样和2个参考面料试样。将试样安装在透湿杯上之后,开启设备,先旋转测试盘1h,待测试杯组合体达到湿平衡后称重。再将测试杯放入测试盘,继续旋转至少5h,安排第二次称重,通常安排过夜测试,即16h的测试。

图 2-17 BS 7209 测试原理图

由此,可根据式(2-8)和式(2-9)计算透湿率和透湿指数。

$$WVP = \frac{24M}{At} \tag{2-8}$$

式中:WVP——透湿率,g/(m^2/d);

M——一段时间间隔的质量变化,g;

t——两次称重的时间间隔,h;

A——测试杯口面积,m^2。

$$I = \left\{\frac{(WVP)_f}{(WVP)_r}\right\} \times 100 \tag{2-9}$$

式中: I——透湿指数;

$(WVP)_f$——测试样品的透湿率;

$(WVP)_r$——参考面料的透湿率。

BS 3424 部分 34:方法 37 完全参照了 BS 7209,只是测试环境的湿度范围更广,为(65±5)%。

AATCC 204 是利用水浴锅蒸发透湿杯的方法。透湿杯为开口玻璃杯,在透湿杯内加入(390±1)g 的水,将试样附着在透湿杯上后,称重。然后将透湿杯放置于(54±2)℃水浴锅内,其中 3 个的编号为 1、2 和 3 的控制样(AATCC 透湿控制纸),4 个为编号为 4、5、6 和 7 的测试样,水浴锅中的水应约没至透湿杯的 3/4。计时 24h,计时结束后,擦干透湿杯外壁,再次称量透湿杯。

通过 2 次称重,可计算出透湿杯透湿量[式(2-10)]、控制样平均透湿量[式(2-11)]、单个试样对控制样的透湿百分比[式(2-12)]和平均试样对控制样的透湿百分比[式(2-13)]。

$$T_n = O_n - F_n \tag{2-10}$$

式中:T——透湿量,g;

n——透湿杯编号;

O——透湿杯的初始质量,g;

F——透湿杯的最终质量,g。

$$T_{controlavg}=\frac{(T_1+T_2+T_3)}{3} \tag{2-11}$$

$$T_{4\%}=100\times\left(\frac{T_4}{T_{controlavg}}\right) \tag{2-12}$$

$$T_{avg\%}=\frac{(T_{4\%}+T_{5\%}+T_{6\%}+T_{7\%})}{4} \tag{2-13}$$

(四)倒杯蒸发法

我国标准 GB/T 12704.2—2009 方法 B 和美国标准 ASTM E96/E96M—2016(BW)中规定了倒杯蒸发法的测试方法,透湿杯及材料与正杯蒸发法相同,将装好蒸馏水和试样的杯子倒置在试验箱的上层,称量和计算方法与正杯蒸发法也相同。该方法仅适用于防水织物,其测试示意图如图 2-18,环境温度和湿度见表 2-16。

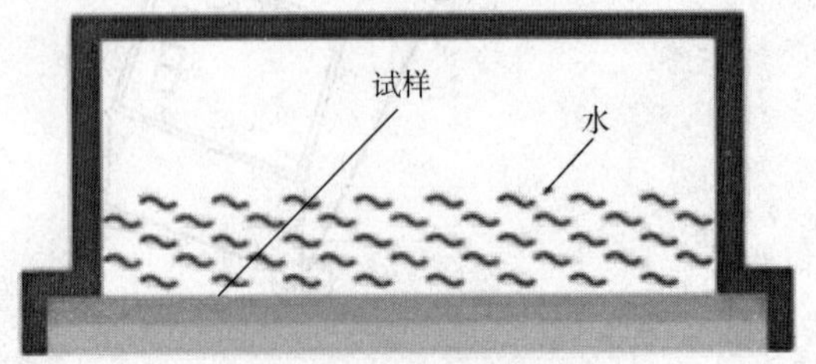

图 2-18 倒杯法测试示意图

表 2-16 倒杯蒸发法测试标准参数比对

标准	环境温度和湿度
GB/T 12704.2 方法 B	(a)(38±2)℃,(50±2)% (b)(23±2)℃,(50±2)% (c)(20±2)℃,(65±2)%
ASTM E96/E96M	程序 BW:23℃ 湿度:(50±2)%

二、透湿量的技术要求

研究表明,当靠近皮肤的衣服内"微气候区"温度在(32±1)℃,湿度在(50 ±10)%时,人体才会感到舒适,此时人体处于最佳的生理状态。人体出汗是热平衡调节中的有效散热手段,不同劳动条件下人体散热量和排汗量见表 2-17,其中 20 ℃时重劳动强度的人体排汗量为 2880g/(m^2·24h)。

表 2-17 不同劳动条件下人体散热量和排汗量

运动状态	释放热量 [kJ/(m^2·h)]	不同温度条件下人体排汗量[g/(m^2·24h)]		
		0	10℃	20℃
坐	209	290	320	430
爬	406	430	520	720
水平步行	586	580	660	1010
中劳动强度	920	1010	1330	1730
重劳动强度	1255	1930	1990	2880

中国标准也对透湿量做了技术规范，见表2－18。也有国外买家根据不同产品类型给出了透湿量的技术要求，见表2－19。

表2－18　中国标准给出的透湿量技术要求

标准编号	标准名称	透湿量技术要求[g/(m²·24h)]≥		
GB/T 28464—2012	纺织品　服用涂层织物	Ⅰ一般服用类	—	
		Ⅱ防水透湿服用类	4000	
		Ⅲ工作服类	2500	
		Ⅳ防水服用类	—	
GA 10—2014	消防员灭火防护服	防水透气层材料	5000	
GA 362—2009	警服材料　防水透湿复合布	4700		
GA 357—2009	警服材料　聚氨酯湿法涂层雨衣布	初始	4000	
		5次水洗后	4500	
GB/T 20463—2015 (ISO 8096:2005,MOD)	防水服橡胶或塑料涂覆织物　规范	A类：材料用于休闲外罩和工作服	560	
		B类：长时间轻度活动工作服面料或衬里材料	440	
		C类：长时间中度至高度活动工作服面料或衬里材料	480	
		D类：长时间活动户外工作服	480	
		E类：长时间重度活动户外工作服	360	
GB/T 32614—2016	户外运动服装　冲锋衣		Ⅰ级	Ⅱ级
		洗前	5000	3000
		洗后	4000	2000
FZ/T 81010—2018	风衣	洗后	5000	
FZ/T 73016—2013	针织保暖内衣　絮片类	优等品	5000	
		一等品	3000	
		合格品	2500	
GB/T 21295—2014	服装理化性能的技术要求	有透湿要求的成品	2200	
FZ/T 14023—2012	涤(锦)纶防水透湿雨衣面料	2000		
GB 19082—2009	医用一次性防护服技术要求	2500		
FZ/T 81023—2019	防水透湿服装	洗后　一等品	5000	
		洗后　合格品	4000	

表 2－19　国外买家给出的不同产品的透湿量技术要求

产品类型	透湿率要求[g/(m^2·24h)]
普通户外服装	≥800
防风透气服装	≥2000
防水透气服装	≥3000
防暴风雨透气服装	≥5000
滑雪服	≥8000

三、湿阻的测量

在表征纺织品透湿性时，人们易于想到直观的透湿量，而忽视纺织品自身的湿阻。湿阻是指纺织品阻碍水气透过织物的能力，通常用 R_{et} 表示。目前测试湿阻的标准有四个，见表 2－20。这四个测试标准的原理和设备都是一样的，均为蒸发热板法，这里以 ISO 11092 为例介绍。

表 2－20　纺织品湿阻测试标准

标准编号	标准名称
ISO 11092:2014	纺织品　生理舒适性　稳态条件下热阻和湿阻的测定(蒸发热板法)
ASTM F1868—2017	用蒸发热板测定服装材料热阻和湿阻的试验方法
GB/T 11048—2018	纺织品　生理舒适性　稳态条件下热阻和湿阻的测定(蒸发热板法)
JIS L 1099:2012 方法 C	纺织品透湿测试方法

湿阻是在恒温恒湿箱内测试的，如图 2－19 所示。首先设置箱体温度和加热板(也称为测试板)温度为 35℃，空气速度 1m/s，相对湿度 40%。加热板上有若干个孔连接给水系统，水可以通过孔铺满热板表面。先在加热的多孔加热板上铺一张防水透湿膜，再通过供水系统从加热板上的孔中通入适量的水，使膜与水接触。随后再在膜上铺上被测试样，由于膜两侧存在湿度压力差，热板上的水气源源不断地透过膜和织物，进入箱体空气中。热板上的热量也不断地被这些水气带走，为了保持热板温度恒定，供电系统需要不断对热板输入功率加热热板，进而可得出试样和膜整体的湿阻。试样的湿阻还需减去设备自身的湿阻，设备自身的湿阻可通过空板试验得出，测试过程不变，只是多孔加热板上只覆盖防水透湿膜而不覆盖测试样品。

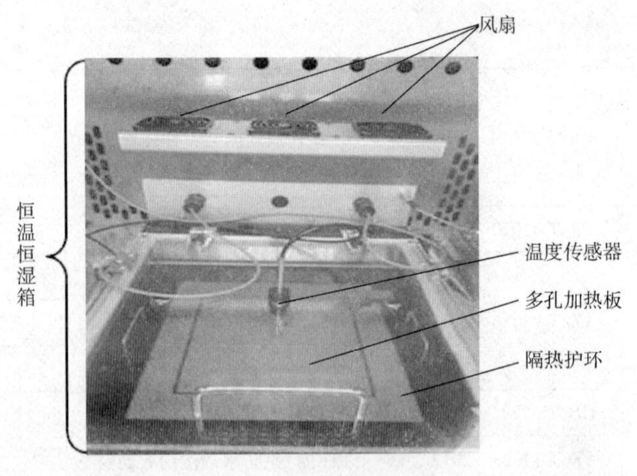

图 2－19　ISO 11092 测试试验箱

空板的湿阻计算如式(2-14)所示,试样的湿阻计算如式(2-15)所示。

$$R_{et0}=\frac{(p_m-p_a)\cdot A}{H-\Delta H_e} \tag{2-14}$$

式中,R_{et0}——空板(不覆盖测试样品,而只覆盖防水透湿膜)湿阻,即设备固有湿阻,$m^2\cdot Pa/W$;

p_m——当热板温度为 T_m 时,饱和水蒸气压力,Pa;

p_a——当气候室温度为 T_a 时,水蒸气压力,Pa;

A——测试板面积,m^2;

H——提供给测试板的加热功率,W;

ΔH_e——湿阻测定中加热功率的修正量,W;

$$R_{et}=\frac{(p_m-p_a)\cdot A}{H-\Delta H_e}-R_{et0} \tag{2-15}$$

R_{et}——试样湿阻,$m^2\cdot Pa/W$。

四、湿阻的技术要求

部分国外买家根据产品类型,给出了湿阻的技术要求见表2-21。

表2-21　不同产品的湿阻技术要求

产品类型	湿阻要求($m^2\cdot Pa/W$)
防水透湿夹克	<13
滑雪服	<27
钓鱼夹克、风衣和雨衣	<40

第四节　透湿标准的适用性分析

吸湿测试标准涵盖了多种测试原理,这些测试之间是否具有很好的相关性,生产厂家和买家如何选择测试标准,成为引人注目的问题。为此,有研究对多块面料进行了GB/T 12704.1和GB/T 12704.2中吸湿法、正杯蒸发法和倒杯法测试分析,发现三种方法虽然原理相近,但试验条件不同,所测得的试验结果也不相同。

吸湿法和正杯蒸发法是模拟人体皮肤在正常状态下织物表面干燥时的透湿情况,而倒杯蒸发法模拟的是人体在运动流汗时织物的透湿情况。同一试样,倒杯蒸发法所测得的数据结果最大,其次是正杯蒸发法,最小的是吸湿法。这主要是由于两方面的原因:一是吸湿法使用的固体吸湿剂无法流动,在吸湿过程中表面层吸湿能力不断减弱,故测试结果较蒸发法小;二是正杯蒸发法测试杯口朝上,水和织物之间有静止的空气存在,试样外表面也有空气层,水蒸气在静止空气层中的扩散阻抗比较大,而采用倒杯蒸发法时杯口朝下,水直接和试样表面接触,消除了杯内空气层对水蒸气的扩散阻力,因而测得的透湿率较正杯蒸发法大。从相关性上来看,吸湿法和正杯蒸发法的相关性要优于正杯蒸发法和倒杯蒸发法之间的相关性,由此也验证了上述分析。

在不同温湿度下用正杯蒸发法测试8块面料的透湿率WVT和透湿度WVP,结果发现,在不同试验条件下,同一试样的透湿率相差很大,而透湿度相差却很小。这是由于透湿率是一个绝对概念,同面料自身情况和环境情况有关;而透湿度则是一相对概念,只和面料自身情况有关,剔除环境的影响。这一点可从式(2-16)中看出:

$$WVP = \frac{WVT}{\Delta p} \tag{2-16}$$

式中:WVP——透湿度,g/(m^2·Pa·h);

Δp——试样两侧水蒸气压差,Pa。

由此,透湿度可以有效解决不同标准之间产品透湿性能的比较问题,生产厂家和工厂不必将各个出口市场的所有测试标准都做一遍。

湿阻衡量的是水蒸气透过织物的难易程度,通常透湿率大的织物,其湿阻会小;反之,透湿率小的织物,其湿阻会比较大。有研究表明,蒸发热板法湿阻同 ASTM E96 的正杯蒸发法、倒杯蒸发法以及 ISO 15496 的倒杯吸湿法的湿阻和透湿率之间有良好的相关性,分别达到了 0.85、0.99 和 0.99。

参考文献

[1]潘莺,王善元. Gore-tex 防水透湿层压织物的概述[J]. 中国纺织大学学报,1998(5):110-114.

[2]郭玉海,张建春,郝新敏,等. PTFE 层压织物洗后保持耐水压的机制分析[J]. 纺织学报,2007(4):83-86.

[3]刘延波,赵雪菲,杨文秀,等. PVDF/PVDF 混纺纳米纤维防水透湿膜的开发[J]. 天津工业大学学报,2016(6):8-13.

[4]袁赛南. 防水透湿服装及其加工工艺探讨[J]. 上海纺织科技,2009(1):1-3.

[5]陈丽华. 不同种类防水透湿织物的性能及发展[J]. 纺织学报,2012(7):151-158.

[6]周宇,朱方龙. 防水透湿复合膜的研究现状[J]. 防护装备技术研究,2013(1):10-14.

[7]陈进来. 防水透湿织物的发展现状[J]. 棉纺织技术,2010(1):67-68.

[8]高党鸽,张文博,马建中. 防水透湿织物的研究进展[J]. 印染,2011(21):45-50.

[9]权衡. 防水透湿织物及其加工技术[J]. 印染,2004(4):43-47.

[10]于磊,黄机质,王会,等. 高密防水透湿织物防水性能及影响因素[J]. 上海纺织科技,2014(10):56-59.

[11]高诚贤. 功能性防水透湿涂层织物性能及其影响因素[J]. 印染,2005(12):46-49,54.

[12]顾艳楠,郑今欢. 抗紫外防水透湿涂层织物整理研究[J]. 现代纺织技术,2012(4):8-12.

[13]郝荣耀,朱平. 可"呼吸"的功能性面料——聚四氟乙烯薄膜层压织物[J]. 现代纺织技术,2007(1):51-54.

[14]张建春. 新型军用功能性纺织面料的开发[J]. 棉纺织技术,2002(1):9-12.

[15]权衡. 形状记忆聚氨酯与智能型防水透湿织物[J]. 印染助剂,2004(3):5-10.

[16]王玮玲,于伟东. 智能防水透湿聚氨酯研究进展[J]. 聚氨酯工业,2014(6):5-8.

[17]田涛,杨荆泉,段惠莉,等. 防水透湿织物的研究现状及其在医用材料领域的应用[J]. 产业用纺织品,2008(6):1-5.

[18]魏征. 防水透湿织物的性能特点[J]. 国外纺织技术,1998(10):47-50.

[19]袁志磊,陆维民,杨娟,等. 纺织品透湿性的透湿杯测试方法比较[J]. 印染,2012(2):40-42.

[20]袁媛,朱洪亮. 国内纺织品透湿性能检测方法比较与分析[J]. 中国纤检,2016(1):82-83.

[21]陈知建. 涂层织物透湿测试方法比较[J]. 中国纤检,2018(1):76-78.

[22]章辉,计伟. 织物透湿性试验方法及标准分析[J]. 纺织标准与质量,2018(6):27 - 31.
[23]黄建华,钱晓明. 织物透湿性测试方法的比较[J]. 纺织学报,2008(8):45 - 47,51.
[24]GB/T 12704. 1—2009 纺织品 织物透湿性试验方法 第 1 部分:吸湿法 [S].
[25]GB/T 12704. 2—2009 纺织品 织物透湿性试验方法 第 2 部分:蒸发法 [S].
[26]ASTM E96/E96M—2016 材料透湿试验方法 [S].
[27]ISO 15496:2018 质量控制用织物的透湿测量 [S].
[28]JIS L 1099:2012 纺织品透湿测试方法 [S].
[29]AATCC 204—2017 纺织品的透湿性 [S].
[30]BS 7209:1990(2017)服装面料的透湿性 [S].
[31]BS 3424 部分 34:方法 37:1992 透湿指数(WVPI)测量方法 [S].
[32]ISO 11092:2014 纺织品—生理舒适性—稳态条件下热阻和湿阻的测定(蒸发热板法)[S].
[33]ASTM F1868—17 用蒸发热板测定服装材料热阻和湿阻的试验方法 [S].
[34]GB/T 11048—2018 纺织品 生理舒适性 稳态条件下热阻和湿阻的测定(蒸发热板法)[S].
[35]GB/T 32614—2016 户外运动服装 冲锋衣 [S].
[36]FZ/T 81010—2018 风衣 [S].
[37]GB/T 21980—2017 专业运动服装和防护用品通用技术规范 [S].
[38]GB/T 21295—2014 服装理化性能的技术要求 [S].
[39]FZ/T 14023—2012 涤(锦)纶防水透湿雨衣面料 [S].
[40]FZ/T 73016—2013 针织保暖内衣 絮片类 [S].
[41]FZ /T 73051—2015 热湿性能针织内衣 [S].
[42]GB/T 28464—2012 纺织品 服用涂层织物 [S].
[43]GA 10—2014 消防员灭火防护服 [S].
[44]GA 362—2009 警服材料 防水透湿复合布 [S].
[45]GA 357—2009 警服材料 聚氨酯湿法涂层雨衣布 [S].
[46]GB/T 20463—2015 防水服橡胶或塑料涂覆织物 规范 [S].
[47]AATCC 127—2017 防水性:静水压试验 [S]
[48]ASTM D751—06(2011)涂层织物的标准试验方法 [S].
[49]ASTM D3393—91(2014)涂层织物规格—防水性 [S].
[50]ISO 811:2018 纺织织物 抗渗水性的测定 静水压法 [S].
[51]ISO 1420:2016 橡胶或塑料涂覆织物 抗水渗透性测定 [S].
[52]JIS L 1092:2009 纺织品的防水性测试方法 [S].
[53]GB/T 4744—2013 纺织品 防水性能的检测和评价 静水压法 [S].
[54]FZ/T 01004—2008 涂层织物 抗渗水性的测定 [S].
[55]AATCC 22—2017 拒水性:沾水试验 [S].
[56]ISO 4920:2012 纺织面料 表面抗湿性测定(沾水试验)[S].
[57]GB/T 4745—2012 纺织品 防水性能的检测和评价 沾水法 [S].
[58]FZ/T 14021—2011 防水、防油、易去污、免烫印染布 [S].
[59]AATCC 35—2018 防水性测试:淋雨测试 [S].
[60]ISO 9865:1991 纺织品—纺织品拒水测试 邦迪斯门淋雨法 [S].
[61]ISO 22958:2005 防水—淋雨测试:水平喷淋法 [S].
[62]BS 5066:1974(2017)纺织品防人工雨水测试 [S].
[63]GB/T 14577—1993 织物拒水性测定邦迪斯门淋雨法 [S].

[64] GB/T 23321—2009 纺织品 防水性 水平喷射淋雨试验 [S].
[65] AATCC 42—2017 防水性:冲击渗透试验 [S].
[66] GB/T 33732—2017 纺织品 抗渗水性的测定 冲击渗透试验 [S].
[67] GB/T 24218. 17—2017 纺织品　非织造布试验方法　第 17 部分:抗渗水性的测定(喷淋冲击法) [S].
[68] FZ/T 01038—1994 纺织品防水性能　淋雨渗透性试验方法 [S].
[69] ISO 18695:2007 纺织品 抗渗水性的测定 冲击渗透试验 [S].
[70] ISO 9073—17:2008 纺织品　非织造布试验方法　第 17 部分:抗渗水性的测定(喷淋冲击法) [S].
[71] FZ /T 43012—2013 锦纶丝织物 [S].
[72] GB/T 23330—2009 服装　防雨性能要求 [S].
[73] GB/T 23317—2009 涂层服装抗湿技术要求 [S].
[74] GB/T 28463—2012 纺织品 装饰用涂层织物 [S].
[75] GA 634—2015 消防员隔热防护服 [S].
[76] GA 392—2009 警服　雨衣 [S].
[77] FZ/T 14009—2014 篷盖用维纶染色防水帆布 [S].
[78] BB/T 0037—2012 双面涂覆聚氯乙烯阻燃防水布和篷布 [S].
[79] TB/T 1941:2013 铁路货车篷布 [S].
[80] ISO 10966:2011 体育和娱乐用品篷盖用织物规范 [S].
[81] MZ/T 011. 2—2010 救灾帐篷　第 2 部分:12m^2 单帐篷 [S].
[82] MZ/T 011. 4—2010 救灾帐篷　第 4 部分:12m^2 棉帐篷 [S].
[83] GB/T 33272—2016 遮阳篷和野营帐篷用织物 [S].
[84] 姜怀. 功能纺织品[M]. 北京:化学工业出版社,2012.

第三章　温度调节纺织产品检测技术

人体产热与散热之间的关系决定了人体是否维持热平衡,这对于维持正常的代谢、生理功能十分重要。在高温环境下,人体皮肤温度升高,大量出汗,血液浓缩,动作的准确性、协调性、反应速度以及注意力均降低,易发生事故。低温不仅影响手部灵活性,还影响记忆力以及大脑反应速度。在低温环境下,不管是从事户外工作还是参与跑步、登山等运动,如果人体保暖设施不够充分,会导致寒冷,体温下降,甚至出现意识模糊等症状。

纺织服装可以通过调节皮肤与服装之间的微气候为人体带来安全、舒适的热平衡体验。其中,保暖类服装最为消费者熟悉,这类服装通过各种技术减少人体热量散失,减少冷空气入侵,从而保持体温平衡;而适用于夏季或高温环境的凉感服装通过带走人体热量这一基本设计原理达到舒适的效果。近年来,这类凉感服装也越来越受消费者的青睐。

随着全球经济形势的变化,功能性生态纺织品已经得到越来越多的应用,节能减碳已不再是一个口号,这个观念已经开始引导消费者的决策,并将成为纺织企业生存的核心竞争力之一。温度调节纺织品能有效地减少产品消费过程中的碳排放,冬天可以通过穿着保暖效率高的产品以少开暖气;炎炎夏日,要保持舒适度同时少开空调,同样少不了凉感纺织品的应用。

本章内容主要介绍凉感纺织品、隔热保暖纺织品以及吸湿发热纺织品的研究进展、加工方法、测试方法以及测试方法的适用性。

第一节　温度调节纺织品

一、凉感纺织品

为了帮助人们度过炎热的夏天,或是减轻在高温工作环境下的不适感,纺织印染行业对凉感纺织品的研究从未停止过,从整理剂、纤维、面料到服装,一系列的产品都可以帮助消费者获得凉感体验。

所谓的凉感,或是瞬间凉感,就像手触摸到冰块,接触瞬间会有冰凉的感觉;随着时间推移,手的温度降低,凉感就不明显了。凉感纺织品的原理是通过面料接触人体皮肤并带走皮肤表面热量来获得凉感的。纺织材料的导热性越好,相同组织结构的面料瞬间凉感也越明显。

凉感纺织品已经有较长的发展历史,早在 20 世纪 60 ~ 70 年代,就有通过压缩空气循环带走热量和汗汽的风冷凉感服装。研究发现,这种凉感服装的制冷效果有限,并且很难提高,而且噪声、笨重等因素影响了穿着舒适性。随着空气制冷服装的淘汰,液体凉感服装逐渐发展起来。通过在服装夹层中加入管道,使液体在管道中流动并带走热量来实现凉感。1962 年,第一件水冷服装的原形被制造出来,与风冷服装相比,它具有更轻的重量、更好的制冷效率,并在军事、医疗、高温作业等方面都有很好的实用性。无论风冷还是水冷凉感服装,都需要额外的电源来驱动风或者液体的流动,这类服装很难推广到日常生活中。

表 3-1 显示了不同纤维材料及水和空气的导热系数,导热系数越大,材料的保暖性越差,散热性越好。大部分纺织常用纤维导热系数都小于 0.1W/(m·K),化纤的导热系数稍大,如锦纶和丙纶。为了同时获得凉爽和舒适感,一些整理剂或是以前应用于航空航天或是军事领域的技术逐渐应用到民用纺织品当中,改善了纺织纤维材料导热能力低的问题。以下介绍的凉感纺织品在具有凉爽功能的同时,也具有良好的手感、色泽以及其他服用舒适性。

表 3-1　不同纤维材料及水和空气的导热系数

纤维	导热系数[W/(m·K)]	纤维	导热系数[W/(m·K)]
棉	0.071~0.073	锦纶	0.244~0.337
蚕丝	0.05~0.055	涤纶	0.084
羊毛	0.052~0.055	腈纶	0.051
黏胶纤维	0.055~0.071	丙纶	0.221~0.302
醋酯纤维	0.05	氨纶	0.042
水	0.697	空气	0.026

(一)相变微胶囊纤维凉感纺织品

这类凉感服装不需要电力驱动,只依靠材料本身的性能产生凉感。应用最广的是相变材料,这类材料通常被包裹在微胶囊内并通过纺丝的工艺加入纤维中,当环境温度超过相变材料的转变温度时,相变材料就会吸收周围的热量并从固态转变为液变,达到降温的目的。相变材料最初应用在宇航服上,随着微胶囊技术以及纺丝技术的进步,这种凉感相变微胶囊已经可以应用在日常服装产品中,并且完全不影响面料的手感和舒适性。目前,微胶囊凉感纤维主要是黏胶型。

(二)凉感整理纺织品

这类纺织品通过凉感整理剂使面料及纤维表面覆盖功能层,当功能层与皮肤表面汗水接触后发生吸热反应,带走体表热量,产生凉感。这类整理剂主要成分包括木糖醇、赤糖醇等。另一类凉感整理剂的主要成分为相变微胶囊,通过黏合剂将相变微胶囊黏合在面料表面,凉感原理与微胶囊纤维类似,相态转变的吸热过程取得凉感效果。

(三)含凉感纤维纺织品

在纤维纺制过程中,加入导热、散热性能好的矿物粉末或其他凉感成分,通过常规纺丝工艺制成凉感纤维。掺杂的矿石粉末具有较高的导热系数,使纤维散热速度加快,与人体皮肤接触时会产生凉感。目前添加的矿物粉主要为层状硅酸盐粉末,其化学性能稳定,导热性、吸水性、绝缘性较好,其导热性是普通涤纶的5倍。此外,生产企业还在纺丝时改变纤维的截面形状或表面形态,提高其吸湿导汗的能力。矿物粉凉感纤维有短纤也有长丝,其中比较多的是以涤纶为基体,也有锦纶、黏胶、腈纶、丙纶或多种成分的组合。

(四)吸湿蒸发凉感纺织品

吸湿蒸发类型的凉感纺织品一般以改性合成纤维为基础。通过化学改性,在纤维表面引入更多的亲水基团,如羟基、酰氨基、氨基、羧基等,这类基团数目越多,纤维的吸湿性就越好。除了引入亲水基团,这类纤维还需有特殊的截面结构,如沟槽结构等,使纤维表面形成毛细管效应,可以将汗水、湿气快速吸收并扩散到织物表面。在这个过程中,汗液的蒸发带走体表热量,带来凉爽的穿着体验。

(五)镀银凉感纺织品

镀银纤维面料可制作凉感服装,因为金属的导热系数是普通纺织纤维的几万倍,同时又具有热反射的功能。这种镀银服装有反射阳光、散发热量的效果。据报道,和普通服装相比,能降低温度3℃左右。这种服装含有5%左右的镀银纤维,比普通面料反射阳光中远红外线多20%～40%。另外,在室内穿着时,空调冷气更容易向皮肤渗透,给人体带来凉爽舒适的感觉。

此外,在聚酯、再生纤维材料表面真空蒸镀一层铝化合物,面料比普通面料可以多反射50%太阳光中的红外线,可以控制衣服内部温度的升高而保持舒适感。

二、隔热保暖纺织品

隔热保暖纺织品以防寒防冻为主要目的,在寒冷环境下的日常服用、职业服装、军用服装等方面都有广泛的应用。为了能实现有效的保温,需要尽量减少热量从体表向外界的散发。服装的防寒效果主要通过降低纺织品的热传导来实现。一般服装的导热率是纤维材料、空气和水分混合体的结果。表3－1显示,静止空气的热导率较小,是良好的热绝缘体,因此,纺织品的保暖性主要取决于纤维之间静止空气的多少,静止空气越多,纺织品的保暖性越好。除了传统的羽绒填充保暖服装,目前研究和开发的隔热保暖纺织品包括超细、中空、卷曲纤维絮料,金属涂层面料,远红外发热面料,相变微胶囊纤维及面料等。

(一)纤维絮料保暖纺织品

纤维絮料是指使用于服装面料与里料之间,主要起保暖功能的纤维材料集合体。国内絮片的发展非常迅速,原料上已经由最初的羊毛胎、棉絮、羽绒等天然原料向腈纶絮片、涤纶三维絮片等合成原料扩展。原料已从最初的普通涤纶纤维发展到专用化纤,如高卷曲性、三维卷曲、中空、多孔、低熔点以及复合纤维等。三维卷曲中空或多孔涤纶可以大大改进絮片的蓬松性或回弹性。同天然保暖纤维相比,化纤资源广泛、价格便宜,并可按不同要求选用生产工艺获得不同规格的纤维。这些新型材料以其质轻、保暖、透气性好、防风、防霉、防蛀、耐酸碱和可直接洗涤等优点大量代替了羊毛胎、棉絮等天然纤维絮料,被广泛应用。涤纶絮片类产品广泛应用于服装行业,是新兴的保暖类材料,可代替羽绒、羊毛、棉絮片等,用作滑雪服、防寒服、被子和睡袋的内芯。

纤维絮料保暖纺织品主要以超细纤维、中空纤维、三维立体卷曲纤维絮料为主。超细纤维的比表面积较大,纤维之间可以吸附更多的静止空气,因而保温效果较好。Albany公司开发的超细聚酯纤维絮料Primaloft®,具有高热阻和高压缩回弹性。与羽绒相比,其在潮湿环境中的保暖性能更优越。3M公司开发的Thinsulate®聚酯以及聚丙烯超细纤维絮料具有良好的干、湿环境保温性以及防压缩功能。表3－2为部分保温纺织品的性能及用途。

表 3－2 部分保温纺织品的性能及用途

产品名称	品牌	特性	用途
Outlast ®	Outlast	含有相变微胶囊材料的纺织品	滑雪服、登山服
Primaloft ®	Albany	超细涤纶絮片，质轻、耐用，受潮后仍保持良好的保暖性	睡袋、滑雪服、运动服
Thermolite ®	DuPont	中空涤纶、多孔纤维、超细纤维隔热织物	外衣、滑雪服、运动服、自行车服
Thermoloft ®	DuPont	中空涤纶隔热织物	滑雪服、户外服装
Thinsulate ®	3M	超细涤纶及聚丙烯纤维絮片	滑雪衣、手套、鞋靴内衬
Comfortemp ®	Freudenberg & Vilene	球状纤维絮片，弹性回复性好，可真空压缩运输	滑雪服、户外服装

（二）金属涂层保暖纺织品

保暖纺织品内层镀铝或覆盖铝膜，可以把人体产生的 90% 的红外线反射回去，显著减少体热辐射，达到保暖的目的。杜邦公司生产的非织造布其中一侧喷涂铝后用于救生服装，这类服装可以使人在 10℃ 以下的海水中生存时间延长 60min。由于镀铝涂层会造成织物透湿、透气性下降，尤其是在穿着该类服装从事剧烈活动时易在皮肤表面积存汗液导致体温下降，因此，在实际服用中应用很少。瑞典海军机构开发的铝涂层潜艇服可以使穿着者在模拟冬天冷水环境中保持体温 20h 以上。但是，这些服装透湿气性较差，在从事剧烈运动时，水汽积聚并在皮肤表面凝结，舒适性下降。因此，自 20 世纪 90 年代中期以来，金属涂层织物除了继续用于空调机、冷藏箱等设备的隔热外，较少用于服装。哥伦比亚公司开发的 Omni－heat 面料只在局部有热反射涂层（图 3－1），既保证了保暖性又不影响透湿性能。

图 3－1 局部有热反射涂层（点状）

（三）远红外发热纺织品

远、近红外线是人肉眼无法看到的光线，它存在明显的热辐射。自然环境中有许多材料可以发射红外线，如太阳辐射炭粉、电气石、陶瓷等。在纤维纺制或面料后整理时，将可以发射红外线的材料加入其中就获得了红外纺织品。这类纺织品可以吸收人体、太阳或其他热源的能量，同时将这些能量转化成远、近红外发射出来作用于人体，产生升温保暖的效果。用于纺织品的红外纺织品主要是远红外类产品。远红外纺织品早期主要由日本公司开发，包括 Unitika 公司的 Microart、Komatsn Seiren 公司的 Dyna－Live 等。远红外纺织品一般用于贴身保暖、轻薄类服装。主要的光热纤维品种见表3-3。

表3-3　主要的光热纤维品种

公司	纤维名称	结构	特点
帝人	—	聚酯或聚酰胺碳化锆皮芯纤维	吸收可见光和近红外线后升温
Omikenshi	Solar Touch	添加金属微粒子的化学纤维	吸收太阳光或人体远红外线后发热
尤尼吉卡	Thermotron	添加碳化锆微粒的合成纤维	吸收可见光发热，同时反射人体远红外线
钟纺	Sunshine Fever	锦纶纳米碳化锆皮芯结构长丝	吸收太阳光发热
东丽	Heat Release	涤纶或锦纶为皮层，碳化锆为芯层的纤维	吸收太阳光并储热
HFC	Ligh Wave Effect	碳磷型纤维	吸收太阳光中的红外光将其转化为热量

(四)相变材料保暖纺织品

相变材料不仅可以应用在凉感服装上，还可以用于保暖类纺织品上。用于保暖纺织品的相变材料有无机相变材料，如 $MgCl_2 \cdot 6H_2O$、$CaCl_2 \cdot 6H_2O$、$Na_2SO_4 \cdot 10H_2O$、Na_2HPO_4 等，相变温度小于35℃。有机相变材料包括有机酸酯类、多元醇类、高级烷烃类等，相变温度在18~40℃。一般来说，用于纺织品的相变材料应该具备以下条件：(1)具有较大的储热容量，即单位质量或体积的材料在发生相变时释放或吸收的热量都足够大。(2)相变材料的转变温度一般在25~35℃。(3)具有稳定的化学和物理性能，材料必须无毒、无腐蚀性、无危险性、成本低并且加工方便。

(五)气凝胶涂层保暖纺织品

气凝胶是一种具有纳米多孔结构的超轻固体材料，1931年由美国科学家S. Kistler发明。由于气凝胶80%以上是空气，因此，具有非常好的隔热效果，2.54cm厚的气凝胶相当于20~30块普通玻璃的隔热功能，如图3-22所示。因此，气凝胶在工业、建筑、交通运输、冷链物流领域都有广泛的应用，如用于宇航服的隔热、消防服隔热等。常温下，气凝胶的导热率只有0.013W/(m·℃)，是所有固体材料中最好的保温材料。为了适应于各种形状和大面积使用，必须将气凝胶涂敷于柔性薄膜上。

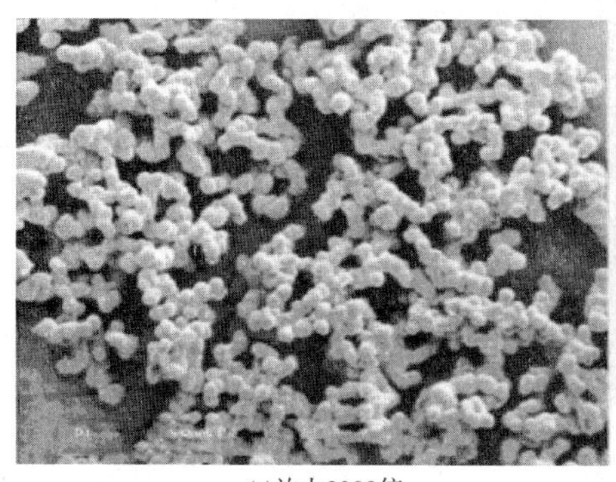

(a)放大2000倍

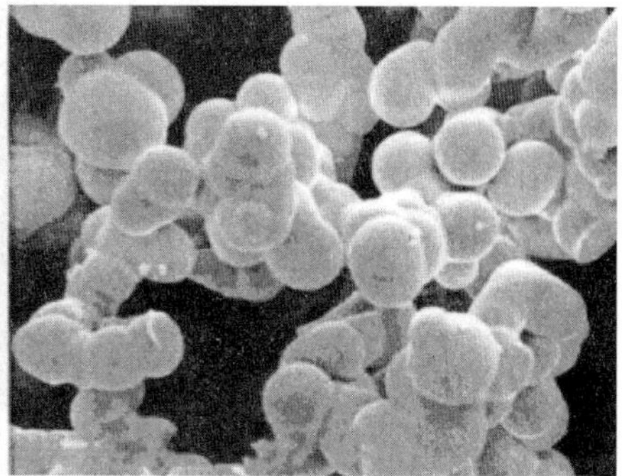

(b)放大10000倍

图3-2　SiO_2 气凝胶SEM图

目前,国内气凝胶在服装方面的应用主要在消防隔热服以及毡类气凝胶复合材料的研究,还没有规模化应用于服装上。

(六)其他发热保暖纺织品

除了相变发热、远红外发热、吸收太阳光能发热纤维之外,最近电热纤维的研究也越来越多。表3-4为一些具代表性的电发热纤维品种。

表3-4 电发热纤维的品种

公司	纤维名称	结构	特点
杜邦	—	纳米碳纤维	通电后升温
东丽	EHSCB 发热纤维	聚乙烯和炭黑粉末混合纤维	40V 电压下表面发热升温5~8℃
三菱	Wen Changsi	在普通纤维上包覆碳纤维	在适当电压下升温
东丽	Gao Fare	聚酯纳米炭黑粒子纤维	1cm 纤维电阻为800万~1000万Ω,在适当电压下升温

三、吸湿发热纺织品

吸湿发热是纺织材料的基本物理性能,用于吸湿发热保暖类服装的材料具有更强的亲水性基团,可以比普通纤维捕捉更多空气中的水分子,并将其吸附到材料表面,从而达到发热的目的。目前关于吸湿发热的机理主要有以下两种说法:

(1)吸湿发热纤维吸收空气中运动的水汽分子,使其被吸附而静止下来,水汽分子的动能转化为热量释放出来。

(2)水汽分子被纤维吸附后,由气态转变为液态,释放出大量热量。天然纤维都具有一定的吸湿发热性能,如羊毛纤维。一般来说,吸湿发热纤维的发热能力与其回潮率有关,回潮率越高,发热性能越优良。

图3-3为吸湿发热腈纶与普通腈纶横截面的对比。从图3-3(a)看出,吸湿发热腈纶的界面是不规则的圆形,图3-3(b)显示普通腈纶的截面为圆形。吸湿发热腈纶的比表面积较大,能够更好地吸收环境中的水蒸气和人体散发的汗气。红外光谱显示吸湿发热腈纶在

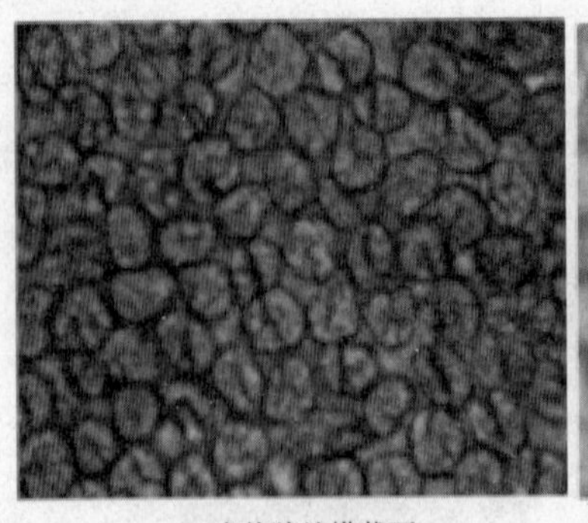

(a)发热腈纶横截面

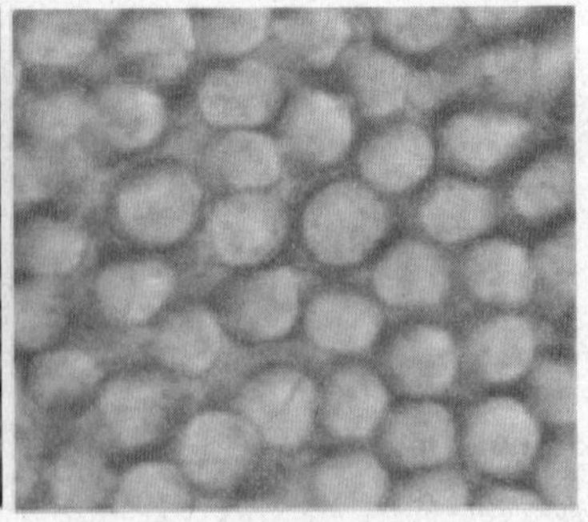

(b)普通腈纶横截面

图3-3 吸湿发热腈纶与普通腈纶横截面的对比

3460cm^{-1}吸收峰强度及宽度都大于普通腈纶纤维，推测这种宽峰是由于引入了酰氨基和羧基导致。通过对纤维结晶度的测试，吸湿发热腈纶结晶度为23.4%，普通涤纶的结晶度为32.9%。结晶度的下降会改善纤维的吸湿性能，抗静电性能也较好。

吸湿发热纤维目前已经广泛应用于保暖内衣等方面，但是吸湿发热纤维材料的发展还存在一些需要解决的关键问题。例如，吸湿发热的机理太过笼统，很少有研究彻底揭开吸湿发热纤维的发热机理。

第二节 温度调节纺织品的加工

一、凉感纺织品的加工

凉感纤维及其纺织品主要特征是瞬时凉爽的舒适性。这类纺织品的功能性主要体现在：

(1)导热性好，能迅速将身体的热量散发出去，使穿着者有清凉的感觉；

(2)导湿性好，人体产生的汗液能迅速传到服装外层，带走大量热量，给人凉爽舒适的感觉。

(一)凉感物质添加纤维的加工

凉感矿物纤维的加工方法一般分为两种。一种是物理共混法，将高分子聚合物母粒和导热性好的矿物粉末混合均匀，然后通过常规纺丝工艺制备得到凉感矿物纤维。常见的凉感矿物纤维包括云母纤维、玉石粉纤维、珍珠粉纤维等。其中研究较多的是添加片状硅铝酸盐的云母纤维。云母的化学性能较稳定，其导热性、吸水性和绝缘性较好，目前市场上有以涤纶或锦纶为载体融入云母粉的云母凉感纤维。随凉感母粒添加量的增加，纤维的接触冷感增强；但凉感母粒添加量过多时，不仅会影响正常纺丝，而且成本也会大幅度增加。为兼顾生产实际和纤维的接触冷感，经试验，凉感母粒的质量分数控制在8%～15%较合适，纯凉感涤纶纤维面料的接触冷感为0.215W/cm^2。

木糖醇是一种五碳糖醇，为白色晶体或白色粉末状晶体，是木糖代谢的正常中间产物，广泛存在于果品、蔬菜、谷类和蘑菇等食物中。木糖醇入口后往往伴有微微的清凉感，这是因为它易溶于水，并在溶解时会吸收一定热量。有研究将食用级木糖醇添加到纤维素纺丝液中，通过湿法纺丝制成含有木糖醇的黏胶纤维。通过扫描电子显微镜和傅立叶红外分析光谱分析该纤维的表观形态和内部结构，添加的木糖醇能均匀分布在黏胶纤维上；通过红外温度测试仪测试纤维在皮肤热源状态下的温升情况，添加木糖醇的黏胶纤维对热量吸收快。添加木糖醇的黏胶纤维强力稍有下降，但变化不大。

(二)凉感整理纺织品的加工

凉感整理纺织品将凉感微胶囊或是木糖醇凉感整理剂通过常规浸渍、浸轧或是涂层等方式附加到普通纺织面料上，使其具有瞬间凉感的功能。

凉感微胶囊的加工技术主要是将具有凉感功能的液体、固体囊心材料细化，然后以这些微滴或微粒为核心，使聚合物成膜材料(壁材)在其上沉积，涂层并形成一层薄膜，将囊心的功能材料包覆。

有学者发明了一种凉感温控微胶囊及制备方法。这种凉感温控微胶囊以聚甲基丙烯酸甲酯为壁材,有机相变材料为芯材,按质量比计算,壁材甲基丙烯酸甲酯:芯材有机相变材料为1:1~2。其制备方法:首先将有机相变材料、乳化剂、助乳化剂、引发剂和蒸馏水搅拌形成乳化体系;然后将甲基丙烯酸甲酯滴加到其中,滴加完后升温至65℃,氮气保护下进行预聚反应1h,然后再升温至80℃进行聚合反应5~7h,聚合反应结束后将所得反应液静置、抽滤、洗涤、干燥,即得环保无毒、机械强度高、耐热性好的凉感温控微胶囊。将其添加到纺织品中,使衣物具有相变功能,调节服装内部温度的平衡,实现衣物瞬间凉感与持续凉感的统一,维持体温恒定。

(三)吸湿蒸发凉感纤维的加工

吸湿蒸发凉感纺织品通常采用亲水性、芯吸性能好的合成纤维材料制造。

Sophista 纤维是日本可乐丽公司开发的一种高热传导率、穿着凉爽的纤维。该纤维的加工方法是通过熔融纺丝将两组高分子聚合物 EVOH(乙烯—乙烯醇共聚物)和聚酯通过复合纺丝制成双组分皮芯型的复合纤维。该纤维表层是 EVOH 高分子材料,芯层是聚酯纤维。由于表层是 EVOH 高分子材料,其分子链上含有较多亲水性的基团(—OH),使 Sophista 纤维具有良好的吸湿性能。但是内层的聚酯成分吸湿性又很低,因此,纤维内层水分较少,仍然能够保持纤维原有的物理性能,有利于水分蒸发,从而使纺织品具有干爽舒适的穿着感。

吸湿蒸发凉感纤维其中一类是异形截面带来的纵向多沟槽结构,这些沟槽有利于芯吸功能的提高。目前异形截面的纤维主要通过熔融纺丝的方法获得,根据采用的喷丝板形状可以纺制出"Y"型、十字形等,异形喷丝孔如图3-4所示。

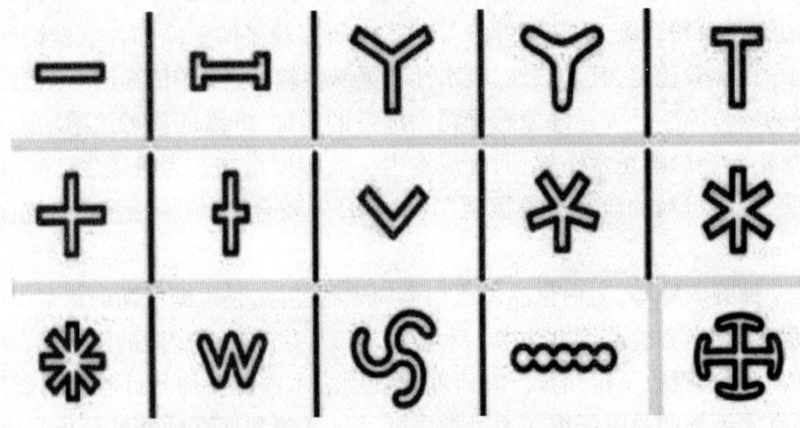

图3-4 吸湿蒸发凉感纤维异形喷丝孔

(四)其他凉爽纺织品的加工

羊毛纤维是一种天然的凉爽纤维。羊毛纤维吸收皮肤表面汗液后蒸发,服装本身温度下降,给人凉爽的触感。澳大利亚和日本开发了具有凉爽感的毛纺织品,其中包括采用特高支纱、超轻薄织造、羊毛纤维减量加工和陶瓷涂层整理技术,提高羊毛的凉爽舒适性。羊毛经过剥鳞片减量加工后具有很好的凉爽感,在具有中等发汗水平的人工气候室内,让测试者分别穿着棉、普通羊毛、剥鳞片羊毛织成的规格相同的成衣,测试剧烈运动30min后,人体胸部、背部皮肤表面的平均温度及成衣内的累积含水量。结果发现,剥鳞片后的羊毛衫与普通羊毛衫含水量相当,胸部与背部的温差小,且与热舒适温度34℃接近,而剥鳞片后的羊毛更接近热舒适温度,胸部与背部几乎没有温差，体现了更加优良的舒适性。然而棉衣不仅含水多，而且与热舒适最佳温度值差异大，胸部与背部之间的温差也大，表现为湿漉漉、冰冷的感觉，穿着并不舒适。

除了异形截面、改性合成纤维以及天然纤维改性获得凉爽纺织品之外，通过织物结构和后整理技术也可以提高纺织品的凉爽感。透孔组织、纱罗组织可在面料表面形成小孔，增加了面料透气性和舒爽性。降低织物紧度，同时采用强捻纱也可以提高纺织品的透气性和凉爽度。烂花处理利用织物对酸碱的反应不同，将坯布中的某一种纤维成分在某些位置腐蚀掉，而其他部分仍保持；只有一种成分的部位形成半透明的筛网状，其他部分形成轮廓清晰有立体感的凸出部分。一般面料成分为涤纶/棉或是涤纶/麻包芯纱，涤纶长丝为芯，外包棉或麻纤维。烂花面料透气性好，布身挺，凉爽感强。

碱减量处理针对普通涤纶织物，用一定浓度的碱液腐蚀涤纶，使织物表面微坑化，从而改善涤纶织物的舒爽性。随着碱液浓度、作用温度、作用时间的提高，面料的透气性提高，手感变软，凉爽感增加。

二、隔热保暖纺织品的加工

（一）保暖纤维的加工

1. 中空纤维

中空纤维是指具有贯通纤维轴向的管状空腔的化学纤维。为了提高其回弹率，还可制成偏芯中空纤维，经热处理而形成三维卷曲。三维卷曲纤维的优点是既有较好的强度和柔软性，又高度蓬松并有良好的回弹性。三维卷曲中空纤维在枕芯、玩具等领域有广泛的应用。同时，具有良好的保暖性，作为羽绒的替代品，在冬季外套、被褥等填充材料应用上有良好的商业价值。

熔融纺丝是生产中空保暖纤维的主要方法。在传统熔融纺丝设备上改进喷丝板，主要采用圆弧狭缝式喷丝板，可纺制出外径较细、中空度适宜的纤维。目前效果较好的是C形和“品”形喷丝板，也可由多个圆弧形成多孔中空纤维的喷丝板，用于纺制四孔、七孔乃至十几孔的中空纤维。当熔体挤出喷丝板狭缝后，圆弧形熔体胀大，端部黏合形成中空腔，经细化、固化后形成中空纤维。喷丝板狭缝间隙的大小直接影响中空腔的形成。当间隙过大时，纤维中空不能闭合，只能纺出开口纤维；当间隙过小时，熔体挤出喷丝孔后无法形成中腔。除了圆形中空纤维，还有抗压缩的三角形中空纤维，因为三角构造在承受外力时，其他两边起到相互支撑作用，是一种比较稳定的中空结构，不易压扁。中空纤维除了要保持一定的中空率，还会加工成三维卷曲的外观，提高压缩回弹性。图3-5所示为保暖絮片中各种纤维的形态。

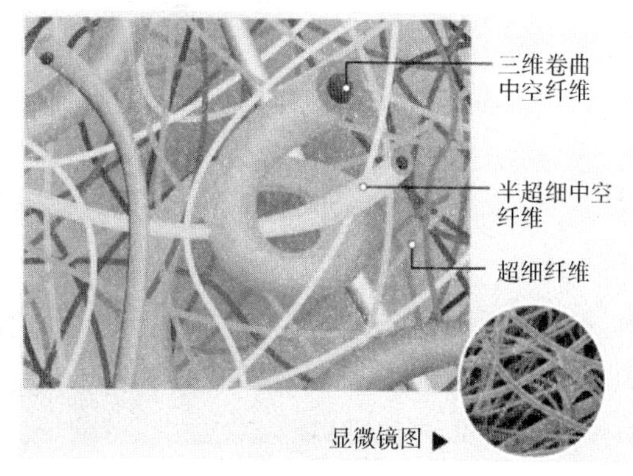

图3-5　保暖絮片中各种纤维形态

2. 相变纤维

相变纤维主要采用中空纤维填充法、复合纺丝法和微胶囊法制造。

中空纤维填充法是较早的技术，可以分为两个步骤。首先制成中空纤维，然后将其浸渍于相变材料溶液中，使纤维中空部分充满相变材料，干燥后再利用特殊技术将纤维两端封闭。通常，中空纤维的内腔会进行化学或物理改性，增加其对相变材料的浸润能力，从而使相变材料尽可能多地填充到中空纤维内；也可以添加表面活性剂改善表面张力，提高填充的效率。但是这种方法生产的相变纤维容易在使用过程中发生相变材料的泄漏，耐久性差，所以工业上的实用意义不大。图 3 –6 为中空相变材料填充纤维截面图。

图 3 –6　中空相变材料填充纤维截面图

复合纺丝法是将聚合物以及相变材料的熔体或溶液按照一定比例采用复合纺丝技术直接纺制成皮芯型相变纤维。相变材料的可纺丝性较差，一般需要添加其他试剂。

微胶囊法使相变材料克服了应用的局限。微胶囊技术不仅可以有效增大热传导面积，减少相变材料与外界的反应，而且可以在相变发生时控制材料体积的变化。图 3 –7 为相变微胶囊共混纺丝纤维。

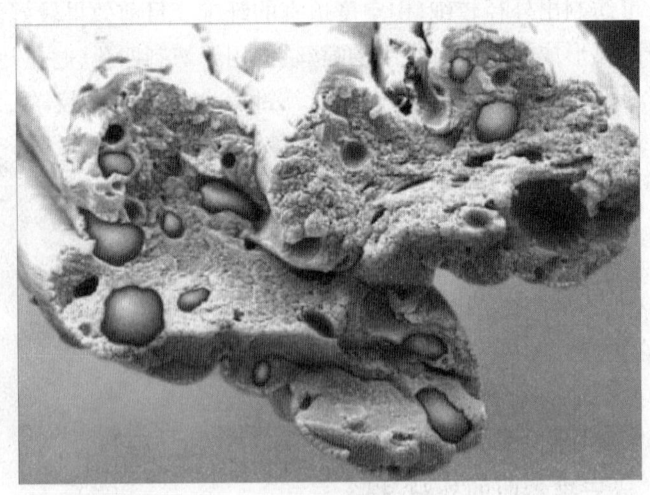

图 3 –7　相变微胶囊共混纺丝纤维

3. 远红外纤维

远红外纤维主要通过聚合过程添加远红外粉末或是在纺丝熔体或纺丝液中添加远红外粉纺制纤维。具体可分为全造粒法、母粒法、注射法以及复合纺丝法。

(1)全造粒法是在聚合过程中加入远红外添加剂，直接制得远红外切片，用这种切片经过熔融纺丝工艺制得远红外纤维[图3－8(a)]。这种方法对设备磨损较大，一般不推荐。

(2)母粒法是将比例较高的远红外添加剂与少量成纤聚合物一起混合烘干，除去添加剂中的水分，再经螺杆挤压机压制成远红外纺丝母粒，然后将远红外母粒与常规母粒混合纺丝[图3－8(b)]。母粒法的可纺性较好，易于操作，成本低，是目前国内外生产远红外纤维的主要方法。

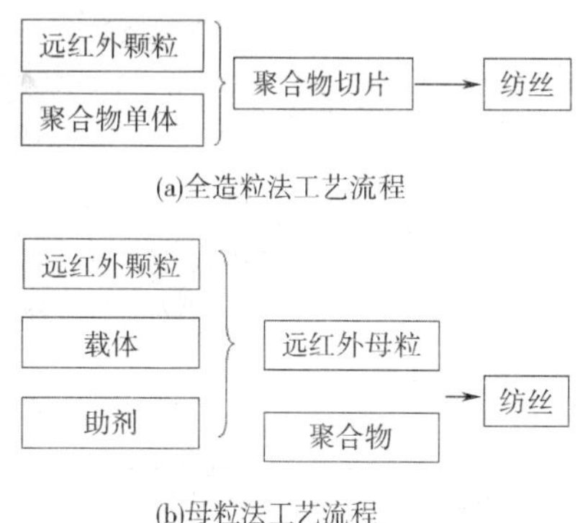

图3－8 全造粒法及母粒法远红外纺丝工艺流程

(3)注射法是在纺丝过程中利用注射器将远红外添加剂直接注射到高分子聚合物纺丝熔体或溶液中制备远红外纤维。该方法工艺简单，但需要增加注射器，远红外无机颗粒会影响纺丝熔体或溶液的可纺性，最终影响成品纤维的力学性能。

(4)复合纺丝法以添加远红外添加剂的材料为芯层或皮层，用复合纺丝设备纺制皮芯结构的远红外纤维。该方法生产的纤维性能较好，但是技术难度高，设备复杂，生产成本高。

(二)保暖絮片的加工

为了能有效地利用中空纤维的保暖特性以及运输、保存和服装生产的效率，保暖中空纤维一般会被加工成保暖絮片来进行应用。保暖絮片的加工方法通常采用非织造布的工艺，包括纤维选配→混合→开松→除杂→梳理→成网→铺网→加固，最后获得保暖絮片的成品。在这些加工步骤中，加固工艺对最终产品的性能影响较大，例如，选用不同的加固方法会影响最后絮片的保暖性能和压缩弹性回复性能。主要的加固方法包括热风黏合法和针刺法等。

1. 热风黏合法

热风黏合法絮片的纤维网中含有遇热熔融的热黏合纤维或热熔粉剂，利用热空气的热效应使其熔融而产生黏合固结作用，热熔粉含量与纤维网黏合效果的关系见表3－5。采用热风法黏合的絮片纤维一般有涤纶、丙纶、涤/棉、涤/毛等，一般以涤纶为主。常用的黏合热熔纤维为无定形涤纶，其结晶度低，在加热到100℃时就会发黏，絮片成品弹性好、手感好。此外，锦纶、聚乙烯醇纤维、丙纶等也可以作为易黏合纤维。热黏合网表面结构如图3－9所示。

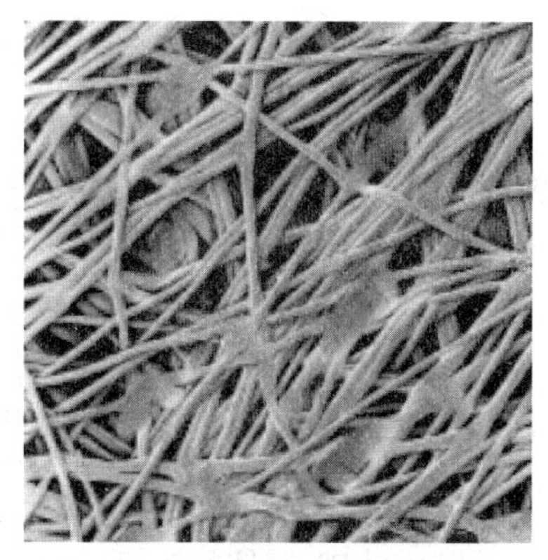

图3－9 热黏合网表面结构图

具有絮片黏合功能的还有双组分纤维，这类纤维通常由两种熔点的聚合物组成，其截面为皮/芯型或并列型，其热黏合温度由两种组分的比例决定。常见的包括锦纶6/锦纶/涤纶、锦纶/乙烯纤维、锦纶/聚醚砜纤维等。

表 3-5 热熔粉含量与纤维网黏合效果的关系

热熔粉占纤维网质量分数(%)	烘干时间(s)	效果	透气性
2	140	部分黏合	良好
4	140	黏合不匀	良好
6	140	黏合一般,强度合格	良好
7	140	强度好	良好
8	140	强度好	良好
9	140	稍有落粉	良好
12	140	稍有落粉	好
15	140	落粉在允许范围内	一般
16	140	落粉超出允许范围	较差
17	140	落粉严重	差

2. 针刺法

针刺法生产保暖絮片不需要添加热熔纤维或黏合剂,更加环保。针刺法是经过机械刺针的上下运动穿透纤维网,并带动纤维相互穿插缠结以达到固结的作用,絮片质地紧密而柔软,针刺法保暖絮片生产工艺如图 3-10 所示。丙纶、涤纶以及锦纶都可以采用针刺法进行加工。目前市场上的木棉保暖絮片以及远红外纤维保暖絮片很多通过针刺法进行加工。针刺密度直接影响絮片的保暖性能,较为理想的密度为 110~160 刺/cm^2,随着针刺密度的增大,保暖性能下降。

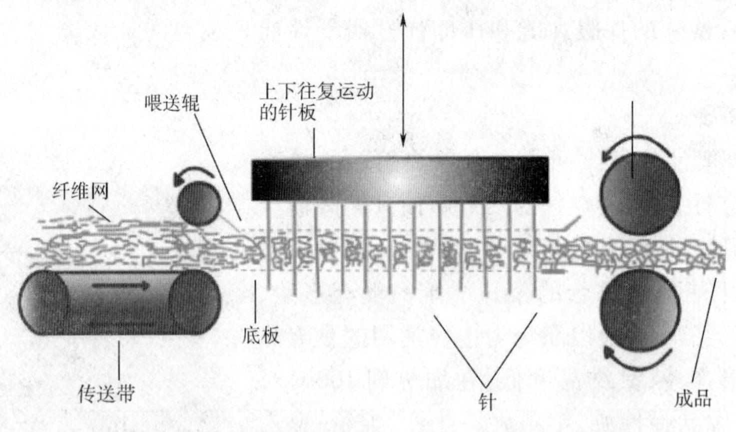

图 3-10 针刺法保暖絮片生产工艺示意图

有学者研究了羊毛/远红外中空涤纶保暖絮片的针刺法加工工艺和保暖性能。羊毛纤维是传统的保暖材料,但是羊毛絮片的尺寸稳定性差,而中空涤纶可以捕捉大量静止空气,同时远红外功能吸收外界辐射后升高温度,两者结合可以达到优势互补的效果。羊毛/远红外中空涤纶混合保暖絮片包含 30% 羊毛和 70% 的远红外中空纤维。与纯羊毛絮片比较,混合纤维絮片的保暖性、尺寸稳定性、蓬松性和压缩性明显优于前者,透气性适中。

(三)后整理保暖纺织品的加工

后整理保暖纺织品工艺操作简单、成本较低,但是手感受到影响以及耐洗涤性差。

将远红外吸收剂、分散剂和黏合剂配成溶液,通过喷涂、浸渍和辊涂等方法,将涂层液均匀地涂在纤维或面料上,经烘干而制得远红外纺织品。

相变材料微胶囊也可以作为涂层剂应用于纺织品。相变微胶囊一般与水基涂层剂共用,避免接触有机化学品。涂层工艺包括刀涂、滚筒印、凹版印、浸渍、转移印。根据成品不同要求,涂层增重 67 ~ 338g/m^2,如果作为里层材料,通常增重 135 ~ 203g/m^2。

溶胶—凝胶复合相变材料涂层整理纺织品,以正硅酸乙酯(TEO)为原料,无水乙醇为溶剂,盐酸、氨水为催化剂制备硅溶胶。将相变材料加入金属醇盐形成的溶胶中,通过搅拌使其混合均匀,在凝胶化的过程中使其均匀分散在无机网络中。相变材料在凝胶形成过程中,与溶剂一起被裹入凝胶网络的间隙,随着溶剂的挥发,凝胶间隙逐渐收缩成为具有一定结构尺寸的孔,相变材料在孔中很难再逸出,凝胶孔大量地以闭合孔的形式存在。将溶胶—凝胶复合相变材料与黏合剂混合涂覆在面料表面,烘干温度 80℃,涂层 40g/m^2。整理后的织物相变焓为 43. 67J/g,涂层对织物的力学性能影响不大,耐洗性优良。

三、吸湿发热纺织品的加工

吸湿发热纺织品主要由吸湿发热纤维发挥作用。吸湿发热纤维主要利用材料大分子上的极性基团来捕捉空气中含有较高能量的水汽分子,将其吸附并固定在材料表面。目前,通过接枝共聚的方法,在大分子结构内引入亲水性基团提高纤维吸附水汽的能力。常见的亲水性基团包括羟基、酰氨基、羧基、氨基等。日本在吸湿发热纤维材料的研究较多,主要加工方法包括以下几种。

①利用分子中带有多个酰肼基的肼的衍生物,通过纤维材料的羟基与酰肼基的接枝反应而制备,同时将硅胶和保湿物质涂覆在材料表面,制得耐洗涤吸湿发热材料。

②用一氯醋酸溶液和氢氧化钠溶液对纤维进行处理,制得具有防风功能的吸湿发热材料。

③将多元羧酸与纤维素纤维反应,使每个分子至少含有三个羰基,然后进行热处理和皂化处理,制得吸湿发热纤维。

④采用亚硫酸盐、亚硫酸氢盐、巯基醋酸等还原剂将动物纤维中的双硫键还原为 S—H 基,然后将异氰酸酯基团连接到 S—H 基上,对动物纤维改性获得吸湿发热材料。

除了对材料直接进行改性处理获得具有吸湿发热性能外,还可涂覆吸湿发热微粒。例如,通过对含量大于 85% 的丙烯酸树脂的丙烯腈材料进行肼交联处理,使材料的氮含量增加,水解处理后,得到平均直径 2μm 的颗粒,将这种微粒涂覆于其他材料表面获得吸湿发热功能。

在合成纤维表面进行亲水处理也可以获得吸湿发热纺织品。目前使用的亲水整理剂主要有两类:一类是丙烯酸系,另一类是结构为亲水部分和固着部分的表面活性剂,通常采用浸渍法和浸轧法。

吸湿发热材料主要是以纤维的形式用于纺织品中,通过高分子改性的材料或采用常规纺丝方法纺制成吸湿发热纤维。目前用于纺织品的主要是黏胶型以及聚丙烯腈这两类吸湿发热纤维。

(一)吸湿发热黏胶纤维制备

1. 吸湿发热剂—黏胶纺丝液共混纺丝法

吸湿发热剂的主要成分是一类特殊的聚丙烯酸酯类物质，呈微黄色半透明状，溶解性好，可以以任何比例与水混合。将吸湿发热剂与黏胶纺丝液充分混合，然后进行过滤、脱泡、熟成后，经纺前过滤送往纺丝机。纺丝溶液经过计量泵、喷丝头，进入含有硫酸、硫酸钠、硫酸锌的凝固浴中固化成型，初生纤维经拉伸、切断、脱硫、上油、烘干等程序，制得吸湿发热黏胶纤维。与普通黏胶纤维相比，吸湿发热纤维的结晶度下降，回潮率升高，表面沟槽增多变深，有利于吸湿。经过测试，添加吸湿发热剂的黏胶纤维升温效果明显，比普通黏胶纤维高2℃左右。

2. 表面改性吸湿发热黏胶纤维

黏胶纤维含有大量亲水基团，它吸附水分子；同时黏胶纤维的结晶度低，水汽更容易进入非结晶区；黏胶纤维截面呈锯齿形，纵向有沟槽，使其具有较好的吸湿性能。根据极性基团与水分子之间的亲和关系，为了使黏胶纤维具有更高的亲水性，一般会对其进行醚化反应，对黏胶纤维上的羟基进行羧甲基化改性，常见的醚化剂为氯乙酸、氯乙酸钠、丙烯酰胺、丙烯腈等。

在碱的作用下，纤维素与氯乙酸钠醚化反应如下：

$$\text{Cell—OH} + \text{NaOH} + \text{ClCH}_2\text{COONa} \longrightarrow \text{Cell—OCH}_2\text{COONa} + \text{NaCl}$$

经碱化和醚化后，黏胶纤维大分子上成功接枝羧甲基。经过改性的黏胶纤维在盐酸肼的作用下交联，获得吸湿发热纤维。改性并交联后的黏胶纤维比未改性黏胶纤维回潮率提高2%，温升提高1.5℃，同时强度增加，耐热性提高。

(二)吸湿发热聚丙烯腈纤维制备

聚丙烯腈纤维吸湿性差，影响服用舒适性。研究人员通过对聚丙烯腈改性，使其分子链含有大量的亲水性基团，从而获得吸湿发热聚丙烯腈纤维。

可采用与亲水性单体共聚法，也可以采用与亲水性物质接枝共聚法，还可以对聚丙烯腈纤维进行低温等离子处理，使纤维表面引入羟基、羧基、酰氨基等亲水基团，提高纤维的吸湿性能。

例如，聚丙烯腈大分子存在大量的氰基(—CN)和酯基，这些基团在一定浓度的酸、碱溶液中可以水解成—COOH、—COONa 等亲水基团。有研究人员将聚丙烯腈与聚乙二醇共混后湿法纺丝，制得多孔聚丙烯腈纤维，然后在碱液中水解，得到吸湿发热的聚丙烯腈纤维。水解的方法简单、灵活、对设备要求低。另外也有日本专利通过制备吸湿微粒并加入聚丙烯腈纺丝原液，以共混纺丝的方法得到吸湿发热聚丙烯腈纤维。

第三节　凉感纺织品测试方法与标准

瞬间凉感纺织品的主要特征是具有瞬时凉爽和吸汗导湿快干的舒适性。其功能主要体现在：

(1)导热性好，能迅速吸收人体热量，使穿着者有清凉的感觉。

(2)吸湿导湿性好，通过快速吸收、蒸发汗液带走热量，使穿着者有凉感及干爽感。对于面料的导湿能力有很多测试方法和手段，但是导湿快干带来的凉爽感目前并没有针对性的国际标准。本节主要讨论了凉感纺织品测试的两种方法，并分析其适用性。

一、温度传感器直接测量法

温度传感器直接测量法适合吸湿导湿凉爽面料的测试。首先将待测样品置于70℃的烘箱内干燥，然后再放入温湿度可控的恒温恒湿箱[温度(35±0.5)℃，相对湿度27%±3%]，再在试样中心滴0.5mL(35±0.5)℃的水，并迅速按照图3－11步骤折叠试样，使温度传感器位于试样中心位置，用夹子固定好温度传感器。每5min记录一次温度直到60min结束。根据记录的温度数据可以获得温度—时间曲线。曲线中的最低点温度越低，凉爽感越明显，测试时间结束时的温度越低，面料保持凉爽的时间越长。

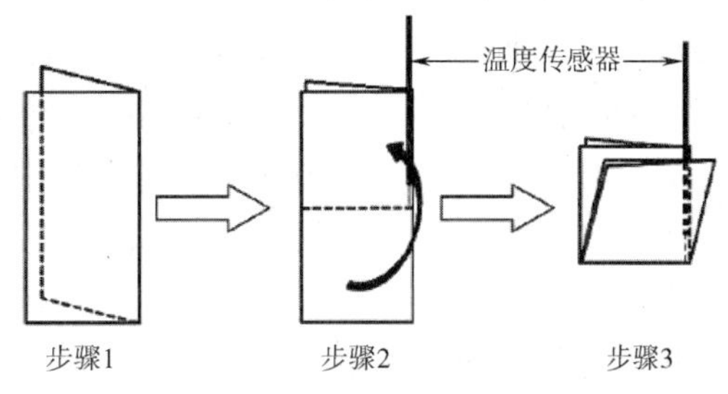

图3－11　温度传感器放置方法

二、Qmax方法

Qmax方法即最大瞬间热流量测试方法，采用的仪器为KES－F7接触冷暖感测试仪，该仪器以热传导现象为基础，测试在极短时间内织物的最大瞬间热流量，Qmax值越大表示织物与皮肤接触的瞬间热流量越大，人的凉感越明显。目前的方法有GB/T 35263—2017以及FTTS－FA－019。两个方法的测试原理相同，只是测试条件不同。Qmax测试的原理是将面料底面向上放置在冷板上，将升温后的热板放置于样品底面上，由于样品与热板之间的温度差，热板的热量会被样品带走，热传感器测试并记录最大瞬间热流量，Qmax测试装置如图3－12所示。样品的纤维种类、组织结构、样品温度与热板温度的差异都会影响测试结果。相同纤维面料，具有光滑组织结构的样品其Qmax指标大于非光滑表面。完全相同的两块面料，当测试时热板与面料表面温差越大，Qmax的结果越大。图3－13为Qmax测试热流量—时间关系曲线图。

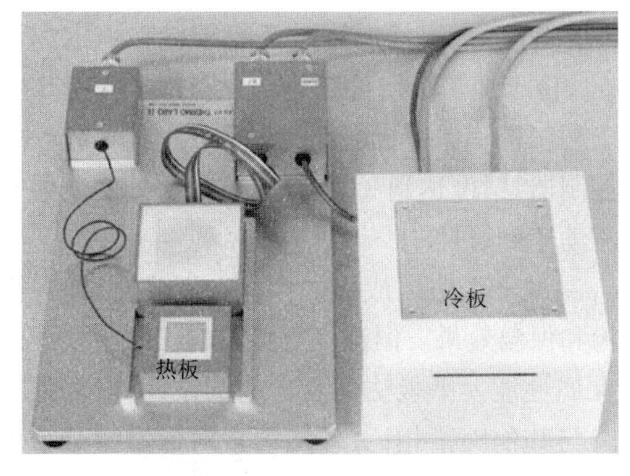

图3－12　Qmax测试板

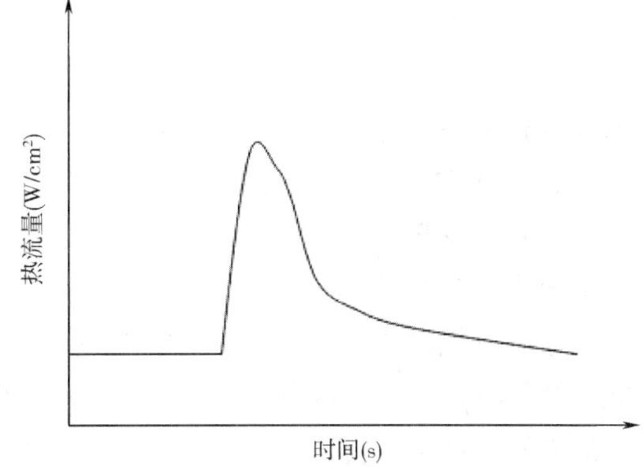

图3－13　Qmax测试热流量—时间关系曲线

三、两种方法的适用性分析

温度传感器直接测量法适用于任何可吸湿面料，尤其是采用吸湿、导湿快干达到凉感的面料。测试原理简单,测试结果通过温度下降数来表达,更容易让消费者理解和比较。此方法不仅可以测试面料的瞬间凉感性能,还可以测试凉感的持久性效果。缺点是不适用于凉感后整理或凉感添加剂纤维面料、网眼结构面料和不吸水的面料测试。

Qmax 方法通过测试最大瞬间热流量来表达面料的凉感,主要适用于凉感后整理、凉感添加剂纤维纺织品的测试。但是用热量来表达凉感性能不如温度传感器测量法直接,测试结果也不容易被消费者明白。目前,Qmax 方法主要用于面料瞬间凉感的质量控制。Qmax 测试方法的优点是测试时间短、容易操作。缺点是只能测试短时间的凉感指标,不能测试凉感的持续性效果。

四、其他凉感测试方法

测试面料的导热率也可以反映材料的凉感性能。导热率又称导热系数,反映的是物质本身的热传导能力,导热系数越大,对导热越有利,散热越快。导热系数的测试适合所有凉感功能纺织品,代表性的测试方法有 ASTM D7984。导热率的方法测试快速,缺点是作为纺织品本身的导热率差异很小,变化幅度较小,仪器的精度对结果测试影响较大。

差示扫描量热法也可以间接测试凉感纺织品的性能。差示扫描量热法的原理是测试纺织材料的比热容。比热容反映了材料温度变化 1℃所吸收或放出的热量,比热容越小,散热越快。纺织材料的吸湿性能影响比热容,吸湿越多,其比热容越大,因此,在测试吸湿凉感面料时存在一定的误差。

第四节 隔热保暖纺织品测试方法与标准

一、隔热保暖纺织品的测试原理和设备

隔热保暖纺织品的测试一般分平板法和暖体假人法。

1. 平板法

平板法测试仪由试验板、保护板、底板组成热板组件,每块板加热后都能维持在恒定的温度。试验板是加热板的一部分,面积至少是 $0.04m^2$,位于加热板组件的正中央。保护板呈环状包围着试验板,防止试验板横向热损失。底板位于测试板和保护板底部,阻止热量向下的损失。试验板、保护板和底板各自有温度传感器和温度控制器,精度达到 ±0.1℃。热板所处的气候室可以维持温度及相对湿度恒定,气候室内的空气流动速度可控。

平板法适合测试平面材料的保暖性能,不适合测试整个服装成品的性能。因为测试时,需要将产品裁成规定的尺寸,破坏了整体服装的结构和保温效果。温湿度直接影响织物中纤维的性能,所以测试时的温湿度环境也会影响面料的保温性能。平板法保温性能测试,一般都是在规定的大气条件下进行,并且试样经过调湿,因此,与其他因素相比,环境因素对保温测试结果的影响小很多。试样在热板上的平衡时间越长,测试出的散热量就越稳定,最后计算的热阻值精确度越高。此外,测试环境的风速直接影响面料内层与表面之间空气层的流动。风速越大,测得的保暖值越小。不同型号的平板保温测试仪对相同试样的保暖性能测试结果也有影响。

2. 暖体假人法

暖体假人是模拟人体与环境之间热湿交换传递的设备,是从 20 世纪 40 年代发展起来的保

暖纺织品测试方法。暖体假人测试保温性时，不需要对服装进行裁剪，只要在暖体假人上穿上规定的服装即可直接测试其保温性能。

暖体假人按照用途分为干态暖体假人和出汗暖体假人。

(1)干态暖体假人可以在恒温、变温、恒热三种方式下工作。恒温暖体假人将各个部分的体表温度控制在设定的范围内，使其进入一个动态热平衡状态，得到稳定的试验结果，主要用于测试服装的热阻。变温暖体假人基于人体在冷环境中的热调节模型，模拟真人在不同环境下体表温度的变化，平衡后的体表温度不是设定值，而是模拟真人自然平衡的结果，可以得到与恒温法相似的服装热阻，并且有近似真人的生理评价意义。恒热暖体假人是根据服装的热阻和环境参数，用设定的热流值加热假人并观察全身各部位的散热差异，这时体表温度逐渐下降，直到稳定状态。干态暖体假人根据运动方式分为静态暖体假人和动态暖体假人。静态暖体假人有站姿和坐姿两种，站姿暖体假人主要用于服装保暖性能评价，坐姿暖体假人主要用于机动车中热环境和机动车驾驶员热舒适性评价。动态暖体假人可以模拟人步行或跑步，活动部分主要是肩关节、肘关节、膝关节和踝关节，可用于研究人体运动、风速等对服装热阻的影响。

(2)最早的出汗暖体假人是在干态暖体假人的基础上覆盖一层高吸湿面料，通过喷水模拟出汗。在20世纪80年代出现真正意义上的出汗暖体假人“Coppelius”，是由硬质泡沫塑料构成，通过控制水阀的开关达到出汗的效果。之后研发的“SAM”出汗假人，由泡沫塑料混合铝粉制成，增加了出汗暖体假人的热传导性能，表面温度分布更均匀，此外，“SAM”还可以通过二轴连杆机构带动运动模拟行走的动作。2002年研发出“Walter”可行走织物出汗暖体假人，如图3－14所示，这是第一个用水循环系统和防水透湿织物制成的假人，并且可以一次性测试热阻和透湿气性能。“Newton”出汗暖体假人由环氧金属组成，内置加热装置、温度传感器和可选的整体液体流动供应系统，可以模拟新陈代谢热量和汗液的排出水平，如图3－15所示。ThermDAC软件，可以控制人体模型的温度和系统数据。

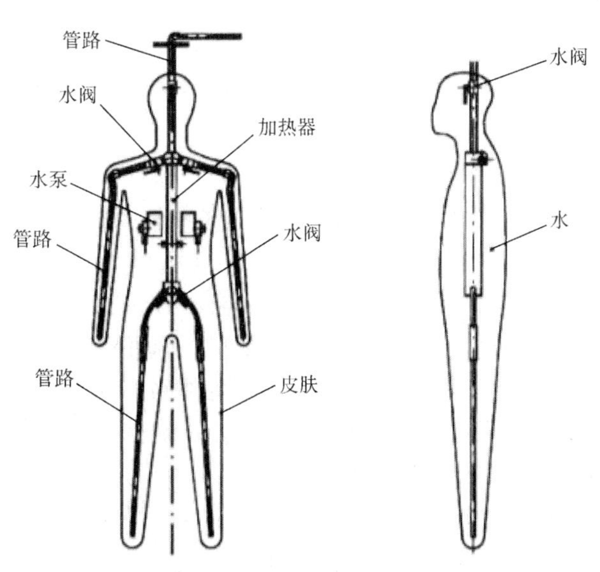

图3－14　“Walter”出汗暖体假人

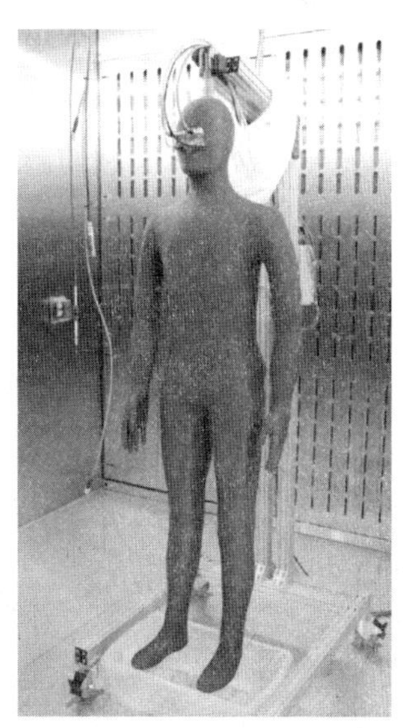

图3－15　“Newton”出汗暖体假人

二、测试指标

隔热保暖纺织品的测试指标包括热阻、克罗值、保温率等。

1. 热阻与克罗值

热阻是当温度差为1℃时，热能以1W/m^2 的速率通过材料，即表示为一个热阻单位，在数值上与传热系数呈倒数关系。克罗值是在室温21℃，相对湿度65%下，气流为0.1m/s的条件下，试穿者静坐，感觉舒适并维持体表温度为33℃时，所穿衣服的保温值为1.0克罗(clo)。

热阻在ASTMD 1518、ISO 11092以及GB/T 11048中都被作为评价材料保暖性能的指标。根据定义，热阻的计算式如下式。

$$R_{ct0}=A(T_m-T_a)/(H-\Delta H_c) \qquad (3-1)$$

式中：A——试验板面积，m^2；

T_m——试验板温度，℃；

T_a——气候室空气温度，℃；

H——供给测试板的加热功率，W；

ΔH_c——热阻测定中的加热功率修正量。

根据计算公式，热阻与一定测试面积上的散热量和试样两边温度差相关。通常先测定空板的热阻(R_0)，再测定放置试样时的热阻(R_t)，从而得到试样热阻 $R=R_t-R_0$。

根据干态暖体假人在恒温状态下测试服装热阻的原理，将着装假人置于人工气候室内，以一定的功率加热暖体假人，使其体表温度维持在设定的水平，当暖体假人与环境之间处于热平衡状态时，加热功率等于通过服装的散热量，根据假人平均体表温度与环境温度的差值及加热功率来计算服装的热阻。

一般来说，暖体假人方法可测试服装总热阻、服装热阻、服装基本热阻以及空气热阻。①服装总热阻通过测试暖体假人穿着服装时服装与体表空气层总的热阻值获得，然后减去无穿着服装时假人表面空气层的热阻值得到服装本身的热阻。服装总热阻受服装外表面风速及平均辐射温度的影响，在不同环境下，同一服装存在不同的总热阻值。②服装热阻直观地表现了在一定环境下服装对人体保暖性的影响，但是忽略了着装后因为体表面积增大而导致人体散热程度增加的问题。③为了克服这一影响，与服装热阻计算只减去空气热阻的算法不同，服装基本热阻在计算时考虑了服装表面积，基本消除了服装外层空气的影响，但是用于计算服装基本热阻的投影面积法耗时长，费用昂贵。

热阻的计算方法有整体法和局部法两种。整体法把假人当作一个整体来测试其表面温度的各部分指标，并计算加权平均值和热平衡时供给整个假人的热流量。局部法的暖体假人可以分为头、躯干、四肢等几个部分，分别测试每一部分的表面积、表面温度以及局部的热量，然后计算每一部分的热阻值并相加得到服装整体的热阻值。整体法的暖体假人适用于测试整套服装，局部法的暖体假人可以测试分体服装或配件。

根据GB/T 18398—2001，服装总热阻的计算如下：

$$I_t=\sum[(T_{si}-T_s)S_i/0.155H_iS] \qquad (3-2)$$

式中：T_{si}——暖体假人第 i 段的皮肤温度，℃；

T_s——暖体假人周围环境温度，℃；

H_i——暖体假人第 i 段加热流率，W/m^2；

S_i——暖体假人第 i 段表面积，m^2；

S——暖体假人表面积，m^2；

0.155——热阻单位换算系数，$1clo=0.155m^2 \cdot K/W$。

2. 保温率

保温率的基本测试原理是无试样时热板散热量和有试样时热板散热量之差，与无试样时热板散热量之比的百分率。保温率作为保暖性能的指标之一，只表示比率关系，不能表示纺织品本身固有的保温性质。当纺织品的保温性能达到一定程度后，其保温率的灵敏度低于热阻。随着织物厚度的增加，其热阻值可以灵敏的体现；而随着织物厚度的增加，保温率在达到某一厚度之后基本保持不变。

保温率和热阻都随着试样厚度增加而增加，而提高率都随着试样厚度的增加而减小，见表3－6。但是在试样厚度较厚时，热阻提高率要比保温率提高率明显，特别当试样厚度从64mm增加到80mm时，热阻的提高率为1.4%，但是保温率提高率只有0.1%。因此，随着试样厚度增加，保温率的灵敏度越弱，表征保暖性能的能力也越差。GB/T 11048—2018 以及 KES Thermo lab 方法都属于恒温法保温率测试方法。

表3－6　不同厚度样品的保温率和热阻

试样层数	保温率（%）	保温率提高率（%）	热阻（$m^2 \cdot K/W$）	热阻提高率（%）
1（16mm）	67.2	—	0.120	—
2（32mm）	77.1	14.7	0.132	10
3（48mm）	80.2	4.0	0.140	6
4（64mm）	82.1	2.4	0.143	2.1
5（80mm）	82.2	0.1	0.145	1.4

三、隔热保暖纺织品的测试方法和标准

隔热保暖性能的测试方法，一般分为恒温型和散热型。恒温型是把试样包覆在恒温加热体外或者平铺覆盖在恒温加热板上，测定一定时间内为保持加热体恒温而补充的热量，即透过试样的散热量。散热型是把试样包覆在一定温度的热体上，测试在一定时间内热体的降温或是测定热体降低一定温度的时间。目前使用最多的是平板式恒温型测试仪器，如美国 ASTM D1518 方法、BS 方法和 KES 方法等，为克服平板热板法只能测试面料的限制，暖体假人法逐渐发展起来。

表3－7为平板热板法纺织品隔热保暖性能测试的标准比较。在这些方法中 ISO 11092、ASTM F1868、ASTM D1518 和 GB/T 11048 是最常用的平板热阻测试方法之一，其测试仪器和测试条件相似。在表3－7中四个重要的测试条件中，气候箱相对湿度对测试结果的影响不大，所以在 ASTM 方法中没有对相对湿度做出具体的规定而是限定一个较大的范围。热板温度都设定在35℃来模拟人体皮肤表面温度。ISO 11092 和 GB/T 11048 的气候箱温度都设定在20℃，而 ASTM 方法随测试项目的不同而有变化。气候箱内空气流动速度对热阻影响较大，一般来说

空气流速越大,相同样品所测得的热阻值越小。这几个方法可以测试面料、多层复合材料、泡沫、纤维填充材料、夹棉纺织品等的热阻值。

表 3-7 隔热保暖纺织品平板热板法标准比较

标准	热板温度(℃)	气候箱温度(℃)	气候箱相对湿度(%)	气候箱空气速度(m/s)	测试指标
ISO 11092	35 ±0.1	20 ±0.1	65 ±3	1 ±0.05	热阻[m^2·(K/W)]
ASTM F1868 部分 A	35 ±0.5	(4~25) ±0.1	(20~80) ±4	(0.5~1) ±0.1	热阻[m^2·(K/W)]、克罗值
ASTM F1868 部分 C	35 ±0.5	25 ±0.1	65 ±4	—	总热损耗(W/m^2)
ASTM D1518 Option 1	35 ±0.5	测试样品时:(1~15) ±0.1 测试空板时:20	(20~80) ±4	0	热阻(m^2·K/W)和克罗值、体积密度(kg/m^3)、单位厚度克罗值(clo/cm)、单位面积质量克罗值[clo/(kg·m^2)]
ASTM D 1518 Option 2:	35 ±0.5	测试样品时:(1~15) ±0.1 测试空板时:20	(20~80) ±4	1 ±0.1	热阻(m^2·K/W)和克罗值、体积密度(kg/m^3)、单位厚度克罗值(clo/cm)、单位面积质量克罗值[clo/(kg·m^2)]
BS 5335	33 ±0.5	20 ±2	65 ±2	<0.3m/s	Tog 值
GB/T 11048—2008	35 ±0.1	20 ±0.5(仪器 B) 20 ±0.1(仪器 A)	65 ±3	1 ±0.05	热阻[m^2·(K/W)];克罗值;热导率[W/(m·K)]
ISO 5085-1 BS 4745	(31 ±0.1)~(35 ±0.1)	20 ±2 或 27 ±2	65 ±2	0.25~1.0	热阻(m^2·K/W)

BS 5335 主要用于测试被子等较厚的纺织品热阻值,并且结果表达为被子常用的 Tog 值指标。ISO 5085-1 以及 BS 4745 用于测试不同厚度纺织材料的热阻性能,与前面几个标准不同的是,这两个方法会根据纺织品实际使用状态在测试时的样品表面添加一层导热覆盖层进行测试。例如,如果样品在使用时外层还会覆盖被套等,那么在测试过程中可以在样品上覆盖一层固定重量的凉板,阻隔气流对样品外表面的影响。

表 3-8 列出了常用的暖体假人测试服装热阻的方法。ISO 15831、GB/T 18398 和 EN 342 提供了用站姿或动态暖体假人测量服装保暖性的方法。ASTM F1720 采用卧姿暖体假人在较冷的环境测试睡袋的热阻。ASTM F1291 只测试站姿状态下服装的保暖性。ASTM、EN 以及 ISO 方法对暖体假人的尺寸给出明确的规定;而 GB/T 18398 没有给出具体的身高和表面积,但是强调暖体假人的尺寸要符合真人群体统计数据的平均值。ASTM F1720 的气候箱温度较低,这是因为睡袋的热阻值较大,为确保测试精度,暖体假人的热流量要足够大。同理,GB/T 18398 规定了不同的气候箱温度也是为了保证不同保暖度的服装测试结果的精确度。如果测试无穿着服装时暖体假人表面空气层的热阻时,气候箱的温度要比暖体假人表面温度低最少 10℃,如果

测试服装的保暖值估计超过 3 clo,气候箱的温度比假人表面温度低最少 30℃,其他情况下气候箱的温度比假人表面温度低最少 20℃。

表 3-8　暖体假人法热阻测试方法比较

参数	ASTM F1291	EN 342	ASTM F1720	ISO 15831	GB/T 18398
适用范围	配套服装	单件服装和配套服装	睡袋	配套服装	配套服装
假人身高(m)	1.7 ±0.1	1.7 ±0.15	1.8 ±0.1	1.7 ±0.15	—
假人体表面积(m^2)	1.8 ±0.3	1.7 ±0.3	1.8 ±0.3	1.7 ±0.3	—
测试时姿态	站姿	站姿或动态	卧姿	站姿或动态	站姿或动态
平均体表温度(℃)	35 ±0.5	34	32 ~ 33	34	32 ~ 35
气候箱温度	至少比平均体表温度低 12℃	至少比平均体表温度低 12℃	至少比平均体表温度低 20℃	至少比平均体表温度低 12℃	比平均体表温度低最少 10℃,20℃或 30℃
气候箱相对湿度(%)	30 ~ 70				30 ~ 50
气候箱空气速度(m/s)	0.4	0.4	0.3	0.4	0.15 ~ 8
热阻计算方法	整体法	整体法或局部法	整体法	整体法或局部法	局部法
热阻指标	总热阻、基本热阻	总热阻、综合总热阻、有效热阻、综合有效热阻	总热阻	总热阻、综合总热阻、有效热阻、基本热阻、综合有效热阻、综合基本热阻	总热阻、空气热阻、服装基本热阻、衣服相对热阻
热阻单位	$m^2 \cdot K/W$ 或 clo	$m^2 \cdot K/W$	clo	$m^2 \cdot K/W$	克罗值

暖体假人测试服装热阻的测试原理类似,但是计算热阻的方法稍有不同,有的采用局部法和整体法两种计算方式,有的只采用其中之一。当服装各部分热阻分布均匀时,两种方法计算的服装总热阻相当;当服装各部分热阻不相等,并且分布不均匀时,局部法计算的结果大于整体法计算的结果。采用局部法计算的暖体假人如图 3-16 所示,在每个分区位置都有温度传感器的分布。

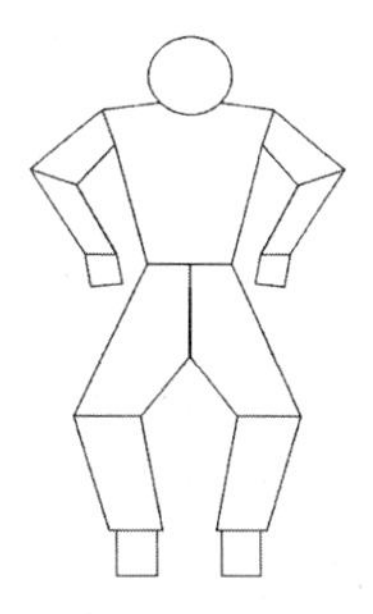

图 3-16　局部法计算热阻的暖体假人

热阻的表达方法不同,ISO 15831 给出了有效热阻和基本热阻的计算方法,并且基本热阻的计算考虑到服装外表面积的影响;同样 ASTM F1291 在计算基本热阻时也采用相似计算服装面积的方法,并且列出了常用保暖服的服装因子，减少了测试人员测量服装外表面积的工作。ASTM F1720只给出睡袋总热阻的计算式。经验表明，任何单件服装对配套服装的热阻贡献值取决于它所穿戴的位置以及所覆盖的表面积的大小。所以，单件服装对总热阻的增加值不是固定的。配套服装的基本热阻通常比单件服装基本热阻的总和要小，主要是因为：①服装热阻本身的分布不均匀；②单件服装叠加会增加散热表面积；③单件服装叠加会使一些部位的织物互相挤压。

对于寒冷环境下为维持身体热平衡所需服装热阻，不同标准也给出了各自的参考热阻值。例如，表3-9是EN 342给出的不同服装热阻可以保持身体热平衡时对外界环境温度、风速的限制条件；表3-10列出了当穿着者在进行不同活动时所需的服装热阻；ANS/ISEA 201给出了冷环境下服装热阻分级，如表3-11所示；GB/T 13459基于环境温度以及服装热阻给出了劳动防护服防寒保暖分类，如表3-12所示。

表3-9　EN 342不同环境温度下身体热平衡所需服装热阻

热阻（$m^2 \cdot K/W$）	环境温度（℃）			
	风速			
	0.4m/s		3m/s	
	8h	1h	8h	1h
0.265	13	0	19	7
0.310	10	-4	17	3
0.390	5	-12	13	-3
0.470	0	-20	7	-9
0.540	-5	-26	4	-14
0.620	-10	-32	0	-20

表3-10　EN 342不同运动状态下身体热平衡所需服装热阻

热阻（$m^2 \cdot K/W$）	穿着人员活动情况							
	低运动量（散热115W/m^2）				中等运动量（散热170W/m^2）			
	风速							
	0.4m/s		3m/s		0.4m/s		3m/s	
	8h	1h	8h	1h	8h	1h	8h	1h
0.265	3	-12	9	-3	-12	-28	-2	-16
0.310	-2	-18	6	-8	-18	-36	-7	-22
0.390	-9	-28	0	-16	-29	-49	-16	-33
0.470	-17	-38	-6	-24	-40	-60	-24	-43
0.540	-24	-45	-11	-30	-49	-71	-32	-50
0.620	-31	-55	-17	-38	-60	-84	-40	-61

表3-11　ANS/ISEA 201冷环境下服装热阻分级

保暖等级	克罗值
6	≥3.5
5	3.00~3.49
4	2.50~2.99
3	2.00~2.49
2	1.50~1.99
1	0.75~1.49

表3-12　GB/T 13459劳动防护服防寒保暖分类

地区	环境温度范围(℃)	服装总克罗值
Ⅴ	≤-25	6.5
Ⅳ	-25~15	5.5
Ⅲ	-15~-5	4.5
Ⅱ	-5~5	3.7
Ⅰ	>5	2.8

第五节　吸湿发热纺织品测试方法与标准

吸湿发热纺织品利用纤维较强的吸湿能力，捕捉人体释放的水汽分子并将其吸附在纤维表面同时释放热量。因此，吸湿发热的测试条件与测试环境的湿度有很大的关系。目前已经有多个吸湿发热纺织品的测试标准，如国际标准ISO 16533、中国国家标准GB/T 29866、中国行业标准FZ/T 73036、中国台湾标准FTTS-FA-023等。这些测试方法的原理都是首先干燥试验样品，然后将样品放置于相对湿度较高的环境，测试并记录样品的表面温度，然后与空白传感器记录的温度作比较，得到最大升温值。同时，有些方法还会计算30min内平均升温值来表达样品保温的能力。表3-13总结比较了几个重要的测试方法在适用范围、样品尺寸、测试条件以及测试结果的异同。

表3-13　吸湿发热纺织品测试标准比较

标准	GB/T 29866	FZ/T 73036 附录A	FTTS-FA-023	ISO 16533
适用范围	吸湿发热纺织品	吸湿发热针织内衣	面料克重 小于200g/m^2	面料、纺织品等
样品尺寸(cm)	6×10	6×10	6×10	5×5
样品固定方法	温度传感器两侧各一层样品			温度传感器 两侧各两层样品

续表

标准	GB/T 29866	FZ/T 73036 附录 A	FTTS - FA - 023	ISO 16533
干燥温度(℃)	105 ±2	105 ±2	105 ±2	105
平衡条件	干燥器 (20 ±0.5)℃	干燥器 (20 ±0.5)℃	(20 ±0.5)℃ (40 ±3)%	(34 ±0.5)℃ (10 ±3)%
测试条件	(20 ±0.5)℃ (90 ±3)%	(20 ±0.5)℃ (90 ±3)%	(20 ±0.5)℃ (90 ±3)%	(34 ±0.5)℃ (90 ±3)%
风速(m/s)	0.3 ~0.5	0.2 ~0.6	0.3 ~0.5	—
测试结果	最大升温值 平均升温值	最大升温值 平均升温值	最大升温值 平均升温值	最大升温值 最大降温值

从适用范围来看,GB/T 29866 和 ISO 16533 适合所有吸湿发热功能纺织品的测试;FZ/T 73036 是纺织行业标准,适用于吸湿发热针织内衣测试;FTTS - FA - 023 适用于面料克重小于 $200g/m^2$ 的吸湿发热面料。ISO 16533 所需的测试样品较小,并且测试时将样品对折两次,使温度传感器的上下各有两层样品,如图 3 - 17 所示;而其他三个标准需要稍大的样品,如图 3 - 18 所示缝制成袋状,温度传感器放入中间,使其上下各一层样品。温度传感器外包覆的样品层数对实验结果有一定的影响,层数越多,升温越高,降温时速度也越慢。

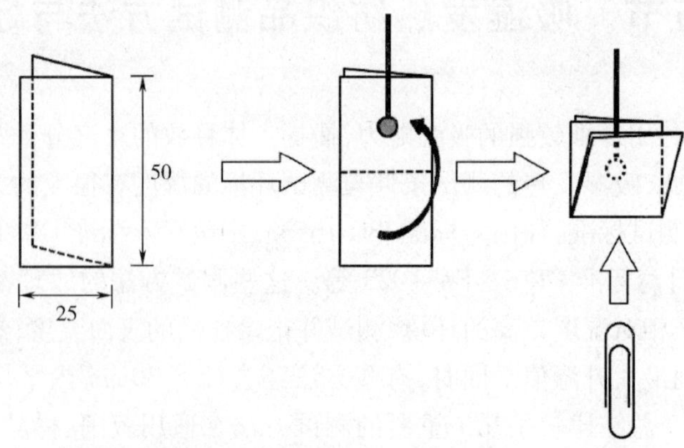

图 3 - 17 ISO 16533 的试样安装

样品在测试前,都需要在 105℃ 的烘箱内干燥使其重量不再变化,GB/T 29866 和 FZ/T 73036 将干燥后的样品放入干燥器内平衡,而 FTTS 和 ISO 方法将样品放入一定温湿度的条件下平衡。平衡后的样品将放入 90% 的相对湿度环境进行升温测试。ISO 16533 的环境温度是 34℃,而其他三个方法的环境温度是 20℃。虽然在相同的湿度条件下测试,而吸湿发热纺织品的性能主要受纤维吸湿能力及环境湿度影响,但是测试时的环境温度对升温结果也有一定的影响。研究发现,相同湿度、相同样品条件下,当环境温度越低,升温越高。但是,作为吸湿发热纺织品,一般用于内衣面料贴身穿着,而 ISO 16533 在 34℃ 的环境下测试更符合实际使用时的条件。

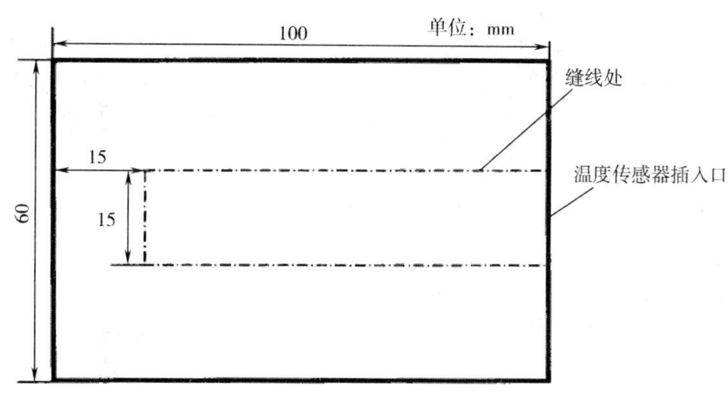

图 3-18　GB/T 29866 吸湿发热纺织品测试传感器放置示意图

除了 ISO 方法外，其他方法都在有一定风速的环境下进行测试。因为纤维吸湿发热的过程很短，通常都发生在 5min 之内，因此，风速的影响稍小；但是对保温效果影响较大，风速大，则降温快，对平均升温值的结果影响较大。

ISO 16533 可以测试样品的最大升温值和最大降温值，其他方法只测试 30min 内的升温及保温性能。FZ/T 73036 在计算最大升温值时采用的方法与其他方法稍有不同。其他方法在测试时，一个传感器外覆盖样品测试其升温，同时有另外一个没有试样的空白传感器放置于相同的测试环境下同步记录温度，最大升温值采用样品最高温度值减空白传感器最高温度值。但是 FZ/T 73036 只在测试开始还没有放试样时记录空白传感器的温度值，未考虑试验过程中空白传感器的温度变化，因此最后计算结果会偏高。

第六节　其他保暖测试方法

1. 差示扫描量热法

差示扫描量热法（DSC）可以测试相变纺织品的相变温度、相变热。通过温度变化对空白样品和含有相变材料的纺织品试样进行比较，当样品发生相变时，就会有热效应发生。参照物样品在吸热或放热过程中温度变化速率发生变化，反应在 DSC 谱图上就会有一个脉冲峰出现，如图 3-19 所示。脉冲峰的面积越大，材料在相变过程中释放的热量越多。

2. 温度调节因素法

温度调节因素法（TRF）是相变纤维及织物保温性能测试的方法。这个方法适用于在试验室模拟真实状况的生理反应。该测试系统使用连续的环境温度和能量维持测试板温度在皮肤温度左右。TRF 方法的结果在 0~1 之间，0 表示织物根据外界温度变化的能力很好，1 表示调节能力很差。

3. 步冷曲线法

步冷曲线法将相变及非相变测试样品同时放入圆筒保温仪中，升温到相同的温度，并稳定一段时间后同时移出，在一定时间间隔下记录试样在不同时间所对应的温度，绘制温度—时间曲线。

从图 3-20 可以看出，经过相同时间后，有相变材料试样温度下降比无相变材料试样慢。当温度降低到相变转变点之后，有相变材料试样温度下降较为缓和，无相变材料试样温度下降速度加快。因此，步冷曲线也反映出相变保温材料有调节温度和延缓温度变化的作用。

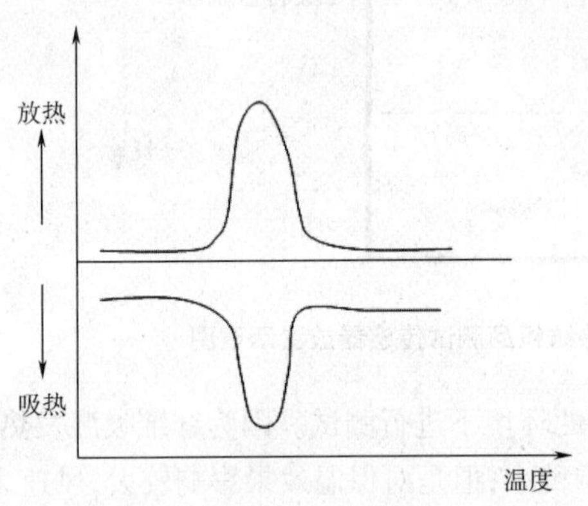

图 3-19 DSC 曲线吸热/放热峰示意图

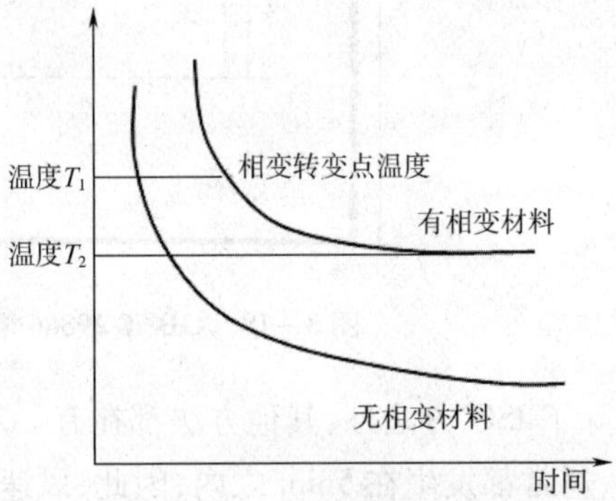

图 3-20 步冷曲线示意图

4. 远红外发射率法

远红外纺织品的测试方法主要是检测样品的红外发射率，以及面料在远红外灯照射后升温情况。远红外发射率是测试样品的远红外辐射能力与相同温度下黑体的辐射能力之比。自然界物体的远红外发射率在 0~1 之间。远红外发射率越高，该样品的远红外辐射能力越强。

目前，已经实施的远红外纺织品测试方法包括 GB/T 30127—2013 纺织品 远红外性能的检测和评价、CAS 115—2005 保健功能纺织品、GB/T 7287—2008 法向全发射率、GB/T 18319—2001 纺织品 红外蓄热保暖性的试验方法和 FTTS-FA-010 远红外纺织品验证规范。远红外纺织品测试标准比较见表 3-14。

表 3-14 远红外纺织品测试标准比较

标准	测试项目	测试温度(℃)	测试波长范围(μm)
GB/T 30127	远红外发射率	34	5~14
CAS 115	法向发射率	100	4~16
GB/T 7287	法向全发射率	—	—
GB/T 18319	红外吸收率	—	0.8~10
FTTS-FA-010	远红外分光放射率；温升；保温特性	—	2~22

发射率通过辐射出射度计算，普朗克公式定义了辐射出射度如下：

$$M(\lambda,T)=(c_1/\lambda^5)[\varepsilon(\lambda,T)/\exp(c_2/\lambda T)-1] \quad (3-3)$$

式中：c_1 和 c_2——常量；

T——物体的表面温度；

λ——物体的辐射波长。

因此,实际测量中温度和波长决定了辐射出射度,间接决定了物体的发射率。

GB/T 30127 采用如图 3－21 所示装置,分别测试 34℃下样品与标准黑体辐射强度,两个结果的比值得到远红外发射率。远红外接收装置通常为辐射能量计。按照方法中 5～14μm 的波长范围,并不能覆盖全部远红外发射波长,因此所得到的结果不能称全发射率。考虑到远红外纺织品使用时温度在体温或室温附近,根据普朗克曲线,5～14μm 已经能够覆盖主要的远红外辐射能量范围(100℃以下能量波峰在 8～9μm)。本标准在定义黑体时,只规定所用标准黑体辐射板的发射率大于 0.95。

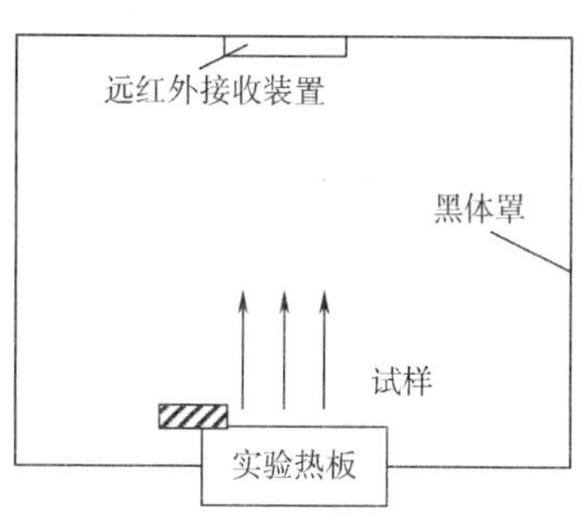

图 3－21　GB/T 30127—2013 远红外发射率测试装置示意图

CAS 115 规定了法向发射率的测量方法,所用的辐射源为标准黑体。同时,CAS 115 计算发射率范围为 4～16μm。

GB/T 7287 测试样品的法向全发射率,其中的方法 B 采用标准涂料代替标准黑体,将标准涂料涂敷在样品表面,用测量温度的红外热像仪取代辐射计和分光测量设备。根据下式计算样品的发射率。

$$\varepsilon_n = \varepsilon_{tn}(T_r/T_{rt})^4 \tag{3-4}$$

式中:ε_n——样品的法向全发射率;

T_r——样品的表面温度;

T_{rt}——参比涂料的表面温度;

ε_{tn}——已知涂料的发射率。

该方法利用红外成像仪能够保存图像,通过计算机分析可以对法向全发射率进行较为准确的测量。

GB/T 18319 规定了远红外吸收率的测试方法。在数值上,吸收率等于发射率。相对于其他标准,本标准的测量较为复杂。首先需要测量样品的远红外透过率和反射率,然后根据透过率、反射率、吸收率三者之和为 1 的原理,计算最终的吸收率(发射率)。测试过程中影响结果的因素较多,结果可靠性、一致性需要进一步验证。

如图 3－22 所示,辐射强度计在 25°方向,距离样品 150mm 的位置接收辐射信号。在测试刚开始时,辐射强度计接收的能量主要来自样品的远红外反射;随着样品温度升高,辐射强度计接收的能量一部分来自样品的反射,一部分来自样品自身的发射。GB/T 18319 规定在开始测试后(8±2)s 时读数,这就带来了测量结果的不确定性。

FTTS－FA－010 采用远红外辐射计方法进行测试,首先测试 2～22μm 波长范围的放辐射强度,然后与相同温度下黑体放射强度作比较,获得样品的发射率。该方法没有规定测试环境温度,只需要在测试报告中标明环境温度即可。

表 3－15 为不同测试方法远红外发射率结果的比较,从中可以看出,测试温度 100℃时的测试结果略高于 34℃下的测试结果。当试验温度为 100℃时,样品的辐射能量较大,整个测试系统的信噪比较低,有利于提高测试结果的准确性。

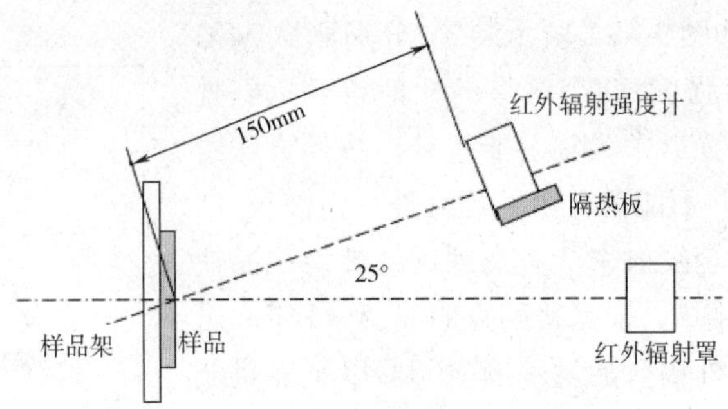

图 3－22　GB/T 18319 远红外反射率测量系统(俯视图)

表 3－15　不同测试方法远红外发射率测试结果比较

标准	远红外发射率测试结果
GB/T 30127	0.8968(34℃);0.9004(100℃)
CAS 115	0.8907
GB/T 7287	0.8986
GB/T 18319	0.8631

5. 升温测量法

在标准 GB/T 30127 以及 FTTS－FA－010 中都有对这一方法的描述。在国标方法中,采用一定功率的红外光源照射面料表面一定时间,测试照射前后的面料表面温度变化。升温幅度越大,远红外纺织品的保暖功能越好。FTTS 标准采用热源辐射或人体穿着测试两种方法进行评价。人体穿着测试是将测试样品摆放在固定部位的皮肤上,如上臂皮肤,然后用红外成像仪每隔 5min 测试样品表面温度,得到升温情况。

参考文献

[1]Sarkar S,Kothari V K. Cooling Garments－A review[J]. Indian Journal of Fiber & Textile Research,2014(139):450－458.

[2]张华,刘维. 防寒服保暖性能的测定和评价指标[J]. 中国个体防护装备,2003(2):21－22.

[3]魏洋. 新型降温散热纤维——云母冰凉纤维[J]. 聚酯工业,2011,24(6):9.

[4]思慧. 新型凉爽纤维面世. 纺织服装周刊[J]. 北京,纺织服装周刊杂志社,2010(28):5－6.

[5]孙海燕,刘逸新,于湖生. 薄荷黏胶纤维与普通黏胶纤维针织物性能的对比研究[J]. 山东纺织科技,2014,55(6):55－56.

[6]高兵,陈国仲,叶谋锦. 冰爽玉纤维抗紫外线针织服装面料开发[J]. 针织工业,2015(5):37－40.

[7]赵连英. 低碳节能型凉爽纤维及其面料凉爽性能的研究探讨[C]. 长三角科技论坛纺织分论坛——纺织分论坛论文集,浙江兰溪,2013.

[8]张海霞,张喜昌. 冰爽型防紫外涤纶针织面料的原料设计[J]. 丝绸,2016,53(6):49－53.

[9]http://djh.168tex.com/2017－9－14/939713.html.

[10]任晓刚,齐鲁. 凉爽功能纤维的研究现状及应用[J]. 合成纤维工业,2010,33(1):39－41.

[11]孙国宝. 日用化工辞典[M]. 北京:化学工业出版社,2002.

[12]李群根,赵涛．棉针织物的过碳酸钠漂白[J].印染,2010(16):13-15.

[13]陈英．染整工艺实验教程[M].北京:中国纺织出版社,2009.

[14]张华.防严寒纺织品和服装的研究与应用(I)[J].纺织学报,2003,24(5):499-501.

[15]格雷斯,刘树英.适温型纤维开发现状与发展动向(一)[J].中国纤检,2015(22):52-55.

[16]格雷斯,刘树英.适温型纤维开发现状与发展动向(二)[J].中国纤检,2015(24):48-50.

[17]李倩.功能性凝胶在纺织服装领域的应用——功能性凝胶鞋垫芯材的研究[D].西安:西安工程大学,2007.

[18]胡银.气凝胶运用于消防服隔热性能测试及合成研究[D].合肥:中国科技大学,2016.

[19]杜凯,刘正芹.吸湿发热纤维的研究进展[J].上海毛纺科技,2014(2):41-43.

[20]刘川美,刘正芹,李圆圆,等.发热腈纶的结构及其理化性能研究[J].丝绸,2018,55(2):31-35.

[21]杨卫忠,孔彩珍.凉爽型聚酯纤维的开发[J].合成纤维,2012,41(5):31-34.

[22]迟淑丽,田明伟,曲丽君.基于湿法纺丝凉感纤维的制备及性能研究[J].成都纺织高等专科学校学报,2016,33(3):32-35.

[23]宋晓秋.一种凉感温控微胶囊及其制备方法:中国,104774593A[P].2015-07-15.

[24]赵国平,杨建国,李勇.一种尼龙针织面料的凉感加工方法:中国,101408000[P].2009-04-15.

[25]http://www.cn-sock.com/coolmax-fibers/.

[26]王锐,张大省.吸湿速干舒适性纤维[J].合成纤维工业,2002,25(5):44-46.

[27]徐晓辰.吸湿排汗聚酯纤维的开发及应用[J].合成纤维,2002,31(6):9-12.

[28]邵强,齐鲁.凉爽纤维的制备及性能测试[D].天津:天津工业大学,2008.

[29]黄素平.浅谈羊毛的凉爽舒适性[J].毛纺科技,2004(5):7-9.

[30]蒋秀翔.凉爽织物的设计[J].江苏纺织科技,2007(12):50-51.

[31]蔡永东,邵钲杰,孙国淮.超高分子量聚乙烯/黏胶混纺凉爽型床品面料的设计与生产[J].纺织导报,2017(6):68-69.

[32]张秀,蒋佩纭,徐适章.Sorona/Flycool 环保凉爽面料开发[J].针织工业,2010(11):1-2.

[33]方雪娟.PTT 纤维结构、性能与应用[J].上海毛麻科技,2005(1):36-38.

[34]吴涛,黄晓亮,姜红飞,等.Dupont Sorona 在精毛纺面料上的应用[J].纺织导报,2009(11):104-106.

[35]杨栋樑.PTT 纤维的染整加工[J].印染,2006(1):45-49.

[36]https://www.slideserve.com/hector/flycool-the-best-cool-and-dry-yarn-for-summer-material.

[37]阎克路.染整工艺与原理:上册[M].北京:中国纺织出版社,2009.

[38]韦筠寰.非连续式氧漂浴稳定剂的改性研究[J].广西纺织科技,2008(3):19-20.

[39]张春燕,于俊荣,刘兆峰.中空纤维制备技术及其应用[J].合成纤维,2004(6):21-24.

[40]高秀丽,陈邦伟.异形中空涤纶保暖絮片的研制及其性能[J].合成纤维,2015,44(11):44-46.

[41]姚翔.提高中空涤纶短纤维压缩回弹性生产技术研究[D].苏州:苏州大学,2005.

[42]https://www.montbell.us/about/technical-info/materials/exceloft/.

[43]邹振高.服用相变材料的研究进展[J].防护装备技术研究,2009(2):16-20.

[44]Vigo TL, Frost CM. Temperature-adaptable Textile Fibers and Method of Preparing Same:美国,4851291[P].1989-07.

[45]张兴祥,王学晨,胡灵.PP/PEG 蓄热调温复合纤维的纺丝与性能[J].化工新型材料,2006,34(1):45-47.

[46]Bryant Y G, David C P. Fibers with Reversible Enhanced Thermal Storage Properties and Fabrics Made There Form:美国,4756958[P].1988-07.

[47]Cho J S, Kwon C G. Microencapsulation of Octadecane as a Phase-change Material by Interfacial Polymeri-

zation in an Emulsion System[J]. Colloid Polymer Science,2002(280):260 - 266.

[48]石海峰,张兴祥. 微胶囊技术在蓄热调温纺织品中的应用[J]. 产业用纺织品,2001,19(12):1 - 6.

[49]https://www. pinterest. com/pin/228979962275430657.

[50]http://www. asampaio. com/index. php? id = 1&tbl = noticias&id2 = 4.

[51]钟明坤. 具有远红外放射的纤维的制造方法:中国,1309198A[P]. 2001.

[52]吴素坤. 远红外纤维的研究进展[J]. 国外纺织技术,2003(6):1 - 3.

[53]缪国华,李龙真. 保暖发热聚酯纤维的开发[J]. 合成纤维,2015,44(5):18 - 21.

[54] Iizuka S, Ikeda, Masahiko. Low Friction Far Infrared Radiation Emitting Composite Fibers: 日本, 05051819A2[P]. 1993.

[55]辛长征,杨秀琴,李建锋. 热风法絮片的工艺设计[J]. 非织造布,2004,12(2):17 - 22.

[56]辛长征. 在线热熔法涤纶保暖非织造絮片的研制[J]. 产业用纺织品,2010(3):6 - 10.

[57]http://www. nonwovenexperts. com/bonding/thermal - bonding.

[58]樊星,薛少林. 木棉纤维保暖絮片的探究[J]. 产业用纺织品,2014,32(8):9 - 12.

[59]王薇,张得昆,张星,等. 羊毛/远红外中空涤纶混合保暖絮片的开发[J]. 纺织科技进展,2015(5):15 - 17.

[60]鹿红岩. 远红外黏胶长丝的开发研究[J]. 河北纺织,2001(4):13 - 21.

[61]张富丽. 相变材料及其在纺织品上的应用[J]. 上海纺织科技,2003,2(31):8 - 9.

[62]李俊升. 溶胶——凝胶复合相变材料及其在纺织品上的应用[D]. 天津:天津工业大学,2006.

[63]Shimizu T. Hygroscopically Exothermic Cellulosic Fiber and Wovenknitted Fabric: 日本,200421811[P]. 2004 - 08 - 05.

[64]One H, Sobashima M, Naura T, et al. Moisture - absorbing Exothermic Cellulosic Fiber Product Having Wind - breaking Property and Method for Producing the Same:日本,2004315990[P]. 2004 - 11 - 11.

[65]Sakai Y, Mjura H, Tsujimoto Y, et al. Cellulosic Fiber Having Hygroscopic and Exothermic Property, Textile Product and Their Production:日本,2000256962[P]. 2000 - 09 - 19.

[66]Tasaki K, Baba T. Moisture - absorbing Exothermic Animal Fiber Product and Method for Producing the Same:日本,2005256193[P]. 2005 - 09 - 22.

[67]Nishimoto A, Omote Y, Umibe H. Highly Moisture Absorbing and Desorbing Hygoscopic Exothermic Fiber Mass:日本,2000328457A[P]. 2000 - 11 - 28.

[68]王军伟. 吸湿发热黏胶纤维的制备及其性能研究[D]. 青岛:青岛大学,2013.

[69]胡海波. 吸湿发热黏胶纤维的制备及性能研究[D]. 天津:天津工业大学,2011.

[70]胡金鑫,徐静,张玉梅. 一种吸湿发热聚丙烯腈纱线的制备方法:中国,201310216792. 1A[P]. 2013 - 05 - 31.

[71]徐静,马正升. 吸湿发热聚丙烯腈纤维的性能研究[J]. 合成纤维工业,2015,38(3):22 - 25.

[72]胡金鑫. 聚丙烯腈的吸湿发热改性研究[J]. 合成纤维工业,2014,37(4):31 - 34.

[73]张旺玺,聚丙烯腈纤维的改性[J]. 合成技术及应用,1998,15(1):27 - 30.

[74]张幼维,林珍,承训,等. 硫氰酸钠法高吸湿(水)腈纶纺丝工艺及其性能的研究[J]. 合成纤维,2003(5):21 - 23.

[75]朴银实,毛立江,孙瑞焕. 聚丙烯腈水解过程的红外光谱考察[J]. 食品与生物技术学报,2000,19(3):276 - 278.

[76]高悦,王雅珍,齐轩. 接枝改性腈纶织物亲水性能的研究[J]. 辽宁丝绸,2009,19(3):10 - 15.

[77]刘艳春,陆大年. 腈纶等离子体表面改型的时效性[J]. 印染,2006(19):10 - 11.

[78]刁彩虹,肖长发,马艳霞. 高吸湿性聚丙烯腈纤维的制备[J]. 纺织学报,2010,31(9):1 - 4.

[79] http://english. keskato. co. jp/products/kes - f7. html.

[80] GB/T 35263—2017 纺织品接触瞬间凉感性能的检测和评价[S].

[81] FTTS - FS - 019:2013 Specified Requirements for Cool Feeling Textiles[S].

[82] ASTM D7984—2016 Standard Test Method for Measurement of Thermal Effusivity of Fabrics Using a Modified Transient Plane Source(MTPS) Instrument [S].

[83] 黄建华. 国内外暖体假人的研究现状[J]. 建筑热能通风空调,2006(6):24 - 29.

[84] 雷中祥,钱晓明. 出汗暖体假人的研究现状与发展趋势[J]. 丝绸,2015,52(9):32 - 37.

[85] http://www. apparelinnovation. org/thermal - comfort - research.

[86] ASTM D1518—2014 Standard Test method for Thermal Resistance of Batting Systems Using a Hot Plate [S].

[87] ISO 11092:2014 Textiles - Physiological Effects - Measurement of Thermal and Water - vapor Resistance under Steady - state Conditions(Sweating Guarded - hotplate Test) [S].

[88] GB/T 11048—2018 纺织品 生理舒适性 稳态条件下热阻和湿阻的测定[S].

[89] 黄建华,李文斌. 服装热湿舒适性标准的比较[J]. 针织工业,2006(8):63 - 68.

[90] GB/T 18398—2001 服装热阻测试方法 暖体假人法[S].

[91] 郭禹. 纺织品保温性能检测中存在的问题[J],纺织科学研究,2006(4):1 - 8.

[92] FZ/T 01029—1993 纺织品 稳态条件下热阻和湿阻的测定[S].

[93] KES - F7 Thermo labhttp://english. keskato. co. jp/products/kes - f7. html.

[94] ASTM F1868—2017 Standard Test Method for Thermal and Evaporative Resistance of Clothing Materials Using a Sweating Hot Plate[S].

[95] BS 5335 - 1:1991 Continental Quilts. Specification for Quilts Containing Fillings Other than Feather and/or Down [S].

[96] BS 5335 - 2:2006 Continental Quilts. Determination of Thermal Resistance for Quilts Filled with Feather and/or Down [S].

[97] ISO 5085 - 1:1989 Textiles—Determination of Thermal Resistance[S].

[98] BS 4745:2005 Determination of the Thermal Resistance of Textiles. Two - plate Method: Fixed Pressure Procedure, Two - plate Plate Method: Fixed Opening Procedure, and Single - plate Method[S].

[99] ASTM F1291—2016 Standard Test Method for Measuring the Thermal Insulation of Clothing Using a Heated Manikin [S].

[100] EN 342—2017 Protective Clothing. Ensembles and Garments for Protection against Cold [S].

[101] ASTM F1720—2017 Standard Test Method for Measuring Thermal Insulation of Sleeping Bags Using a Heated Manikin[S].

[102] ISO 15831:2004 Clothing—Physiological Effects—Measurement of Thermal Insulation by Means of a Thermal Manikin[S].

[103] ANSI /ISEA 201—2016 Classification of Insulating Apparel Used in Cold Work Environments[S].

[104] GB/T 13459—2008 劳动防护服防寒保暖要求[S].

[105] ISO 16533:2014 Textiles. Measurement of Exothermic and Endothermic Properties of Textiles Under Humidity Change[S].

[106] GB/T 29866—2013 纺织品 吸湿发热性能试验方法 [S].

[107] FZ/T 73036—2010 吸湿发热针织内衣标准[S].

[108] FTTS - FA - 023:2010 Functional Textiles—Method of Test for Heat Generating by Moisture Absorption Properties [S].

[109]单学蕾,柳楠.纺织品吸湿发热测试方法研究[J].针织工业,2015(3):67-69.

[110]杨博丞,李君敏,邢文灏.吸湿发热纺织品测试方法研究[J].华岗纺织期刊,2017,24(2):72-77.

[111]展义臻,朱平,张建波,等.相变调温纺织品的热性能测试方法与指标[J].印染助剂,2006,23(10):43-46.

[112]GB/T 30127—2013 纺织品 远红外性能的检测和评价[S].

[113]FZ/T 64010—2000 远红外纺织品[S].

[114]CAS 115—2005 保健功能纺织品[S].

[115]GB/T 18319—2001 纺织品 红外蓄热保暖性的试验方法[S].

[116]FTTS-FA-010:2007 远红外纺织品验证规范[S].

[117]GB/T 7287—2008 红外辐射加热器试验方法[S].

[118]吴迪.几种功能纺织品远红外发射率试验方法的比对研究[C].全国第十五届红外加热暨红外医学发展研讨会论文及论文摘要集,福州,2015:246-253.

第四章　防湿与防风纺织产品检测技术

第一节　防湿水纺织品

一、防湿水纺织品的概念

施加一种或多种整理剂,改变织物表面性能,使织物不易被水所润湿,这种织物叫作防湿水纺织品,也称为拒水纺织品。

二、防湿水机理

通常,使水不能透过织物的整理分为防水整理和拒水整理。纺织品的防水性如第二章所述,是指织物具有水难以渗透的性能,是通过在织物表面涂覆一层连续的不透水、不溶于水的薄膜获得,可防止水渗透到织物内部。而纺织品的拒水性是指织物不易被水润湿的特性,是在织物上施加一种特殊分子结构的整理剂,来改变纤维表面层的组成,降低织物表面能,使纤维表面的亲水性转变为疏水性,使水不易在织物表面展开,并牢固地附着在纤维或者与纤维产生化学结合。使织物不被水润湿,这样的工艺被叫作防湿水整理,也叫拒水整理,所用的整理剂叫拒水整理剂。整理后的纤维间和纱线间仍然保留着大量的孔隙,这样织物仍可保持良好的透气性和透湿性,有助于人体皮肤和服装之间的微气候调节,增加穿着的舒适感。

(一)杨氏公式

防湿水的评价通常用接触角表示,是指液滴静止在织物表面时,织物表面和液滴边缘切线形成的夹角,通常用 θ 表示。如图 4－1 所示,将一滴液体滴覆于不同织物表面时,由于织物表面能不同,可能会产生四种不同情况:(a)当滴液完全平铺在织物表面形成水膜[图 4－1(a)],即织物被滴液完全润湿时,接触角 $\theta=0$,织物没有任何拒水能力;(b)当液体滴覆在织物表面并仍然保持水滴形态时,若 $0<\theta<90°$[图 4－1(b)];织物被液滴部分润湿,织物具有一定的拒水能力;(c)若 $90°<\theta<180°$[图 4－1(c)];液滴几乎不能将织物润湿,织物具有一般的拒水能力;(d)若 $\theta=180°$[图 4－1(d)],织物表面完全不被滴液润湿,织物具有非常好的拒水能力。

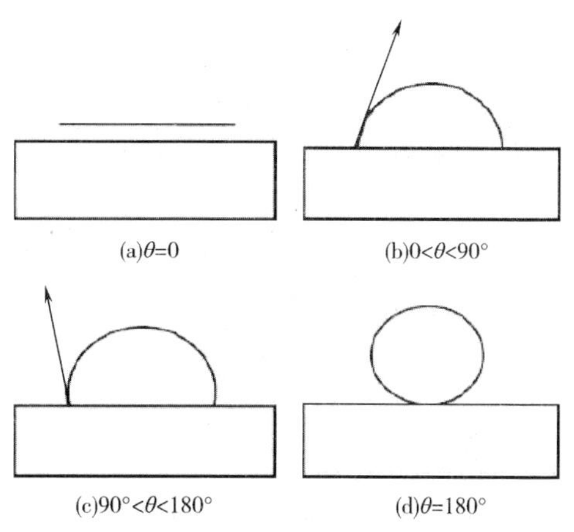

图 4－1　不同织物表面能时的接触角

作为界面化学的基本方程之一，杨氏方程经常被用来描述液相、气相以及固相三相之间界面自由能与接触角之间的相互关系。杨氏方程式如下：

$$\gamma_{SL} + \gamma_L \cos\theta = \gamma_S \tag{4-1}$$

式中：γ_{SL}——织物与液滴界面的表面能；

γ_L——液滴与气相界面的表面能（即液体表面能）；

γ_S——织物与气相界面的表面能（即织物表面能）。

由杨氏方程可以看出，液体在固液两相间的接触角大小受到织物和液滴的表面能以及液滴与织物间的界面能影响。当织物表面能 γ_S 增大时，接触角 θ 减少，即织物表面能越高，滴液越容易将织物润湿，拒水性越差；反之，使织物表面能 γ_S 减小，滴液与织物表面间的接触角 θ 越大，拒水性越好。

由于，织物表面能的测定比较困难，通过 γ_S 的大小判断织物润湿性能不太容易实现。所以一般情况下，通过确定比较容易测定的接触角 θ 和液体表面能 γ_L 来判断织物的润湿性能。通过使用表面张力很低的整理剂对织物进行后整理，使其纤维表面张力降低，从而产生较强的拒水效果，使水在织物表面的接触角大于90°，甚至接近180°。表面活性剂的作用即是通过对织物表面进行整理，使织物表面张力降低，从而使接触角增大，达到拒水的效果。

（二）黏着功

由于 γ_S 和 γ_{SL} 实际上几乎不能直接测量，通常采用接触角 θ 或者 $\cos\theta$ 来评定润湿程度。但是接触角并非润湿的原因，而是其结果，因此，有学者提出了黏着功 W_{SL} 的概念。黏着功表示液固间相互作用的关系，即润湿程度的参数。所谓黏着功是指分离单位液—固接触面积所需的功，它与表面张力的关系如下：

$$W_{SL} = \gamma_S + \gamma_L - \gamma_{SL} \tag{4-2}$$

合并式（4－1）和式（4－2）后得：

$$W_{SL} = \gamma_L + \gamma_L \cos\theta = \gamma_L(1 + \cos\theta) \tag{4-3}$$

式（4－3）表示黏着功的 γ_L 和 $\cos\theta$ 都是可以测定的，因此具有实际意义。同理，将截面为单位面积的液柱分割为两个液柱时所需要的功为 $2\gamma_L$，可称为液体的内聚功 W_{LL}。从式（4－3）可知，黏着功增大时，接触角减小，当黏着功等于内聚功 $2\gamma_L$ 时，接触角为零，这时液体在织物表面完全铺平，由于 $\cos\theta$ 不能超过1，因此，黏着功大于 $2\gamma_L$（即 $W_{SL} > W_{LL}$），接触角仍保持不变。$W_{SL} = \gamma_L$，则接触角为90°。当接触角为180°时，$W_{SL} = 0$，表明液体和固体之间没有黏着作用，然而由于两相间多少存在一些黏着作用，所以接触角等于180°的情况从未发现，最多只能获得一些近似的情况，比如160°或更大一些的角度。

（三）临界表面张力

由于固体表面张力几乎无法测量，为了了解织物表面的可润湿性，可测量它的临界表面张力（接触角恰好为零时，该液体的表面张力可采用外推法求得）。临界表面张力不能直接表示该固体的表面张力，而是表示 $\gamma_S - \gamma_{SL}$ 的大小，即说明该固体表面被润湿的难易程度。但需注意的是，测定临界表面张力是一种经验方法，并且测定的范围也十分狭小，表4－1中列出几种基团及物质的临界表面张力。

表4－1　某些基团及物质的临界表面张力

物质的基本组成	临界表面张力（$\times 10^{-5}$N/cm）	物质的基本组成	临界表面张力（$\times 10^{-5}$N/cm）
$—CH_2—$	31	$—CF_2—F_3—$	17
$—CH_2—CH_2—$	25	$—CF_3$	6
$—CH_3$	23	纤维素	>72
$—CH_2—CH_3$	20	水	72（表面张力）
$—CF_2—$	18	—	—

由表4－1可看出，除纤维素外，其他基团或物质的临界表面张力都较水的表面张力小，所以它们都具有一定的拒水性，其中以$—CF_3$最大，$—CH_2—$最小。显然，用有较大接触角或较小临界表面张力的物质作为拒水整理剂，都可以获得较好的拒水效果。

三、防湿水整理剂

从化学结构来看，纺织品的防湿水整理剂主要有六类，即吡啶鎓化合物、硬酯基铬酰氯、石蜡和石蜡—金属盐乳液、树脂整理剂、有机硅和氟化物。其中氟化物占据统治地位，这是因为它们既有拒水性，又有拒油性，并能防止水和油所造成的沾污，具有优异的耐久性，对织物的其他性能影响极小。表4－2是各种防湿水整理剂的耐久性。大多数拒水剂的作用取决于直长链烷烃（脂肪或石蜡物质）的疏水作用，全氟烷烃的作用和烃相似，此外还包括无脂肪链的物质，如硅酮等。

表4－2　各种防湿水整理剂的耐久性

整理剂类别	耐久性	
	耐洗涤	耐干洗
吡啶鎓化合物	优良	好
硬酯基铬酰氯	一般	一般
石蜡和石蜡—金属盐乳液	一般	差
树脂整理剂	好	好
有机硅	好	好
氟化物	优良	优良

表4－3列出了各类主要拒水剂的用途。这里仅仅指其纯的状态，具体应用时往往由各种添加剂或由几种拒水剂复配而成。随着纺织品后整理技术的发展，除了以水溶液作为整理介质外，还采用有机溶剂。

表 4-3 各类主要拒水剂的用途

名称	用途
硬脂酰氨基甲基吡啶镧盐	棉、棉/涤
N—烷基—*N*,*N'*—亚烷基脲	棉、黏胶、有时用于合成纤维
硬脂基铬酰氯	黏胶、锦纶、羊毛
石蜡—铝盐乳液	棉、黏胶、羊毛
石蜡—锆盐乳液	棉、黏胶、羊毛,有时用于锦纶
脂肪改性三聚氰胺树脂	棉、黏胶
聚硅氧烷	所有纤维
氟碳树脂	所有纤维

四、防湿水性能的影响因素

影响防湿水性能的因素很多,包括整理剂的性能、织物本身的特性、操作工艺以及所适用的环境等。

(一)拒水整理剂的结构对整理效果的影响

采用五种不同拒水整理剂,RWO-7(全氟丙烯酸酯聚合物乳液)、RWO-31(全氟丙烯酸酯聚合物乳液)、RWO-32(含氢氟丙烯酸酯均聚物乳液)、RWO-33(含氢氟丙烯酸酯与不含氟丙烯酸酯二元共聚物乳液)和 RWO-34(含氢氟丙烯酸酯与不含氟丙烯酸酯三元共聚物乳液)。从表 4-4 可以看出,RWO-7,RWO-31,RWO-32,RWO-33,RWO-34 乳液的基本性能有较大的差异,以 RWO-31 的性能最好。RWO-7 与 RWO-31 基本上没有差别。这就说明乳液中含氟单体的含量高,其防湿水性能则好。如 RWO-32 乳液氟单体的含量为 92%,RWO-33 乳液氟单体的含量为 81%,RWO-34 乳液氟单体的含量为 69%,则它们的防湿水整理效果为 RWO-32 > RWO-33 > RWO-34。整体分析,以全氟烷基丙烯酸酯乳液 RWO-7 及 RWO-31 的整理性能最佳。这是由于通过含氟树脂进行整理的织物,氟树脂积聚成或多或少的连续薄膜覆盖在纤维上,与其他乳胶相似,附着于纤维是通过机械或物理作用来实现的。机械作用是通过连续薄膜缠结附着在纤维上;物理作用是通过氢键、范德华力及疏水键作用的结果。因此,含氟高分子链附着于纤维上,而氟碳链侧基则有序与无序地排列在连续薄膜表面,侧链氢的存在明显影响了防湿水性能。

表 4-4 拒水整理剂的结构对整理效果的影响

拒水整理剂的种类		RWO-7	RWO-31	RWO-32	RWO-33	RWO-34
水洗前	AATCC 193	6	6	6	6	5
	AATCC 22	100	100	90	90	80
10 次水洗	AATCC 193	6	6	5	4	3
	AATCC 22	70	80	50+	50	50

(二)拒水整理剂的用量对整理效果的影响

含氟树脂的使用浓度直接影响整理质量。通常情况下,使用浓度与整理的效果成正比,但由于整理剂本身所固有的性能，当使用浓度超过一定限度时，即使浓度再增加，对其性能影响也不大了。从表4－5也可以看出，RWO－7用量在60 g/L时已有较好的效果。

表4－5　拒水整理剂的用量对整理效果的影响

拒水整理剂 RWO－7(g/L)		20	40	60	80	100
水洗前	AATCC 193	6	6	6	6	6
	AATCC 22	90	100	100	100	100
10次水洗	AATCC 193	5	6	6	6	6
	AATCC 22	50	50	70	80	80

（三）整理液 pH 对整理效果的影响

从表4－6可以看出，整理液的pH会影响整理效果。偏碱性时，整理效果大大降低；酸性状况下，整理效果变化不大。同时，pH对乳液稳定性也有较大影响，pH过高或过低，都会使乳液的稳定性降低。综合考虑，整理液的pH控制在4.5～5.5较好。

表4－6　整理液 pH 对整理效果的影响

整理液的 pH		4.45	5.36	6.25	7.68	9.23
水洗前	AATCC 193	6	6	6	6	5
	AATCC 22	100	100	100	90＋	80
10次水洗	AATCC 193	6	6	6	5	4
	AATCC 22	70＋	70＋	70	50	50

（四）织物本身 pH 对整理效果的影响

从表4－7可以看出，织物本身的pH会影响整理效果。偏碱性时，整理效果大大降低；酸性状况下，整理效果变化不大。但过低的pH对整理效果也有不良影响。综合考虑，布面pH应控制在5～6较好。

表4－7　织物本身 pH 对整理效果的影响

整理液的 pH		4.25	5.04	5.76	6.78	8.13	9.58
水洗前	AATCC 193	6	6	6	6	6	5
	AATCC 22	90＋	100	100	90＋	90	80
10次水洗	AATCC 193	6	6	6	6	5	4
	AATCC 22	70	70＋	70＋	70	50	50

（五）烘焙温度对整理效果的影响

从表4－8可以看出，升高烘焙温度可以提高防湿水整理效果，但超过150℃后作用不明显，而且过高的烘焙温度反而会使整理的耐洗性下降。综合考虑，烘焙温度控制在160～170℃较好。

表 4－8　烘焙温度对整理效果的影响

烘焙温度（℃）	水洗前		10 次水洗	
	AATCC 193	AATCC 22	AATCC 193	AATCC 22
140	6	100	5	50
150	6	100	6	50
160	6	100	6	70
170	6	100	6	70
180	6	100	6	70
190	6	100	5	50

（六）烘焙时间对整理效果的影响

从表 4－9 可以看出，增加烘焙时间可以提高防湿水整理效果，但超过 4min 后作用不明显，而且过长的烘焙时间会使织物的变黄性增加。综合考虑，烘焙时间控制在 4min 较好。

表 4－9　烘焙时间对整理效果的影响

烘焙时间（min）	水洗前		10 次水洗	
	AATCC 193	AATCC 22	AATCC 193	AATCC 22
2	6	100	4	50
3	6	100	5	70
4	6	100	6	70
5	6	100	6	70
6	6	100	6	70
7	6	100	6	70

第二节　防湿水纺织品测试方法与标准

一、防湿水纺织品测试标准

纺织品的润湿其实就是固—气界面被固—液界面所取代的过程。当液体与固体接触后，整个体系的自由能降低，当滴液在固体表面上处于平衡位置时，液、固、气间的界面张力在水平方向上的分力之和应等于零，这个平衡关系就是前面提到的杨氏方程。

（一）滴液观察法

选择不同表面张力的水/乙醇溶液，来测试织物表面的抗润湿能力。采用的标准有 GB/T 24120—2009《纺织品 抗乙醇水溶液性能的测定》和 AATCC 193—2017《拒水性：防水/乙醇溶液测试》。

测试原理为：将不同混比的水/乙醇标准测试溶液，滴到织物表面，观察润湿、渗透和接触角情况，测试织物表面不润湿的最高测试溶液级数即为防水等级，级数范围是 0 ~ 8 级，8 级表示表面防润湿性最好。

从最低级数的测试液开始，沿布样的纬向，在布面上三个不同位置小心滴三滴约 5mm 直径或 0.5mL 体积的测试液，液滴间应分开约 4cm（1.5 英寸），点滴器尖端在滴液时应离布面约 0.6cm，点滴器的尖端不能接触布面，约 45°观察测试液滴（10 ± 2）s。如果在液滴与布面的界面没有渗透或润湿，且在液滴周围也没有发生芯吸现象，则在布面相邻位置滴高一级的测试液，再观察（10 ± 2）s。继续上述程序直至（10 ± 2）s 内有一液滴在布面明显润湿或渗透。

该测试方法表征的是对水性溶液的抵抗性等级，就是由在 10s 内从没有使织物润湿最高等级以及一系列其他等级组成。面料的 0 级则为面料对 98% 的水性溶液都没有通过。织物润湿的正常迹象是液滴周围织物变深、液滴消失、液滴外圆渗化或液滴闪光消失。如图 4 - 2 所示，A：滴液清晰，具有大接触角的完好弧形；B：圆形滴液在试样上部分发暗；C：润湿或完全润湿，表现为接触角消失，芯吸明显，滴液闪光消失；D：完全润湿，表现为滴液和试样的交界面变深（发灰、发暗），滴液消失。

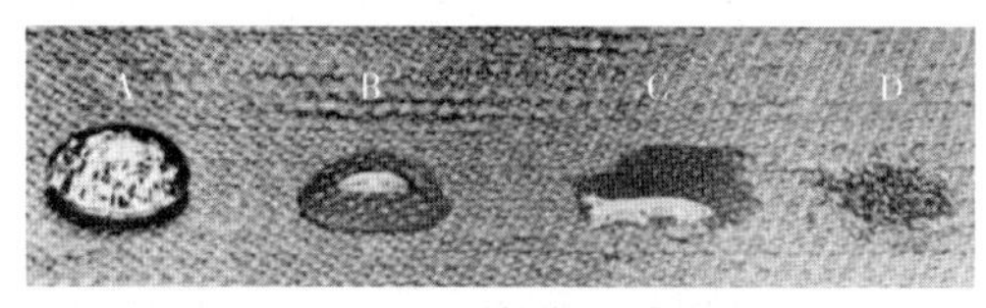

图 4 - 2　织物表面标准试液液滴状态

（二）接触角法

接触角法的优势在于能采用客观的物理量来表征材料的表面润湿性能。

接触角的试验方法是将纺织品水平放置，滴一滴液体在样品上，若液体不能完全铺展开，则其将形成一个平衡液滴，液滴的形状取决于材料的表面能、液体表面张力以及固液界面能间的平衡关系。通过显微镜镜头与一些算法将图像中滴液的接触角计算出来。但是固体表面均匀度、粗糙度、憎水性、含水量、吸附杂质都可能影响接触角的测量，物质的特性、重力、温度及个人偏差等对测试也都有不同程度的影响，目前在纺织领域暂无国家标准和行业标准。

二、标准的适用性分析

纺织品抵抗各类液体如水、油、酒精、化学试剂等的表面润湿性和渗透性能力，是其在实际应用中一项重要功能性指标。在检测中，需要根据制品的实际用途推荐合理的试验方法标准和试验条件。可根据产品使用情况选择抗表面沾湿还是抗渗水性，或者两者均需要。比如，雨衣用涂层织物，要保证涂层织物拒水性的同时，也要考虑使用者的舒适性，又要求其具有一定的透气性。因此，推荐检测方法时可以考虑抗表面沾湿、透气性等。再如，屋顶用防水织物，这类产品无须考虑透气性、透湿性，主要考核是否能够承受一定的水压，保证在一定的水压下不会发生渗透，因此，推荐测试方法可以只考核抗渗水性。

第三节 防风纺织品

一、概述

另一个影响织物舒适度的重要因素就是织物的防风性，也就是我们平时说的织物的透气性。织物允许空气透过的能力称为织物的透气性，它直接影响到织物的服用和使用性能。比如，夏季用的织物希望有较好的透气性，而冬季用的织物透气性应该较小，防止热量大量散发，以保证服装的保暖性。随着户外运动的兴起，户外运动服装的防风性能也成为大家关注的热点之一。对于国防及工业上某些特殊用途的织物，透气性具有尤为重要的意义，织物的透气性好坏与织物的服用和使用性能有密切的关系。比如，降落伞的透气性，对降落伞的充气时间、开伞动载、稳定性和稳降速度等关键性能有显著的影响。伞衣透气性过大将使降落伞无法充满，而透气性过小将使降落伞稳定性不足或开伞动载过大。

二、防风性能的影响因素

织物的防风性能决定于经纬纱线间以及纤维间隙的数量与大小，也就是经纬密度、经纬纱线线密度、纱线捻度等因素有关，此外，还与纤维性质、纱线结构、织物厚度和体积重量等因素有关。

(一)织物结构

当织物的紧度保持不变，织物的透气性随着经纬纱排列紧密程度的增加或纱线密度的增加而降低。在一定范围内，纱线的捻度增加，纱线的直径和紧度降低，则织物的透气性增强。从织物的组织结构看，在相同排列密度和紧度条件下，透气性强弱排序为：平纹 < 斜纹 < 缎纹 < 多孔组织。体积分数越大的织物，透气性越差。

(二)纤维性质及纱线结构

纱线结构蓬松，织物中的空隙较多，形成空气层。无风时，静止空气较多，保暖性较好；而有风时，空气就能顺利穿梭在纱线之间，保暖性就差。对于结构紧密的纱线，由于其织成的织物结构也相对较为紧密，空气流动受到阻碍，防风性能就好，保暖性也好。但是结构过于紧密时，织物中滞留的空气也减少，即静止空气减少，保暖性反而下降。

此外，大多数异形纤维织物比圆形截面纤维织物具有更好的透气性。不同纱线表面形状和截面形态，会导致气流流动阻力增大或减小。比如，纤维越短，刚性越大，产品毛羽概率越大，形成的阻挡和通道变化越多，故透气性越差。

(三)测试环境条件

当温度一定时，织物透气量会随相对湿度的增加呈下降趋势。这是由于纤维吸湿膨胀使织物内部空隙减小，且部分水分会堵塞通道。当相对湿度一定时，织物透气量会随环境温度的升高而增加。因为当环境温度升高时，一方面使气体分子的热运动加剧，导致分子的扩散，使透通能力增强；另一方面织物整体的热膨胀，使织物的透通性的得到改善。当温度和相对湿度不变时，织物两面的气压差的变化也会影响织物的通气率，并且是非线性的。因为气压差越大，通过织物空隙的空气流速越快，所产生的气阻越大，一方面会引起织物弯曲变形，产生伸长，增加孔洞；另一方面会压缩纤维集合体的状态和排列，导致孔洞减小、织物密度增加。这两者对透气率的影响是相反的，因此，在实际测量的过程中应确定干扰小的气压差，作为恒定的测试条件。

第四节　防风纺织品测试方法与标准

一、防风纺织品测试原理

纺织品的防风性能是以透气性的指标来考核，以在规定的试验面积、压降和时间的条件下，气流垂直通过试样的速率表示。

二、防风纺织品测试设备

不同织物的透气性要求有很大差异，即使是同一织物，由于使用要求不同，织物两面压差情况往往不同，因此，要根据织物自身材料的特性及使用要求，选择不同的压降来进行测试。常用织物透气性测试仪的测试原理是：在一定的压力差下气体通过规定面积的织物，测试气流流量，从而得出织物透气率。大部分的服用织物可以认为是相对稀疏的，测试使用的压力要求比较低，在这个低压水平下习惯上用真空泵抽出空气来达到要求的压力差，从流量计上读出气体流量。设备的测试原理如图 4－3 所示。

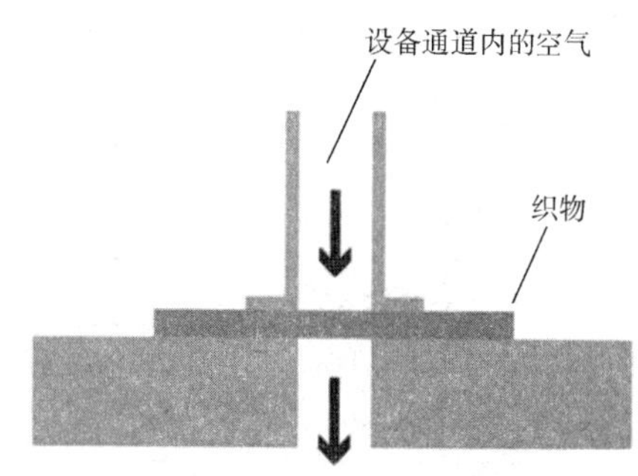

图 4－3　防风测试设备原理图

防风测试设备基本参数如下。试样圆台：具有试验面积为 $5cm^2$、$20cm^2$、$50cm^2$ 或 $100cm^2$ 的圆形通气孔，试验面积误差不超过 ±0.5%。夹具：能平整地固定试样，以保证试样边缘不漏气。橡胶垫圈：用以防止漏气，与夹具吻合。压力表或压力计：连接于试验箱，能指示试样两侧的压降为 50Pa、100Pa、200Pa 或 500Pa。气流平稳吸入装置(风机)：能够吸入具有标准温湿度的空气进入试样圆台，并可使透过试样的气流产生 50～500Pa 的压降。流量计、容量计或测量孔径：能显示气流的流量，单位为 L/min。

根据不同织物选用相应的口径，利用排气风扇抽取空气，使得织物两侧达到规定的压力差，产生稳定的气流通过织物，适用孔板节流原理测试出气体的流量，从而得到织物的透气量。将试样夹持在试样圆台上，测试点应避开布边及褶皱处，夹样时采用足够的张力使试样平整而又不变形。启动吸风机或类似装置使空气通过试样，调节流量，使压力降逐渐接近规定值，1min 后或达到稳定时，记录气流流量 q_v。在同样的条件下，在同一样品的不同部位重复测定至少 10 次，计算测定值的平均值，如下式：

$$R=\frac{\bar{q}_v}{A}\times 167 \tag{4-4}$$

$$R=\frac{\bar{q}_v}{A}\times 0.167 \tag{4-5}$$

式中：R——透气率；

$\bar{q}_v$——平均气流量,L/min;

A——试验面积,cm^2。

三、防风纺织品技术要求

目前,国内外常用的透气性测试标准见表4-10。

表4-10 国内外常用的透气性测试标准

标准代号	标准名称
AS 2001.2.34—2016	纺织品试验方法 第2.34部分:物理试验 织物透气性的测定
ASTM D6476—2012(2017)e1	测定安全气囊织物动态透气性的试验方法
ASTM D737—2018	纺织织物透气性的标准试验方法
BS 3424-16:2016	涂层织物测试 第16部分:透气性的测定
CNS 5612—2012	织物透气度试验法
GB/T 24218.15—2018	纺织品 非织造布试验方法 第15部分:透气性的测定
GB/T 5453—1997	纺织品 织物透气性的测定
GOST 12088—1977	纺织品及用品 透气性的测定方法
ISO 9237:1995	纺织品 织物透气性的测定
ISO 7229:2015	橡胶或塑料涂覆织物 透气性的测定
ISO 9073-15:2007	纺织品 非织造布试验方法 第15部分:透气性的评估
JIS L 1096:2010	机织和针织面料测试方法 第8.26节:透气性
SN/T 2558.12—2016	进出口纺织品 功能性检测方法 第12部分:透气性

透气量的测试是按固定压降作为透气量的基准,各国试验标准规定的压降并不一致。例如,美国ANSI/ASTM、K773、FS191/5450及日本的JIS L 1096规定为127.4 Pa(13mm H_2O);法国NF G07—111规定为196 Pa(20mm H_2O);德国DIN 53387规定服装织物为100 Pa(10mm H_2O)、降落伞织物为160 Pa(16mm H_2O)、过滤织物及工业用织物为200Pa(20mm H_2O);英国BS 5636规定为98Pa(约10mm H_2O)等;我国GB/T 5453—1997规定为服用织物100 Pa(10mm H_2O)、产业用织物200Pa(20mm H_2O)。

以上测试方法中,属ISO 9237和ASTM D737两项标准方法应用最为广泛。而这两项标准的使用范围、温湿度、测试面积、压力差等方面有所差异。表4-11列出了主要差异。

表4-11 ISO 9237与ASTM D737的参数主要差异

测试标准	ISO 9237:1995或GB/T 5453—1997	ASTM D737—2018
透气率单位	mm/s或m/s	cm/s
测试面积(cm^2)	5、20、50、100	5、6.45、38.3、100
压力差(Pa)	50~500	100~2500
常用参数(Pa)	100(服用织物),200(产业用织物)	125

参考文献

[1]张澍声. 国外纺织品拒水整理剂的概况[J]. 精细化工信息,1987(2):1-8.
[2]倪冰选,张鹏. 纺织纤维制品抗表面润湿及渗透性的测试[J]. 印染,2014(17):2-4.
[3]GB/T 24120—2009 纺织品 抗乙醇水溶液性能的测定 [S].
[4]GB/T 5453—1997 纺织品 织物透气性的测定 [S].
[5]ISO 9237:1995 纺织品 织物透气性的测定 [S].
[6]ASTM D737—2018 纺织品 织物透气性的测定 [S].
[7]臧红霞. 接触角的测量方法与发展[J]. 福建分析测试,2006(2):47-48.
[8]宁雷鸣,张红英,童明波. 一种伞衣织物透气性快速预测算法[J]. 航天返回与遥感,2016(5):10-18.

第五章　抗微生物和消臭纺织产品检测技术

人体是微生物的理想生长环境，人体在正常情况下带有无数个微生物。纺织品在穿着和使用的过程中会和人体接触，粘上的汗液、皮脂屑等人体分泌物，这些都为微生物的生存、生长和繁殖提供了必需的营养。同时，纺织品的多孔式结构也有利于微生物的附着，可以说纺织品是微生物生长和繁殖的良好媒介。虽然通常情况下人们感觉不到纺织品上微生物的存在和危害，但这些微生物会对人们的生活造成很大的影响。

第一节　抗微生物纺织品

一、纺织品与微生物

有时纺织品上附着有致病的细菌等微生物，并且可通过皮肤、呼吸道及血液对人体的健康产生危害，甚至会导致皮炎及其他各种传染病。

真菌孢子在空气、土壤中是无处不在的，霉菌的生长会影响纺织品的性能，破坏纤维。霉腐微生物通过各种酶系分解各种物质中的非金属部分，如梭状芽孢杆菌、棒槌芽孢杆菌、放线菌、木霉、多孔菌等产生的纤维素酶能破坏棉、麻、竹、木；葡萄球菌、枯草杆菌、放线菌、土曲霉、黄曲霉等的蛋白酶能分解丝、毛、皮革；放线圈、曲霉、青霉、交链孢霉和芽枝霉等的氧化酶和水解酶相继作用可降低合成材料的质量；黑曲霉、焦曲露、橘青霉等可使涂料、塑料、橡胶、黏结剂等老化。大量的真菌、细菌、酵母菌以及藻类生物已经被证实能在纺织品中存活。伴随发霉的气味，微生物的生长会呈现不规则斑点，这些斑点大部分会从灰色变成黑色甚至可能是黄色、橙色和红色斑点，导致纺织品永久性失色。

二、抗微生物机理

抗真菌或细菌纺织品的机理是：通过纺织品包含的天然抗微生物成分，或者是人工给纺织品增加抗微生物成分，使其具备抗微生物功能。

抗微生物纤维采用的抗菌剂不同，其机理各不相同，而且对不同菌类的杀灭作用也各不相同，概括起来有以下四种机理。

（一）金属离子接触反应机理

这是无机抗菌剂最普遍的作用机理。金属离子带有正电荷，当微量金属离子接触到微生物的细胞膜时，与带负电荷的细胞膜发生库伦吸引，金属离子穿透细胞膜进入细菌内与细菌体内蛋白质上的巯基、氨基等发生反应，该蛋白质活性中心被破坏，造成微生物死亡或丧失分裂增值能力。金属离子杀灭和抑制细菌的活性按以下顺序递减：$Ag^{+} > Hg^{2+} > Cu^{2+} > Cd^{2+} > Cr^{3+} >$

$Ni^{2+} > Pb^{2+} > Co^{2+} > Zn^{2+} > Fe^{2+}$。

(二)催化激活机理

银、钛、锌等微量的金属元素,能吸收环境的能量(如紫外光),激活空气或水中的氧,产生羟基自由基和活性氧离子。它们能使微生物细胞中的蛋白质、不饱和脂肪酸、糖苷等与其发生反应,破坏其正常结构,从而使其死亡或丧失繁殖能力。

(三)阳离子固定机理

细胞壁和细胞膜由磷脂双分子组成,在中性条件下带负电荷。因此,微生物容易被抗菌材料上的阳离子(如有机季铵盐基团)所吸引,从而降低微生物的活动能力,抑制其呼吸功能,使其发生"接触死亡"。另外,微生物在电场引力的作用下,细胞壁和细胞膜上的负电荷分布不均匀造成变形,发生物理性破裂,使微生物的内脏物如水、蛋白质等渗透到体外,发生"溶菌"现象而死亡。

(四)细胞内溶物损坏机理

许多有机抗菌剂属于这种机理。有机抗菌剂能破坏微生物的蛋白质和核酸等结构,并且对微生物的酶体系(酶形成、酶活性)等生理系统产生毁灭性的损坏,从而达到抗微生物的目的。

三、抗微生物纤维

(一)天然抗微生物纤维

自然界中存在着具有抗微生物功效的天然纤维以及可提取的天然抗菌剂,因其具有天然抗微生物成分而成为天然抗微生物纤维。

1. 汉麻

汉麻纤维具有抗微生物功能主要有三个方面的原因:第一,汉麻中含有大量酚类物质,酚类物质能破坏霉菌类等微生物实体的形成、细胞的透性、有丝分裂、菌丝的生长、孢子萌发,起到阻碍呼吸,以及细胞膨胀,促使细胞原生质体的解体和细胞壁破坏等作用,即使在脱胶处理过程中这些酚类会被部分去除,但仍有微量化学结构稳定的酚类物质会嵌入纤维素基质中,与汉麻纤维素和木质素牢固地结合在一起,从而使汉麻纤维仍然具有抗微生物作用;第二,汉麻纤维不同于其他纤维中的木质素结构,它是一种网状结构,沿径向形成"纤维束"群体,纤维有中腔,表面有许多裂纹和空洞,彼此之间相互连接,其独特的结构使其富含氧气,具有卓越的吸湿性和透气性,这就使在潮湿情况下,生存繁殖的霉菌类代谢作用和生理活动受到抑制,有效地抑制微生物的氧化磷酸化,影响有丝分裂,阻碍微生物呼吸,使霉菌等微生物难以生存;第三,汉麻纤维中还含有多种微量元素,如银、铜等,这些元素都是已知的具有高效抗微生物特性的元素。

2. 罗布麻

罗布麻含有多种药用化学成分,其中黄酮类化合物、甾体、鞣质等酚类物质、麻甾醇、蒽醌等均有不同程度的抗微生物性能,而强心苷水解后能生成具有抗微生物性能的酚类、蒽醌类和黄酮类等化合物。罗布麻对白色念珠菌、金黄色葡萄球菌、大肠杆菌有明显的抑制作用,抑菌率分别达到40%、47.7%和56.6%。有研究表明罗布麻纤维中的鞣质是一类结构复杂的酚类化合物,它具有收敛性,能与病原微生物蛋白质结构中的肽键或酰胺键发生化学反应,形成氢键络合物,从而改变其性质,进而对微生物产生抑杀作用,尤其是对肠道病菌、革兰阴性菌的抑制作用较强。

3. 亚麻

关于亚麻纤维,有实验表明,用接触法进行12h的实验,白色念珠菌的存活率为37%,大肠杆菌存活率只有8%,金黄色葡萄球菌的存活率仅有6%,跟棉纤维相比具有明显的抗菌性能。有研究表明,亚麻纤维具有特殊的果胶质斜偏孔结构,因此,纤维结构中空,富含氧气,使厌氧菌无法生存;另外,亚麻能散发出对微生物生成有很强抑制作用的香味,对螨虫也有较强的杀伤力。

4. 竹原纤维

竹原纤维是指采用机械、物理的方法去除竹子中的木质素、果胶等杂质,从竹材中直接提取的天然纤维。竹纤维的抗微生物性是因为纤维中含有天然抗微生物的竹醌,而竹纤维当中的醌是阳性的,当它与细菌相遇时就会破坏细菌的细胞壁,使细菌的生存能力减弱,从而减少细菌的数量。竹原纤维相比棉纤维,具有天然、持久的抗微生物性能。有实验表明竹原纤维对金黄色葡萄球菌、白色念珠菌、枯草芽孢杆菌的抑菌率均达到90%以上,与麻类纤维的抗微生物性能相当;除此之外,由于竹原纤维中存在的叶绿素铜钠,使竹原纤维还具有良好的除臭作用,实验表明,竹原纤维对氨气的除臭率为70%~72%,对酸臭的除臭率达到93%~95%。

(二)人工抗微生物纤维

抗微生物纤维的开发已经覆盖了几乎所有的常规化学纤维品种,其中不少已实现了产业化规模的生产和应用。根据抗微生物纤维的生产方式,抗微生物纤维可以分为以下三类。

1. 抗微生物成分与成纤聚合物共混熔融纺丝制备抗微生物纤维

含Ag沸石的熔融纺丝抗菌纤维具有广谱抗菌效果,而且耐洗涤、耐乙醇、耐消毒剂,安全性高,可预防交叉感染。经过数十年的发展,采用Ag系列无机抗微生物剂已经成为目前国际市场上熔纺抗微生物纤维开发的主流。

除了含Ag系列无机抗微生物剂之外,某些金属及其氧化物也常被选作抗微生物添加剂,如Cu、Ge、Mg、Zn、Ti、Co、Sn及其氧化物以及SiO_2、Al_2O_3等。但除Ag之外的其他金属或其氧化物制备的抗微生物纤维,由于抗微生物效果、添加剂的分散性能、共混纺丝性能、纤维性能等方面的原因,其应用远不如含Ag抗微生物纤维。

2. 共混湿法纺丝工艺制取抗微生物纤维

抗微生物纤维制备中采用的抗微生物剂类型较多,主要有Mg、Cu、Zn化合物、季铵盐以及二氯苯氧氯酚等,但含Ag载体的抗微生物纤维仍占据主导地位。

甲壳素是一种天然高分子聚合物,又称甲壳质、几丁质,是一种特殊的纤维素,也是自然界中少见的一种带正电荷的碱性多糖,广泛存在于低等植物菌类、藻类的细胞,节肢动物虾、蟹、蝇蛆和昆虫的外壳,贝类、软体动物的外壳和软骨以及高等植物的细胞壁中。壳聚糖是甲壳素在碱性条件下加热后脱去N-乙酰基后生成的。多数研究认为,壳聚糖的抑菌性主要来源于分子链上带正电荷的取代基氨基。一般微生物的细胞常带有负电荷,带正电的基团与微生物蛋白质结合后使其改性并使微生物被絮凝、聚沉,从而抑制其繁殖能力,因此,壳聚糖抑菌能力受其游离氨基数的影响。实验表明,甲壳素/壳聚糖纤维对大肠杆菌、枯草杆菌、金黄色葡萄球菌、乳酸杆菌等常见菌种具有很好的抑菌作用。甲壳素和它的衍生物壳聚糖,具有一定的成纤性,都是很好的成纤材料,选择适当的纺丝条件,通过常规的湿纺工艺可制得具有较高强度和伸长率的甲壳素纤维。

3. 后处理方法制备抗微生物纤维

后处理方法主要有:采用电子束使成纤聚合物在某一特定的部位活化,再用抗菌剂分子链植入,使聚合物的侧链增大并向外发展;将纤维采用低温等离子体照射,使阳离子性单体在纤维表面进行接枝聚合，通过离子键将抗微生物成分固定在纤维表面，使其具有抗微生物性能；以湿法化学处理纤维制取抗微生物纤维等。

四、抗微生物整理剂

纤维的抗微生物整理要用到各类抗菌剂，因而抗微生物性能的好坏，抗菌剂起着举足轻重的作用。抗微生物整理剂大致可以分为三种：无机抗菌荆、有机抗菌剂和复合抗菌剂。

（一）无机抗菌剂

无机抗菌剂具有安全性高、耐热性好、不挥发、不产生耐药性和抗菌失效的特点，但是价格昂贵，且具有抗菌迟效性。目前对无机抗菌材料的应用研究主要涉及溶出型抗菌剂、光催化型抗菌剂及纳米抗菌剂。

溶出型无机抗菌剂主要是将具有抗菌活性的金属离子（如 Ag^{+}、Cu^{2+}、Zn^{2+} 等）或其他化合物通过物理吸附、离子交换等方法固定到多孔介质上（包括沸石、硅胶、羟基磷灰石等）制得，其抗菌机理就属于金属离子接触反应机理。

光催化型抗菌剂的价格极为低廉，且无毒。主要品种有 N 型半导体金属氧化物，如 TiO_2、ZnO、SiO_2 等。此类抗菌剂以 TiO_2 为代表，TiO_2 的氧化活性较高，稳定性也较强，且对人体无害，具有优异的广谱抗菌效能。但光催化型抗菌剂只有在外界能量作用下才能发挥抗菌活性，严重限制了其应用范围。

纳米级抗菌剂是在纳米级粉体的基础上包覆抗菌物质制成的。相比微米级抗菌剂，由于载体纳米化，比表面积增大，可以更好地吸附微生物，从而得到更好的抗菌效果。纳米级抗菌剂根据抗菌机理的不同，可以分为两类，一类是载有 Ag^{+} 等金属离子的纳米抗菌剂，另一类是载有 TiO_2 等光催化型材料的纳米抗菌剂。

（二）有机抗菌剂

有机抗菌剂的研究起步较早，制备工艺较成熟，具有杀菌能力强、加工方便、种类多等特点，广泛用于塑料、纤维、纸张、橡胶、树脂以及水处理等。有机抗菌剂包括天然有机抗菌剂和合成有机抗菌剂两大类。

天然有机抗菌剂是人类最早使用的抗菌剂，它是从某些动植物体内提取出的具有抗菌活性的高分子有机物，如甲壳素和壳聚糖、芦荟、茶叶、雄黄等，其中最主要的是壳聚糖。

合成有机抗菌剂根据其化学结构可分为二十余大类，其中结构较为简单的是醛基水溶液（福尔马林），结构比较复杂的是异噻唑和咪唑类等。合成有机抗菌剂发展较早，但存在耐热性低、易挥发分解、安全性差、抗菌持续时间短等缺点。用在纺织品上的合成有机抗菌剂主要有季铵盐类、有机硅季铵盐类、胍类以及卤胺化合物等。

（三）复合抗菌剂

有机—无机复合抗菌剂结合了有机和无机抗菌剂的优点，兼有有机系的强敛性、持续性，与无机系的安全性、耐热性，而且价格低廉、用量少、抗菌性能高、稳定性好等特点。比如，利用硅溶胶对有机抗菌剂季铵盐进行无机复合改性制备的复合抗菌剂具有优异的抗菌性能与耐候性能，使得季铵盐的适用范围得到了进一步扩展；再如，有研究人员合成了四缩氨基硫脲的 Ni（Ⅱ）、Cu（Ⅱ）、Zn（Ⅱ）螯合物，其抗菌活性明显提高。这说明金属离子对配体的抗菌活性有一定的协同促进作用，但是有的具有抗菌性能的配体形成配合物后抗菌性能降低，因而目前对于这类复合抗菌剂的抗菌机理还不是很清楚。

综合起来,纺织品抗微生物整理剂的理想特征如下。

(1)具有优良的抑菌、杀菌、消毒和除臭的功能,对细菌和真菌具有广谱抗菌效果。

(2)抗菌效果持久性强,耐漂洗、干洗和常规洗涤剂的洗涤,耐日晒,可熨烫。

(3)对人体不产生毒副作用,不污染环境。

(4)不影响纺织品本身的品质,不损伤纤维的断裂强力和断裂伸长率,不影响织物本身的色泽,对织物的透气性和吸湿性无负面影响,不影响其他纺织助剂的功效。

(5)抗菌剂的使用方法简便、成本低,与其他整理剂相容性好。

(6)抗菌剂应与织物有较强的附着力或能化学键合于织物上,溶出性小,不破坏人体皮肤黏膜的微生态平衡。表5-1列出了常见的抗微生物整理剂类别、机理及主要有效成分。

表5-1 抗微生物整理剂类别、机理及主要有效成分

类别		抗微生物机理	有效成分代表物
季铵盐类化合物		利用表面静电吸附,使微生物细胞的组织发生变化(其中包括酶障碍,细胞膜损伤),从而使酶蛋白质与核酸变性	烷基二甲基苄基氯化铵、聚氯化乙烯三甲基氯化铵、聚氯烷基三烷基氯化铵、十八烷基三甲基氯化铵、3-氯-2-羟丙基三甲基氯化铵、*N*,*N*-二甲基-*N*-十六烷基-3-丙基溴化铵等
有机硅季铵盐类化合物		通过静电吸附,以拒水性相互作用,破坏了细胞表层结构,使细胞内物质泄漏,致微生物呼吸机能停止	3-(三甲氧基硅烷基)丙基二甲基十八烷基氯化物等
无机化合物		Ag^{+}、Cu^{2+}、Zn^{2+}借助破坏微生物的细胞膜,渗透到微生物的细胞中,结合细胞内的酶,阻碍代谢机能,杀灭微生物	纳米级Ag^{+}、Cu^{2+}、Zn^{2+}以及纳米陶瓷等
胍类化合物		相似于季铵盐类杀菌机理。通过阻碍细胞的酶的作用使细胞的表层结构变形或破坏,杀死细胞	聚六亚甲基双胍盐酸盐等
天然有机化合物	甲壳素类	分子结构中氨基吸附细菌,与细胞壁表面结合,阻碍细胞壁的合成,阻碍细胞内外物质传输	壳聚糖与氨基季铵化合物等
	芦荟类	芦荟中酚类化合物通过破坏细胞壁,达到杀灭微生物的效果	芦荟素中酚类化合物
	桧柏油	分子中的配位氧原子使微生物体内的蛋白质发生变性,杀死细胞	4-异丙基-2-羟基-2,4,6-环庚三烯-1-酮等

五、抗微生物整理技术

后整理法是在后整理过程中采用抗微生物整理剂处理织物,从而赋予其抗微生物效能。此种加工方法成熟简易，但不足之处是耐久性相对较差，常用的后整理法有四种。

（一）表面涂层法

将抗微生物整理剂添加到涂层剂中，制成均一溶液后将其涂在织物上。经过该方法整理后，抗菌剂将紧固在织物表面，从而赋予织物抗微生物性能。此种抗微生物整理方法的优点在于适应性广，但不耐洗涤且影响织物性能。

（二）浸轧法

将整理剂制成乳液状，再通过浸、轧、烘将其转移至织物上，通常可将整理剂溶于树脂（或黏合剂）中，使抗菌成分牢固吸附于纺织品表面，但织物手感等服用性能会降低。

（三）微胶囊法

将抗菌剂制成微胶囊，再用黏合剂将其整理到纺织品表面。织物在穿着或使用时，因受到不停接触与摩擦，其表面的微胶囊破裂而释放出抗菌成分，因此，可以保护纺织品不受外界微生物的侵犯。

（四）接枝法

使纤维产生带电官能团，再将其浸在相反的离子溶液中，产生化学键或者以其他形式的结合。该方法解决了传统抗微生物整理工艺中织物抗菌耐久性差的问题。例如，可使丙烯酸和棉纤维发生接枝共聚反应，并将其浸于硫酸铜溶液中，使纤维与金属离子产生结合。

第二节 消臭纺织品

一、消臭机理

在高温、出汗、潮湿或密闭条件下，人体出汗后会产生不愉快的异味，如脚臭、汗臭等，给消费者带来不舒适的体验。人体异味是由于细菌分解皮肤分泌物产生的挥发性气体导致。臭气种类很多，汗臭味中包括：氨、醋酸、异戊酸等；老龄臭味中包括：氨、醋酸、异戊酸、壬烯醛等；排泄臭味中包括：氨、醋酸、硫化氢、甲硫醇、哚基醋酸等；烟臭味中包括：氨、醋酸、硫化氢、乙醛、吡啶等；垃圾臭味中包括：氨、醋酸、硫化氢、甲硫醇、三甲胺等。

恶臭物质的种类约有上万种，其中以氨、甲基硫醇、三甲胺和硫化氢等最为强烈。这四大恶臭不仅引起人们极为不快的感觉，而且会溶入人体血液，造成生理危害。

因此，消臭纺织品包括两层含义：抗菌防臭是通过抑制织物上细菌的繁殖，达到防臭的目的；而消臭加工则是使用消臭整理剂处理纤维，通过它的物理化学作用，吸附分解恶臭气体。

根据臭味的来源不同，采用的消臭方法也不同，常见的有以下五种。

（一）感觉消臭法

感觉消臭法包括臭气掩盖法和中和法两种。臭气掩盖法是用强的芳香物质掩盖臭气而使人感觉不到臭味。芳香物质包括玫瑰、铃兰、桂花、茉莉、薄荷醇、樟脑等。中和法是用微芳香或无臭的中和剂与臭气混合，使之抵消或中和，其中也兼有相互之间的化学、物理作用。中和剂主要是植物精制油，如松节油、柠檬油、桉叶油等。比如，松香精油、薰衣草精油等对硫化氢有很好的中和作用；苦扁桃精油、香根草精油等对硫化氢有很好的吸收效果。

(二)化学消臭法

化学消臭法是使恶臭分子和特定物质发生化学反应,生成无臭物质。这种消臭反应机理涉及氧化、还原、分解、中和、加成、缩合及离子交换反应等。

1. 除氨臭纤维

它是聚丙烯酸酯类纤维,分子结构中含有可吸附氨的羧基,对氨进行中和反应而除臭。它的优点在于吸附速度快,除氨臭效果好(为活性炭的4倍多),且可反复使用。

2. 类黄酮系列化合物

包括黄酮-3-醇类、黄烷醇类、丹宁酸等。它们通过与恶臭物质发生中和、加成反应而消臭。

3. 植物提取物

如茶叶干馏提取物、环糊精等。环糊精利用对氨、胺及硫化氢的包络作用而除臭;茶叶等植物的提取物含有松香酸、类黄酮、单宁酸等多种苯酚缩合体,它们能通过中和、加成反应等的复合作用来去除臭味。

(三)物理消臭法

物理消臭法是利用特定物质对恶臭分子进行吸附。常用的吸附剂有活性炭、硅胶、沸石等多微孔物质和一些盐类。吸附有非极性和极性之分:活性炭等的吸附是靠分子力完成的,属于非极性吸附;硫酸锌、硫酸铜等金属盐和氧化铝、氧化锌等金属氧化物则都形成极性吸附。这些吸附都要通过微孔、微粒等方式增大吸附面积,提高吸附效果。物理消臭常有易饱和而降低消臭效率和臭气再释放等问题。目前这种情况正在改进中,例如,为了增加活性炭的吸附作用,可用酸或碱对其表面进行处理,引入化学结合方法,提高其消臭能力。

近年来,含纳米陶瓷微粉的金属化合物的消臭效果较为突出,其表面积大,气体吸收作用强,可快速有效吸收臭味。将陶瓷微粉与有机消臭剂配合使用效果会更佳。例如,把硫酸锌陶瓷微粉和苹果酸混合后掺入聚丙烯腈合纤中生产的消臭纤维,三甲胺去除率为100%,甲硫醇去除率为98.5%。

(四)生物催化消臭法

生物催化消臭法是一种古老而又新颖的处理方法,它通过利用某些微生物的生物功能来消除恶臭。微生物产生的酶是一种有机催化剂,它能在常温下分解臭气分子。

近来出现的人工酶消臭法是以与生物酶类似的化学反应机理来分解臭气物质。例如,铁酞菁衍生物的除臭加工中,首先是三价铁酞菁衍生物与恶臭物质生成配位化合物,再通过铁酞菁衍生物中 Fe^{3+} 转变成 Fe^{2+} 时产生的氧化还原作用而除臭。它是较简单有效的处理方法,适用于醛、硫化氢、硫醇等多种恶臭物质,且 pH 和温度等的适用范围较广。

(五)光催化除臭法

光催化的作用机理在于,纳米二氧化钛或纳米氧化锌等除臭剂受阳光或紫外线的照射时,在水分和空气存在的体系中,能生成羟基自由基 $\cdot OH$ 和超氧化物阴离子自由基 $\cdot O_2^-$。这些自由基非常活跃,有极强的化学活性,能与多种有机物发生反应(包括细菌内的有机物及其分泌的毒素),从而在短时间内就能杀死细菌,消除恶臭和油污。

二、消臭纤维

与后整理技术相比,消臭纤维开发技术发展较晚。但随着功能织物的兴起,这种技术吸引了日本诸多大公司的关注,开发专利不断出现。消臭纤维克服了后整理方法整理效果耐久性不理想的缺点,因而更受推崇。消臭纤维一般有以下制造方法。

(一)纺丝中对纤维改性

通过对纤维的改性来达到提高消臭后整理效果。改性方法有物理改性和化学改性。物理改性即将纤维纺成异形截面或使纤维表面形成微细孔隙,从而提高消臭剂的附着性;化学改性则是在纤维纺丝液中引入特定的功能基团,从而提高成纤吸附消臭剂的能力。

(二)纤维中掺加消臭剂

将消臭剂掺入纺丝液中,经纺丝制取消臭纤维。无机消臭剂多采用共混纺丝法,消臭剂要制成微粉状,同时还要添加助剂,使消臭剂微粉与基材相容并分散均匀。为最大限度地发挥消臭功能,并使纤维能保留原有性能,可采用复合纺丝技术。

(三)复合消臭纤维

包括功能复合消臭纤维和结构复合消臭纤维。功能复合消臭纤维指在纤维中掺加消臭剂的同时,还加入抗菌剂、吸湿剂、阻燃剂等功能物质。结构复合消臭纤维是指构成纤维形态有芯鞘、并列、镶嵌、海岛结构等多种复合形式。

三、织物消臭整理

将消臭剂与织物结合,最早应用和最简便的方法是后整理技术。消臭剂可通过浸渍吸附、化学反应、树脂固着、涂层、微胶囊技术等方式结合在纤维上。具体后整理技术可分为三大类。

(一)传统方法

包括喷雾法、浸渍法、浸轧法、涂层法等。例如,人工酶消臭人造丝是通过将人造丝在酞菁衍生物的碱性溶液中浸渍处理,再用酸性溶液固着的方法制取的。

(二)使用特殊载体

常见的载体有微胶囊、环糊精和无机多微孔粉体等。此法是通过载体与纤维织物间的黏合来实现消臭剂的固着,以提高消臭织物的耐洗涤性和有效作用时间。例如,使用微胶囊技术将从山茶科植物中提取的消臭剂结合到腈纶和棉的混纺丝上。

(三)纤维预先改性

在后整理前对纤维进行改性,使之易于在后整理中与消臭剂实现化学结合。改性方法有很多,如低温等离子体照射织物,使纤维上形成活性基;酸或碱类物质浸泡织物,使纤维表面凹凸不平并有极性等。这些方法都能使纤维牢固附着消臭剂,提高后整理的质量。

第三节 抗菌纺织品测试方法与标准

一、抗菌纺织品测试方法分类

(一)定性测试法

定性检测原理是通过将抗菌样品紧贴在接种有一定量已知微生物的琼脂表面,经过一段时间接触培养,观察样品周围有无抑菌环或样品与琼脂的接触面有无微生物生长来判断样品是否具有抗菌性能。当有抑菌环或样品与培养基接触表面没有微生物生长,说明有抗菌性能。定性测试的特点在于测试方法简单,试验所需时间短、成本较低;对溶出性抗菌剂加工的产品效果较为明显,但该试验不能定量测试抗菌产品抗菌活性的强弱,只能判定产品有无抗菌性能,而且测试相对粗略,测试重复性及稳定性相对较差。表5-2列出了常见的纺织品抗菌性能定性测试标准。

表5-2 常见的定性测试抗菌性能标准

奎因法	FZ/T 73023—2006《抗菌针织品》附录中的D6
晕圈法	ISO 20645:2004《纺织品 抗菌活性的测定:琼脂扩散板试验》
	AATCC 90—2016《纺织材料抗菌性能的评价:琼脂平板法》
	JIS L 1902:2015《纺织品抗菌活性和功效》
	GB/T 20944.1—2007《纺织品 抗菌性能的评价 第1部分:琼脂扩散法》
平行划线法	AATCC 147—2016《纺织材料抗菌活性评价:平行条纹法》

奎因法可用于细菌及部分真菌检测,适用于吸水性好的浅色布。将实验菌液直接滴于待检织物上,使细菌充分在织物上接触暴露一定时间,然后覆盖培养基,使剩下的菌体生长。比较抗菌样品菌量下降百分率,对其抗菌能力做出判断。使用放大镜计数菌落形成单位。奎因法是一种简便、快速、重现性好的试验方法,每次可测试多种织物且菌落易观察。

晕圈法是在琼脂培养基上接种试验菌种后,紧贴试样,经过一段时间的培养,观察菌类繁殖情况和试样周围无菌区的晕圈大小,抑菌环越大,说明纺织品与抗菌剂结合的越不牢固,抗菌性能耐久性越差。当抑菌环的直径大于1mm时,抗菌纺织品的抗菌剂为溶出型;当抑菌环的直径小于1mm为非溶出型;当没有抑菌环,但样品接触面没有菌生长,该纺织品也有抗菌活性,而且抗菌性能具有较好的耐久性;当没有抑菌环,而且接触面长有大量的微生物时,则样品没有抗菌活性。这种方法操作简单、耗时短、效率高,对溶出性抗菌织物比较适用。

平行划线法较方便快捷,可以应用于溶出性抗菌织物抗菌能力的检测。AATCC 147的测试原理:在培养皿中加入营养琼脂平板,再向其中滴加一定量的培养液,促使反应进行,并在琼脂的表面形成5条条纹,条纹之间相互平行,再将试样垂直放置于培养液的条纹中,轻轻挤压,使琼脂表面与培养液紧密接触,设置一定的温度和一定的时间进行培养(图5-1)。平行划线法中,织物的抗菌能力通过与试样接触的条纹周围的抑菌带宽度表征。

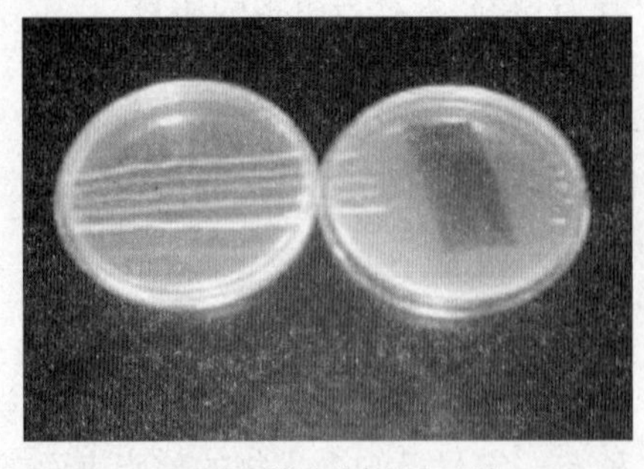

(a)平行划线法的条纹和试样

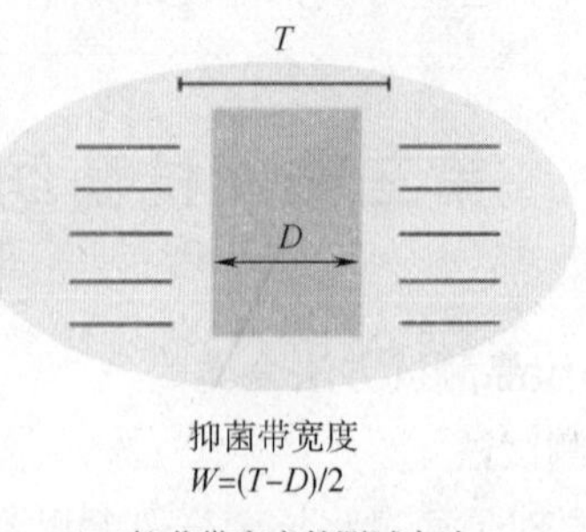

(b)抑菌带宽度的测试方法

图5-1 平行划线法抗菌测试

(二)定量测试法

定量测试法的原理是经过抗菌处理的纺织品接种测试菌液后,经过一定时间的培养,抗菌纺织品抑制或杀死细胞,而没有经过抗菌处理的对照样品接种细菌后,细菌不会受到抑制或杀死。根据细菌数量的减少率可以定量评价纺织品的抗菌效果,根据计算方法的不同,计算结果又可以分为抑菌率(对应为抑菌对数值)和杀菌率(对应为杀菌对数值)。定量测试方法包括试样(包括对照样)制备、消毒、接种、孵育培养、接触一定时间后对接种菌进行回收并计数,适用于非溶出性和溶出性抗菌整理织物。该法的优点是准确、客观,缺点是测试时间较长。表5-3列出了常见的纺织品抗菌性能定量测试标准。

表5-3 常见的定量测试抗菌性能标准

吸收法	JIS L 1902:2015《纺织品抗菌活性和功效》
	AATCC 100—2012《抗菌材料抗菌整理剂的评价》
	FZ/T 73023—2006《抗菌针织品》 附录中的D7
	AATCC 174—2016《地毯抗菌活性的评价》
	GB/T 20944.2—2007《纺织品抗菌性能的评价 第2部分:吸收法》
	ISO 20743:2013《纺织品抗菌性能的测定》方法A
振荡法	FZ/T 73023—2006《抗菌针织品》附录中的D8
	ASTM E2149—2013《测定固定抗菌剂的抗菌活性在动态接触条件的标准测试方法》
	GB/T 20944.3—2008《纺织品抗菌性能的评价 第3部分:振荡法》

吸收法的测试原理:在一定的微生物菌悬液中,放置未经抗菌处理的织物和经抗菌处理的织物,使两种织物吸收液体,在一定的温度和湿度下放置一段时间后进行洗脱或立即洗脱;再计算样品上残留的微生物数量,以达到对洗脱液微生物平板计数的目的。这种方法适用于洗涤次数少并且吸水性好的织物,也适用于溶出性抗菌织物。

振荡法测试原理:取两个三角烧瓶,分别装入大量的试验菌液,将参照样与抗菌试样分别放入烧瓶中,测定振荡前活菌的浓度;然后在预先设定的温度下振荡一定时间后,测定活菌的浓度;最后计算抑菌率,用以评价抗菌织物的抗菌效果。该法适用于非溶出性抗菌织物。

二、测试菌种的选择

皮肤的正常菌群包括三类:原籍菌群(又称常住菌群),如痤疮丙酸杆菌等菌群,它们是保护人体免受有害微生物侵袭的屏障;过路菌群,如金黄色葡萄球菌、大肠杆菌及白色念珠菌等细菌及真菌菌群,这些菌群往往是致病菌或条件致病菌;共生菌群,如表皮葡萄球菌、微球菌等菌群,其对原籍菌群有支持作用,对过路菌群有拮抗作用,对保护人体健康也是有益的。这些菌群与皮肤一同构成一个完整的微生态系统。正常皮肤的微生态处于一种动态的平衡状态,一旦该微生态系统平衡被打破,如原籍菌群或共生菌群减少,过路菌群就会过量繁殖,从而导致皮肤感染,引发其他疾病。表5-4列出的是自然界和人体皮肤及黏膜上分布较为广泛的菌种。

表 5 - 4　自然界和人体皮肤及黏膜上存在的主要菌种

项目	分类	菌种
细菌	革兰阳性菌	金黄色葡萄球菌、巨大芽孢杆菌、枯草杆菌、大肠杆菌、荧光假单胞杆菌
	革兰阴性菌	
真菌	霉菌	黑曲霉、黄曲霉、变色曲霉、橘青霉、绿色木霉、球毛壳霉、宛氏拟青霉
	癣菌	白色念珠菌、石膏样毛癣菌、红色癣菌、紫色癣菌、铁锈色小孢子菌、孢子丝菌

金黄色葡萄球菌是无芽孢细菌中抵抗力最强的致病菌,可作为革兰氏阳性菌的代表。大肠杆菌分布非常广泛,是革兰阴性菌的典型代表。白色念珠菌是人体皮肤黏膜常见的致病性真菌,对药物具有敏感性,具真菌的特性,菌落酷似细菌而不是细菌,但又不同于霉菌,具有酷似细菌的菌落,易于计数观察,常作为真菌的代表。黄曲霉、黑曲霉、球毛壳霉则常作为霉菌的代表用于防霉性能测试。

目前大多数标准都选用金黄色葡萄球菌、大肠杆菌和白色念珠菌分别作为革兰氏阳性菌、革兰阴性菌和真菌的代表。但实际上为了考察抗菌纺织品的广谱抗菌效果,仅选用这三种菌是远远不够的。理想的做法是按一定比例,将有代表性的菌种配成混合菌种用于检测。常见纺织品抗菌标准测试菌种见表 5 - 5。

表 5 - 5　纺织品抗菌标准测试菌种

标准号	测试菌种
ISO 20743:2013	金黄色葡萄球菌、肺炎克雷伯氏菌
ISO 20645:2004	金黄色葡萄球菌、肺炎克雷伯氏菌或大肠杆菌
JIS L 1902:2015	金黄色葡萄球菌、肺炎克雷伯氏菌,可选择性选用铜绿假单胞菌、大肠杆菌、抗甲氧西林金黄色葡萄球菌
AATCC 90—2016	金黄色葡萄球菌、肺炎克雷伯氏菌
AATCC 100—2012	金黄色葡萄球菌、肺炎克雷伯氏菌,可增加其他菌
AATCC 147—2016	金黄色葡萄球菌、肺炎克雷伯氏菌,可增加其他菌
AATCC 174—2016	金黄色葡萄球菌、肺炎克雷伯氏菌,可增加其他菌
ASTM E 2149—2013	大肠杆菌,可选用肺炎克雷伯氏菌
FZ/T 73023—2006	金黄色葡萄球菌、大肠杆菌或肺炎克雷伯氏菌、白色念珠菌
GB/T 20944.1—2007	金黄色葡萄球菌、肺炎克雷伯氏菌或大肠杆菌
GB/T 20944.2—2007	金黄色葡萄球菌、肺炎克雷伯氏菌或大肠杆菌
GB/T 20944.3—2008	金黄色葡萄球菌、肺炎克雷伯氏菌或大肠杆菌、白色念珠菌

三、几种典型纺织品抗菌测试标准介绍

目前国际上通用的纺织品抗菌测试标准有国际的 ISO 20743、ISO 20645,美国的 AATCC 90、AATCC 100、AATCC 147、AATCC 174 和 ASTM E2149 以及日本的 JIS L 1902。以下是对几种

常用抗菌测试方法的介绍。

(一) AATCC 90 试验法

又称晕圈试验法,是用于抗菌剂筛选的抗菌效力快速定性方法。原理是:在琼脂培养基上接种试验菌,再紧贴试样,于37℃下培养24h后,用放大镜观察菌类繁殖情况和试样周围无菌区的晕圈大小,与对照样的试验情况比较。此法一次能处理大量的试样,操作较简单,时间短。但也存在一些问题,如虽然规定了在一定时间内培养试验菌液,但是菌浓度却没有明确的规定;另外,阻止带的宽度代表的是扩散性和抗菌效力,对于与标准织物比较是有意义的,但不能作为抗菌活力的定量评定。

AATCC 90 试验法改良之一(喷雾法)是在培养后的试样上喷洒一定量TNT试剂,肉眼观察试样上菌的生长情况。其发色原理为:TNT试剂因试验菌的琥珀酸脱氢酶的作用被还原,生成不溶红色色素而显红色,从而达到判定抗菌性的目的。该种方法的优点是无论试样是否有抑菌圈形成,只要平板上有细菌生长,就会显出红色。

AATCC 90 试验法改良之二(比色法)是在培养后试样上的菌洗出液中加入一定量的TNT试剂使发色,15min后用分光光度计测定525nm处的吸光度,从而求出活菌个数。但是以上两方法不适用于无琥珀酸脱氢酶的试验菌。

(二) AATCC 100 试验法

AATCC 100是一种容量定量分析方法,适用于抗菌纺织品抗菌率的评价。该法原理为:在待测试样和对照试样上接种测试菌,分别加入一定量中和液,强烈振荡将菌洗出,以稀释平板法测洗脱液中的菌液,与对照样相比计算织物上细菌减少的百分率。此法的缺点是一次试验的检体不能太多,且花费时间较长;对于非溶出型试样,不能进行抗菌性能评价;没有详细规定中和溶液的成分;菌液中营养过于丰富,与实际穿着条件相差太大;容器太大,不易操作。

改良AATCC 100测试方法要点如下:将AATCC 100法的试样由直径为4.8cm的圆形改为边长约1.8cm的正方形,将其放入30 mL或50 mL带盖锥形瓶。用0.85%冰冷生理盐水(0~4℃)代替AATCC肉汤稀释接种菌。将菌种从10^8~10^9CFU/mL稀释到1×10^5~2×10^5CFU/mL,制成接种菌液。用20mL,0.85%冰冷生理盐水代替中和剂洗涤试样。计算试样的抑菌活性和杀菌活性。该种方法无论对于溶出型试样,还是非溶出型试样,都能进行抗菌测试,而且培养基的养分适合织物的使用条件。

(三) ASTM E2149

稳态抗菌剂(如表面黏结材料)在常规使用条件下并不容易扩散到周围环境中,如AATCC147测试法直接依赖于抗菌剂从处理样品中的迅速溶出性,而其中这些处理样品并不适合用于评价稳态抗菌剂的抗菌活性。该法通过在测试过程中不断搅拌放在细菌悬浮液中的测试样以保证细菌与处理纤维、织物或其他基底的良好接触。该测试法适用于评价在充分条件控制下的受压或修饰的样品。

四、抗菌纺织品测试标准分析

(一) 抗菌标准的具体测试参数对比

虽然各标准的测试原理都有相似的地方,但具体的测试参数各不相同,表5-6为几种常用吸收法抗菌标准的测试参数,表5-7为几种常用振荡法和转印法抗菌标准的测试参数。

表 5－6 几种常用吸收法抗菌标准的具体测试参数

标准编号	FZ/T 73023—2006	AATCC 100—2012	JIS L 1902:2015	ISO 20743:2013
试样量	边长 18mm 的正方形，精确称取(0.4±0.05)g	4.8cm 的圆片	0.4g	(0.4±0.05)g
接种菌种浓度	(0.7～1.5)×10^5 CFU/mL	(1～2)×10^5 CFU/mL	(1～3)×10^5个/mL 或 ATP 含量 (1～3)×10^{-9}mol/mL	(1～3)×10^5CFU/mL 或 ATP 含量 (1～3)×10^{-9}mol/mL
接种量(mL)	0.2	1	0.2	0.2
接种菌营养水平	含 1% 营养肉汤	营养肉汤或生理盐水等缓冲液	5% 营养肉汤	5% 营养肉汤
培养温度(℃)	37±1	37±2	37±2	37±2
培养方式及时间	静止培养 (18±1)h	静止培养 (18～24)h	静止培养 3±1 对数增长期	静止培养 (18～24)h
洗脱液	20mL 冰冷生理盐水	100mL 中和液	20mL 冰冷生理盐水	20mL SCDLP
结果表示	抑菌率	杀菌率	抑菌活性值或杀菌活性值	抑菌活性值

表 5－7 几种常用振荡法和转印法抗菌标准的具体测试参数

标准编号	FZ/T 73023—2006 振荡法	ASTM E2149—2013	JIS L 1902:2015 转印法	ISO 20743:2013 转印法
试样量	将试样剪成 0.5cm 大小的碎片	(0.5～2)g	直径 28mm 圆形	直径 38mm 圆形
接种菌种浓度	(3～4)×10^5CFU/mL	(1.5～3)×10^5CFU/mL	(1～3)×10^7个/mL	(1～3)×10^7CFU/mL
接种量/mL	0.2	1	0.2	0.2
接种菌营养水平	采用固定的四次稀释程序，此接种液中含微量营养肉汤	全部用缓冲液稀释	5% 营养肉汤	5% 营养肉汤
培养温度(℃)	24±1	—	20±1	20±2
培养方式及时间	150r/min 振荡培养 18h	振荡培养	[(1～4)±0.1]h	[(1～4)±0.1]h
洗脱液	20mL 冰冷生理盐水	100mL 中和液	20mL 冰冷生理盐水	20mL SCDLP
结果表示	抑菌率	杀菌率或细菌死亡常数	抑菌活性值或杀菌活性值	抑菌活性值

(二)耐久性

抗菌纺织品作为功能性纺织产品，耐久性是产品品质最关键的指标之一，除了极少数一次性产品外，绝大多数抗菌纺织品均有耐久性要求。抗菌纺织品耐久性的确定，是通过具体的洗涤方法和洗涤次数来验证的，洗涤方法和次数往往是根据有关法规、标准和买家的要求来确定的。就目前抗菌纺织品的性能来看,采用抗菌纤维生产的抗菌纺织品的耐久性基本没有问题,但采用后整理方式生产的抗菌纺织品的耐久性却值得注意。世界各国对抗菌纺织品的评价都需要在规定条件下通过多次水洗,然后进行抗菌效果测试和评价。例如,我国 FZ/T 73023—2006 中,将抗菌针织品按耐洗涤次数(10 ~ 50 次)及考核菌种数量的多少分为 A 级、AA 级、AAA 级三个抗菌级别,抗菌耐久性越好,级别越高。

(三)毒性

2015 年 6 月 2 日发布,2016 年 1 月 1 日实施了 GB/T 31713—2015《抗菌纺织品安全性卫生要求》。标准规定抗菌纺织品对人体健康不应产生损害作用,对人体皮肤无刺激性和致敏作用。动物皮肤刺激试验结果应为无刺激性,动物皮肤变态反应试验结果应为阴性;抗菌纺织品的抗菌物质应为非溶出性或微溶出性。经抗菌物质溶出性检测,其抑菌圈宽度 D 应≤5mm;抗菌纺织品对黏膜不应产生刺激性。阴道黏膜刺激性试验结果应为无刺激性;抗菌纺织品应无致畸、致突变、致癌作用物质释放,遗传毒性试验(至少应包括 1 项基因突变试验和 1 项染色体畸变试验)检测结果应为阴性;与人体皮肤直接接触的抗菌纺织品,对人体皮肤正常菌群不应产生影响。特殊行业需要贴身穿着抗菌纺织品连续 3 个月或以上时,需经皮肤正常菌群影响检测。经 30 例志愿人群连续试验穿着 72h 后,试验组与对照组的皮肤正常菌群各菌种检测结果的平均值不应有显著性差异(统计学检验 $P>0.05$);不应使用抗菌纺织品制作 3 周岁以内婴幼儿用品。

第四节　防霉纺织品测试方法与标准

一、防霉纺织品测试方法分类

常用的抗真菌测试标准有日本的 JIS Z 2911:2010《抗霉性测试方法》,美国的 ASTM G21—2015《合成高分子材料耐真菌的测定》和 AATCC 30—2017《抗真菌活性:纺织品防腐和防霉性能评价》,欧盟的 EN 14119:2003《织物真菌测试》,中国的 GB/T 24346—2009《纺织品防霉性能评价》。

纺织品防霉检测主要为定性检测,试验原理为:将经过防霉处理和未经防霉处理的纺织品分别接种一定量的测试霉菌,在适合霉菌生长的环境条件下放置培养一定时间后,根据霉菌在试样表面的生长情况来评价纺织品的防霉性能。试样表面长霉面积越小,则该样品防霉性能越好。

霉菌是导致纺织品霉变、腐烂的重要因素,纺织品抗霉菌性能近年来也受到越来越多的关注。常用的纺织品抗霉菌性能测试主要有以下方法:土埋法、平板法、悬挂法及平板计数法(定量)。

1. 土埋法

土埋法适用于可能与土壤接触的样品如沙袋、帐篷等产品。通常是将制备成一定形状的样品埋藏在含有一定微生物活性的土壤里,在特定温湿度条件下经过一定时间的培养后,观察样品被霉菌侵蚀的情况,并通过测量样品断裂强度的变化,评估样品暴露于特定环境的耐霉菌侵蚀性能。但该测试的微生物源自环境(如花园、自然堆肥、温室)土壤中定植的微生物,容易因环境、季节、土壤成分的不同导致微生物种类、活力的差异等,进而对结果产生不同影响。其代表方法为 AATCC 30 方法。

2. 平板法

平板法是在实验室条件下测试纺织品耐霉菌性能最为常用的测试方法，通过将一定量的霉菌孢子接种于样品及培养基表面，在特定温湿度条件下培养一段时间后，观察样品表面霉菌生长的情况评估样品的防霉性能。AATCC 30 方法Ⅱ和方法Ⅲ、EN 14119：2003、ASTM G21—2015 和 GB/T 24346—2009 平板法等方法都是此类典型方法。

3. 悬挂法

悬挂法是将一定量霉菌孢子均匀喷洒于样品的正反面，稍微晾干后将样品悬挂于试验箱，在特定温湿度条件下培养一定时间，观察样品表面霉菌的生长情况，评定防霉等级。代表方法为 GB/T 24346—2009 悬挂法。

4. 平板计数法

平板计数法通过将一定量霉菌孢子接种于样品上，经过一段时间培养后，对样品进行洗脱，对洗脱的霉菌孢子进行平板计数，通过比较防霉样品霉菌增长值和对照样品霉菌增长值的差异定量计算样品的防霉性能，代表方法有 ISO 13629－2。

二、几种典型纺织品防霉测试标准介绍

（一）AATCC 30

AATCC 30 的琼脂平板法采用单菌种法，采用菌种分别是毛壳霉和黑曲霉；悬挂法采用混合孢子接种，菌种为黑曲霉、青霉和木霉。

AATCC 30 是对纺织材料抗霉菌和抗腐烂性能的评定，确定了纺织材料抵抗霉菌和耐腐烂的性能，以评定杀菌剂对纺织材料抗菌性能的有效性，分为土埋法、琼脂平板法及湿度瓶法等几种方法。

1. 土埋法

土埋法是指将样品（具有一定尺寸）埋在泥中一定时间后，测定样品的断裂强度。此法是用样品经土埋处理后所损失的断裂强度来表征其抗霉能力。

2. 琼脂平板法

琼脂平板法用来评估织物抵抗这类细菌的能力。该法是将含有培养基的琼脂平板均匀滴上一定量的分散有曲霉菌孢子的水溶液，然后将经非离子润湿剂处理的样品圆片放置其上，并在样片上均匀滴加一定量的上述水溶液，在一定的温度下放置一段时间，最后观察样品上霉菌的生长情况，用样品圆片上的霉菌面积进行表征。图 5－2 为纺织品霉菌生长情况。

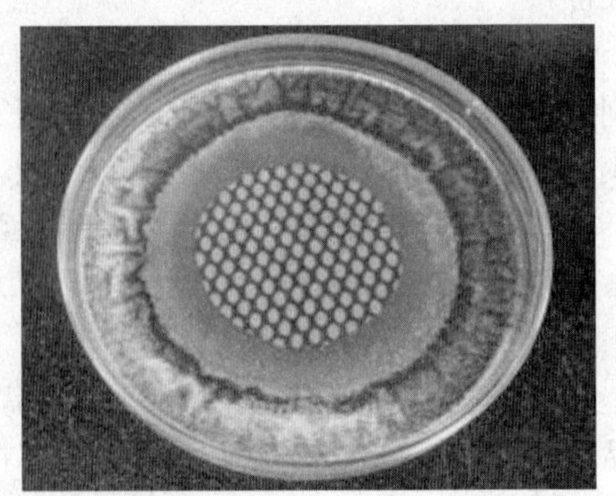

图 5－2 纺织品霉菌生长情况

3. 湿度瓶法

湿度瓶法是经过预处理的样品条悬挂置于有一定通风的、盛有一定量的、分散有一定数目细菌孢子的水溶液的广口瓶中，在一定的温度下放置一段时间。此法也是用样品条上的霉菌面积进行表征。

（二）JIS Z 2911

JIS Z 2911 采用的菌种有黑曲霉、青霉、球毛壳霉和疣孢漆斑菌。

采用了两种方法进行防霉性能测试，即培养皿检测法与悬挂法。该方法没有规定接种孢子液的浓度。干法和湿法接种后试验时间分别为 28d 和 14d。

JIS Z 2911 采用 3 个级别评定测试样品的防霉等级：0 级——无长霉；1 级——长霉面积不超过 1/3；2 级——长霉面积超过 1/3。

（三）GB/T 24346

GB/T 24346—2009 采用的菌种有黑曲霉、球毛壳霉、绳状青霉和绿色木霉。

（四）EN 14119

该标准规定了测定纺织品耐真菌作用的测试方法，测试结果通过肉眼检验和纺织品物理性能测试进行评估，该标准适用于所有的纺织品，包括纤维素纺织品或人造纤维纺织品。

（五）ASTM G21

合成聚合物本身通常是抗真菌的，因为它们不能提供真菌生长所需要的营养物质。但由于合成聚合物加工过程中会使用到如增塑剂、纤维素、润滑剂、稳定剂和着色剂等添加组分，从而为真菌侵蚀聚合物材料提供了攻击的目标。该标准适用于测定真菌对各种合成聚合物材料，如模塑件和型材、管材、棒材、片材和薄膜材料的性能的影响，其主要的测试条件包括在设定的温度、相对湿度和时间条件下，通过真菌与试样的接触，然后观察其外观的变化，并采用相应 ASTM 标准评判受试材料的光学、力学和电学性能变化。

三、防霉纺织品测试标准分析

表 5－8 为几种常见防霉纺织品检测标准具体参数比较。

表 5－8　几种常见防霉纺织品检测标准具体参数

标准编号	AATCC 30	EN 14119	JIS Z 2911	GB/T 24346
试样量	培养皿法： 直径（3.8 ± 0.5）cm 悬挂法：（2.5 ± 0.5）cm ×（7.5 ± 0.5）cm	2cm × 8cm	5cm × 5cm	（3.8 ± 0.5）cm 圆形或正方形
接种量（mL）	培养皿法：0.2 悬挂法：1	0.5	1	1
接种菌液浓度（CFU/mL）	悬挂法：5×10^6	1.0×10^6	—	$(1.0 \sim 5.0) \times 10^6$
稀释液	无菌水	无机盐湿润液	无菌水 （加润湿剂）	无机盐液
培养基	全营养培养基或 无机盐培养基	全营养培养基或 无机盐培养基	无机盐培养基	无机盐培养基
培养时间（d）	培养皿法：7 或 14 悬挂法：14 或 28	培养皿法：28 悬挂法：28	培养皿法：14 悬挂法：28	培养皿法：28 悬挂法：28
培养温度（℃）	28 ± 1	29 ± 1	26 ± 2	28 ± 2

从培养时间上看，AATCC 30 规定的试验时间按方法不同分别为 7d、14d、28d，根据霉菌生长情况评判纺织品防霉的能力。霉菌繁殖是一个非常复杂的问题，试验仅培养 7d 和 14d，霉菌在纺织品上的生长还处于初级阶段，不足以判断其结果，据此进行防霉效果评价常常是不够准确的。

对照样品方面，AATCC 30 和 JIS Z 2911 这两种方法没有规定采用统一的对照测试样品，只是规定没有加防霉剂的纺织品作为对照测试样，各个厂家的对照样品不同，会使样品的防霉性能实测结果不一致，影响不同的检测机构和检测人员的测试结果的可比性。

接种菌液制备方面，AATCC 30 和 JIS Z 2911 虽然规定了接种菌液制备的方法，但没有明确规定接种菌液中孢子含量，但对滴入或喷洒到纺织品上的喷洒液体积有明确的规定。GB/T 24346 明确规定接种菌液中孢子含量在 $(1 \sim 5) \times 10^6$ CFU/mL。

在测试方法方面，培养皿法的优点是适合小件样品的试验，每个样品都相对独立，互不干扰，节省空间，不适用于大件样品的整体试验；缺点是湿度控制要求高，平皿需要较多无机盐培养基以保持充分的湿度，否则培养基失水干裂，湿度降低而影响试验。悬挂法的优点是适合大件或较厚样品的试验，只要箱内盛有足够的水，其湿度可恒定不变；缺点是同一组样品置于同一潮湿箱中时，容易相互干扰，多个样品同时试验需要多个潮湿箱并占据大量的空间。选择培养皿法或悬挂法应根据样品厚度来选择，另外，户外使用的纺织品最好使用悬挂法。

AATCC 30 采用三级判断结果：即无生长；微量生长（仅在显微镜下可见）；大量生长（肉眼可见）。JIS Z 2911 也是采用三个级别评定防霉等级：0 级——无长霉；1 级——长霉面积不超过三分之一；2 级——长霉面积超过 1/3。GB/T 24346 标准评级方法为：0 级——在放大约 50 倍放大镜下观察未见长霉；1 级——肉眼看不到或很难看到长霉，生长面积小于 10%；2 级——肉眼明显看到长霉，在样品表面的覆盖面积为 10% ~30%；3 级——肉眼明显看到长霉，在样品表面的覆盖面积为 30% ~60%；4 级——肉眼明显看到长霉，在样品表面的覆盖面积 >60%。

第五节　消臭纺织品测试方法与标准

一、消臭纺织品测试标准

目前国内常用的消臭纺织品测试标准有国际的 ISO 17299、我国的 GB/T 33610 我国台湾的 FTTS - FA - 018 以及日本 JEC 301。

ISO 17299 - 1：2014《纺织品　消臭性能的测定　第 1 部分：一般原则》

ISO 17299 - 2：2014《纺织品　消臭性能的测定　第 2 部分：检测管法》

ISO 17299 - 3：2013《纺织品　消臭性能的测定　第 3 部分：气相色谱法》

ISO 17299 - 4：2014《纺织品　消臭性能的测定　第 4 部分：富集取样法》

ISO 17299 - 5：2014《纺织品　消臭性能的测定　第 5 部分：金属氧化物半导体传感器法》

GB/T 33610.1—2017《纺织品　消臭性能的测定　第 1 部分：通则》

GB/T 33610.2—2017《纺织品　消臭性能的测定　第 2 部分：检知管法》

GB/T 33610.3—2017《纺织品　消臭性能的测定　第 3 部分：气相色谱法》

JEC 301—2013《SEK 标识纤维制品认证基准》

FTTS - FA - 018—1997 消臭加工纺织品验证规范

二、消臭纺织品测试原理和设备

各种消臭纺织品测试标准中规定消臭效果的评定方法最常用的有检知管法、气相色谱—质谱分析法(GC—MS 法)、嗅觉测定法和臭气传感器法。

(一)检知管法

检知管是带有刻度的根据试剂颜色变化专门测量某种气体浓度的检测管,一般一种气体对应一种检知管。检知管法是通过检知管来测定封闭空间中臭气初始浓度和加入除臭纤维 2h 后的臭气浓度,从而计算出消臭率的方法。

检知管法评价消臭效果具有操作简单,方便快捷,节约成本等特点,不需要特别的大型设备,适用于对纺织品消臭性能的初步评价。在 SEK 标识纤维制品认证基准中,检知管法主要测量纤维对氨气、醋酸和硫化氢的消臭效果。

(二)气相色谱—质谱分析法(GC—MS 法)

GC—MS 法的原理与检知管法相似,可以根据质谱特征峰及丰度、峰的保留时间推断出气体成分,通过总离子流图中的峰面积计算出待测气体浓度。气相色谱质谱分析法可以测定封闭空间中臭气初始浓度和加入除臭纤维 2h 后臭气浓度,从而计算出消臭率。

GC—MS 法可以分辨出不同的气体,相对于检知管法检测单一气体,实验结果更加明确、精度高。GC—MS 法具有仪器昂贵,实验成本高,耗费时间长等缺点。在 SEK 标识纤维制品认证基准中,GC—MS 法主要测量纤维对 2 - 壬烯醛和异戊酸的消臭效果。

(三)嗅觉测定法

嗅觉测定法是利用人的嗅觉器官对臭味气体的感觉,根据相关评价标准来表征臭味程度的评价方式。这种方法主要依靠人们的主观性,凭借人们对臭味的感觉,因人而异,会有一定的局限性。

(四)臭气传感器法

臭气传感器法是通过气味感应半导体材料对环境中的气体分子的吸附作用及其表面变化而产生材料电阻值变化,电阻值变化再转化成电信号被检测。研究传感器输出信号与气体成分的相关性,从而可以通过传感器的输出信号来反应环境中的气体成分。

臭气传感器法对自然臭(复合气体成分)进行定量评定时,可说是最适用的。它直接对臭气气体综合效果进行评定,在某种程度上模拟了人的感觉器官。臭气传感器的精度虽然低于 GC—MS,但已经能够满足一般检测要求,速度也比 GC—MS 快很多,操作简单方便,检测成本低。但是,这种方法的复原性、敏感度低,和臭气强度、气体成分浓度的相关性,及测定时排除外来干扰等问题尚待改进。由于测定的是臭气的综合效果,所以不能够分辨成分。

三、消臭纺织品测试应用分析

对一种臭气组分采用不同方法测得的消臭效果势必存在差异,因此,是否应该对所有的测试方法制订相同的消臭率指标仍值得商榷。另外,对消臭纺织产品进行认证的目的是将伪劣产品、消臭率不达标的产品拒之门外,然而,目前对产品的消臭整理包括物理消臭、化学消臭和生物消臭等工艺,工艺的差异会直接导致产品质量的参差不齐。目前的评定方法都是直接对样品进行测定,没有考核产品在使用一段时间后的消臭性能(即消臭的可持续性),因此无法客观、全面地反映一件产品真实的消臭能力,而消费者购买此类纺织产品是希望在长期或足够长的时间内都能享受到消臭产品带来的舒适。因此,评定纺织产品消臭能力的可持续性能(或寿命)显得更具有实际意义。此外,有学者认为可以在测试前对被测试样品进行某些特定前处理(如一定次数的水洗、摩擦或日晒等),以模拟人们穿着一段时间后产品性能的正常损耗,然后再按相应的方法进行消臭测试,即可测定纺织产品消臭性能的可持续性。

从试验方法与步骤这两方面看:检知管法的试样制备和气体制备比 GC—MS 法操作略微简单;GC—MS 法的消臭时间较检知管法耗时长。所以,相对 GC—MS 法,检知管法是一种操作简单、现场操作快速、直读测定气体体积分数的检测手段。

从检测物质上看,一种检知管法只可针对一种物质进行检测,而 GC—MS 法可对混合物进行检测。故相对于检知管法,GC—MS 的检测范围更广。

从结果测定上看,检知管法通过直接读数来测体积分数,量程不同,其精确度也不同,因采用估读的方法,所以测得的体积分数精确度不高;GC—MS 法从试验中的结果谱图中可知,其分析灵敏、精确度高。

参考文献

[1]孙军德. 微生物学[M]. 南京:东南大学出版社,2009.

[2]邓功成. 微生物与人类[M]. 重庆:重庆大学出版社,2015.

[3]黄雷. 银纤维毯类制品面料的开发与研究 [D]. 上海:东华大学,2014.

[4]谢小保,方锡江,曾海燕,等. 纺织品防霉性能测试和评价标准研究[J]. 纺织标准与质量,2009(3):20-23.

[5]谢小保,商成杰,李素娟,等. 纺织品防霉检测技术[J]. 印染,2013,39(1):45-47.

[6]于湖生,韦红莲,吴娇,等. 抗菌消臭再生纤维素纤维制备及性能研究[J]. 针织工业,2017(9):1-4.

[7]宁翠娟. 纺织品靠什么获得抗菌性能? [J]. 纺织科学研究,2017(8):68-70.

[8]姜怀. 功能纺织品开发及应用[M]. 北京:化学工业出版社,2012.

[9]朱文杰,张谨,朱忠其,等. 改性季铵盐抗菌剂的制备与性能研究[J]. 功能材料,2005,36(12):1872-1878.

[10]Kasuga N C,Sekino K,Ishikawa M. Synthesis Structural Characterization and Antimicrobial Activities of Zinc Complexes with Four Thiosemicarbazone and Two Semicarbazone Ligands[J]. Journal of Inorganic Biochemistry,2003,96:298-310.

[11]孙唯唯. 抗菌型多功能聚酰胺纤维的性能及应用研究[D]. 北京:北京服装学院,2011.

[12]赵晓伟. 纺织品抗菌性能的测试标准[J]. 印染,2013,39(15):36-39.

[13]陈仕国,郭玉娟,陈少军,等. 纺织品抗菌整理剂研究进展[J]. 材料导报,2012,26(4):89-95.

[14]叶远丽,李飞,冯志忠,等. 纺织品抗菌整理研究进展[J]. 服装学报,2018,3(1):1-8.

[15]万震,王炜,杜国君. 消臭纤维和消臭整理的研究进展[J]. 合成纤维,2003,32(5):35-37.

[16]彭如群,谢小保,孙廷丽,等. 纺织品抗菌检测方法探讨[C]. 第九届中国抗菌产业发展大会论文集,泰安,2013:163-170.

[17]梁卡,邓浩,田艳红,等. 纺织品抗菌性能测试方法[J]. 国际纺织导报,2015,(9):54-57.

[18]卢胜权. 纺织品抗菌活性方法标准概述[J]. 轻纺工业与技术,2013,(5):110-112.

[19]谢小保,彭如群,李素娟,等. 纺织品抗菌防霉检测技术研究进展[J]. 针织工业,2013,(7):123-132.

[20]赵婷,林云周.纺织品抗菌性能评价方法比较[J]. 纺织科技进展,2010(1):73 -76.

[21]谢小保,商成杰,李素娟,等.纺织品防霉检测技术[J]. 印染,2013(1):45 -47.

[22]魏孟媛,陆维民,陈源.纺织品消臭效果检测评定[J]. 上海纺织科技,2012,40(5):8 -10.

[23]陈红梅,李蔚文,朱春华.纺织品消臭性能评价基准 JEC 301—2013[J]. 印染,2013(14):48 -51.

[24]邓明亮,杨萍,贺志鹏,等.浅析纺织品除臭性能的测定[J].山东纺织科技,2016(4):28 -31.

[25]李宇,魏孟媛,陆维民,等.竹炭纺织品消臭性能及其检测方去的研究[J]. 国际纺织导报,2014:33 -38.

[26]FZ /T 73023—2006 抗菌针织品 [S].

[27]ISO 20645:2004 Textile Fabrics - Determination of Antibacterial Activity - Agar Diffusion Plate Test [S].

[28]AATCC 90—2016 Antibacterial Activity Assessment of Textile Materials:Agar Plate Method [S].

[29]JIS L 1902:2015 纺织品抗菌活性和功效的测试 [S].

[30]GB/T 20944. 1—2007 纺织品抗菌性能的评价 第 1 部分:琼脂扩散法 [S].

[31]AATCC 147—2016 Antibacterial Activity Assessment of Textile Materials—Parallel Streak Method[S].

[32]AATCC 100—2012 Antibacterial Finishes on Textile Materials:Assessment of Fulltext Information[S].

[33]AATCC 174—2016 Antimicrobial Activity Assessment of New Carpets[S].

[34]GB/T 20944. 2—2007 纺织品抗菌性能的评价 第 2 部分:吸收法 [S].

[35]ISO 20743:2013 Textiles:Determination of antibacterial activity of textile products [S].

[36]ASTM E2149—2013a Standard Test Method for Determining the Antimicrobial Activity of Antimicrobial Agents Under Dynamic Contact Conditions [S].

[37]GB /T 20944. 3—2008 纺织品抗菌性能的评价 第 3 部分:振荡法 [S].

[38]GB/T 31713—2015 抗菌纺织品安全性卫生要求 [S].

[39]JIS Z 2911:2010 Methods of Test for Fungus Resistance [S].

[40]ASTM G21—2015 Standard Practice for Determining Resistance of Synthetic Polymeric Materials to Fungi [S].

[41]AATCC 30—2017 Antifungal Activity,Assessment on Textile Materials:Mildew and Rot Resistance of Textile Materials [S].

[42]EN 14119:2003 Testing of Textiles—Evaluation of the Action of Micro Fungi [S].

[43]GB/T 24346—2009 纺织品防霉性能评价 [S].

[44]ISO 17299 -1:2014 Textiles - Determination of Deodorant Property Part 1:General Principle [S].

[45]ISO 17299 -2:2014 Textiles - Determination of Deodorant Property Part 2:Detector tube Method [S].

[46]ISO 17299 -3:2013 Textiles - Determination of Deodorant Property Part 3:Gas Chromatography Method [S].

[47]ISO 17299 -4:2014 Textiles - Determination of Deodorant Property Part 4:Condensation Sampling Analysis [S].

[48]ISO 17299 -5:2014 Textiles - Determination of Deodorant Property Part 5:Metal - Oxide Semiconductor Sensor Method [S].

[49]GB/T 33610. 1—2017 纺织品 消臭性能的测定 第 1 部分:通则[S].

[50]GB/T 33610. 2—2017 纺织品 消臭性能的测定 第 2 部分:检知管法 [S].

[51]GB/T 33610. 3—2017 纺织品 消臭性能的测定 第 3 部分:气相色谱法 [S].

[52]JEC 301—2013 SEK 标识纤维制品认证基准 [S].

[53]FTTS - FA -018—1997 消臭加工纺织品[S].

第六章　防螨和防蚊纺织产品检测技术

第一节　防螨纺织品

一、螨虫及其危害

螨虫属于蛛形纲，无触角，无翅，是小型节肢动物，外形有圆形、卵圆形或长方形等。螨虫的体长通常为0.1～0.5mm，在显微镜下才能观察其形态。虫体基本结构分为鄂体与躯体两部分，鄂体又称假头。

尘螨生长发育的最适宜温度为(25±2)℃，温度再高时，发育虽能加快，但死亡率随之增高。低于20℃时则发育减慢，低于10℃不能存活。湿度对尘螨数量也起重要作用，最适宜的相对湿度为60%～80%，所以使用空调、地毯的房间是其良好的生活环境。根据监测，居家中螨虫分布以地毯最多，其次为棉被，再次为床垫、枕头、地板、沙发等，在这种可以提供温暖、潮湿及食物来源的居室环境下，存活的螨类共有16种之多。螨虫对人体健康十分有害，能传播病毒、细菌，可引起出血热、皮炎、毛囊炎、疥癣等多种疾病。室内螨虫能存活约4个月，在此期间它能产生200倍于体重的粪便并孵下达300个卵。人体每天脱落的皮屑，足够喂饱100万只螨虫。螨虫本身不是过敏源，但其排泄物及其残骸等是强烈的变应源，会引起全身性应变反应。螨虫每天要排泄几十次，排泄物极其干燥，每次的排泄物又能分裂成若干个小颗粒，它们极轻，可飘浮在空气中。这些经过分解的微小颗粒，通过人走动、铺床、叠被、打扫房屋等，飞扬于空气中，尤其是通过空调喷出，这都是极强的过敏源。过敏性体质的人接触或吸入后，会诱发疾病，表现为过敏性鼻炎、过敏性哮喘或过敏性皮炎。其中，致喘蛋白是螨虫肠内分泌的消化液，其效力十分强烈。目前该类疾病的治疗方法中，积极预防控制螨虫的数量尤为重要。

二、防螨原理

目前比较常用的防螨虫的方法主要有两种，一种是对环境中的螨虫进行杀灭，另一种是对环境中的螨虫进行驱避。

第一种方法主要是对室内的家具等产品进行杀螨处理，这种杀灭螨虫的方法用于防螨效果较好，但所使用的杀螨剂却对人体有很大的危害，且杀虫剂杀死的害虫遗骸也是过敏反应变应源，所以这种方法不能经常使用，只能定期使用。

第二种驱避螨虫法是对螨虫的味觉、触觉、嗅觉进行麻痹，味觉麻痹是利用有机酸作用于螨虫的味觉器官，使其不能找到栖息目的地，达到防螨效果。触觉麻痹是利用有机驱避剂(如拟除虫菊酯剂等类似的驱避剂)接触螨虫的神经系统，从而使螨虫的神经错乱。嗅觉麻痹是利用甲苯酰胺系驱避剂作用于螨虫的嗅觉器官。现在使用较多的驱避螨虫整理剂大多数都是针对螨虫的嗅觉和味觉相结合，而且不同类型的驱避剂对螨虫的驱避效果也不同，其驱避螨虫效果的大小顺序为：酰胺、亚胺 > 酯、内酯、醇、苯酚 > 醚、缩醛 > 卤化物、硝基化合物 > 胺、腈等。

三、防螨整理剂

防螨整理剂应具备以下条件才适合应用于纺织制品：①对尘螨有高度活性；②防螨效果好且能承受加工条件（如热湿条件等），加工后无色变现象；③不降低织物的强力、手感、吸湿性及透气性；④与其他助剂的配伍性好；⑤耐久性好，即耐洗涤和耐气候性好；⑥适用性广，可适用于天然纤维和合成纤维；⑦生物安全性好，要求防螨整理剂必须不影响人体的生理功能，尤其是对有变异性体质的人群和婴幼儿的皮肤刺激性为阴性；⑧防螨处理的纤维或织物在后道纺织、染整加工及使用过程中不会产生有毒有害物质。

目前纺织用防螨整理剂主要有以下几种。

（一）拟除虫菊酯系

Ales - lin、Fles - lin 是由日本帝人公司生产的拟除虫菊酯系防螨剂，主要成分如下：

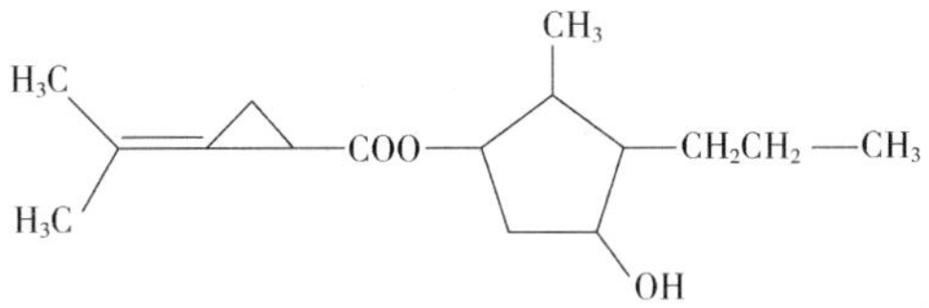

这类防螨剂是蚊虫线香和电蚊虫香的主要成分，可浸渍吸附或微胶囊化，作为吸附粉末载体混合使用。

由瑞士 Santized 公司生产的防螨剂 Acitiguard AM87 - 12，其主要成分是异噻唑啉酮化合物和除虫菊酯衍生物。外观呈棕色微混浊液体，原液呈阴离子性，pH 为 9.1 ± 0.5，密度（20℃时）为（1.02 ± 0.02）g/cm^3，可用冷水稀释，可与阴离子和非离子助剂混用。与发泡剂、树脂、黏合剂、防污剂、柔软剂、防静电剂、氟碳化合物和阻燃剂等混用前，需试验是否影响其效果。其原液对眼睛和皮肤有刺激性，操作时须戴防护品。它可能对日晒、摩擦、皂洗、干洗、热泳移等牢度有影响。适用于床上用品、靠垫（薄型和有填充料类）、羊毛毯、家具布和铺地纺织品等家用纺织品。

（二）脱氢醋酸类

日本钟纺公司生产的 Anincen CBP 是脱氢醋酸类防螨剂，其外观为白色无臭结晶，不溶于水，熔点为 109℃，沸点为 270℃。其对酸很稳定，与碱反应生成盐。Anincen CBP 有极好的安全性和驱避效力，可用于毛巾、内衣、床上用品的后加工。

（三）甲苯酰胺系

德国 Herst 公司的 MITE、日本帝三制药公司的 DEDT 和 DAWAI 公司的 SBL 是甲苯酰胺系防螨剂。Herst 的 MITE 是这类化合物的纳米分子微胶囊，具有可靠的安全性和耐久性。DEDT 的外观为淡黄色油状液体，不溶于水，稍有氨气味，沸点为 160℃，不耐酸和碱。此类防螨剂对螨虫有忌避效力，可用于被褥棉絮的后加工。

(四)芳香族羧酸酯类

此类整理剂包括 Markamide EDEC,为无色透明的油状液体,几乎没有臭味,相对密度在 1.1 ~ 1.15(20℃时),弱阴离子化合物,闪点在 145℃以上(密闭容器),对酸及弱碱稳定,强碱下会分解,在沸点附近(300℃)保持 10min 几乎不分解。但沸点以下,在水中会随水蒸气而蒸发;耐紫外线,在整理过程中不会产生色变,安全性高,对皮肤无刺激。此类防螨剂有忌避和杀螨效力,有被褥包布用 EDEC(乳化型)和被褥棉絮用 ED(油性型)。

(五)有机磷系

以 Daiazi - none MC 为例,其主要成分是:

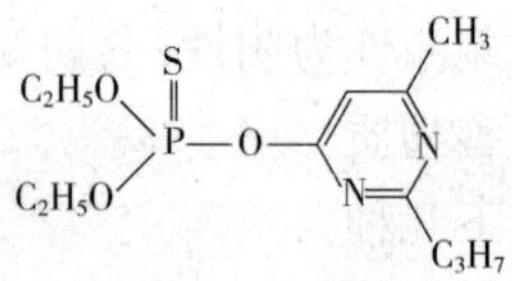

C_2H_5O、C_2H_5O、S、P、O、N、N、CH_3、C_3H_7

淡黄色油状液体,不溶于水,沸点为 83℃,不耐酸,耐热性也不好。有杀螨效力,常混在地毯黏合剂中使用。

(六)酞酚亚胺系

N - 一氟三氯甲基硫代酞酰亚胺有杀螨效力,对尘螨有效,可用于涤纶被褥、棉絮的后加工。

(七)冰片衍生物

冰片衍生物防螨剂有 SCN 公司生产的 Mark - amid 1 - 20,其主要成分为:

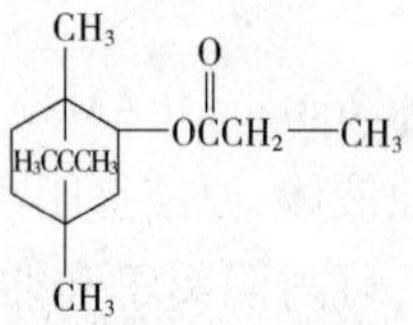

CH_3、O、$OCCH_2—CH_3$、H_3CCCH_3、CH_3

Mark - amid 1 - 20 外观为淡黄色油状液体,不溶于水,有独特的樟脑气味。沸点为 95℃,耐酸,不耐汗,耐热、耐紫外线较差。Mark - amid 1 - 20 是地毯和椅套的后加工药剂,有乳化型和油性型两种。

(八)无机驱避剂

无机趋避剂呈胶体形态,量虽少,但存在许多粒子,会增加胶体粒子和害虫的接触频度,具有满意的趋避效果。此外,它还可施加在基材上,加工成本低。这种胶体趋避剂的粒径为 5nm,是中性至微碱性的半透明绿色液体。活性成分为铜,铜被固着在氧化钛母体上,溶剂为水。这种驱避剂是阴离子系,即使存在阴离子系、非离子系物质,也不易受到影响,但与阳离子系物质共存时,容易凝胶化。

(九)天然驱避剂

自然界内存在某些物质,可趋避螨虫,如天然柏树精油、印度楝树种子油、木棉和竹纤维。

由日本 DAWAI 公司生产的天然柏树精油对螨虫有忌避效力,可用于棉、涤/棉、涤纶床上用品的后加工,有杀螨和抗菌防臭效力。

从印度楝树种子油中提取和开发的一种浓缩物是螨虫的克星。它对人类和哺乳动物完全无毒，但能阻止螨虫的成长和繁殖，防螨效果能持续数年。印度楝种子含油量达40%，可用压榨法或有机溶剂（或超临界气体）萃取法获得，其主要成分与其他植物油（如橄榄油、葵花籽油、菜籽油等）类同。

木棉纤维是木棉树的果实纤维，具有天然抗菌、驱螨、防蛀等特殊功能，在制造绿色、无毒、环保除螨面料方面有潜在优势。虽然木棉纤维具有高中空、轻、细、软等特点，但由于木棉纤维长度较短、表面光滑、抱合力差，难以单独纺纱，研究者也在不断地探索纺纱和织造工艺。

竹纤维抗菌防螨是因为竹子里面具有一种独特物质，该物质被命名为“竹琨”，具有天然的抑菌、防螨、防臭、防虫功能。竹浆纤维是一种将竹片做成浆，然后将浆做成浆粕再湿法纺丝制成的纤维，其制作加工过程基本与黏胶相似，虽然在加工过程中竹子的天然特性遭到破坏，纤维的除臭、抗菌、防紫外线功能明显下降，但试验证明竹浆纤维依然具有良好的抗菌防螨性能。

四、防螨纺织品

纺织品获得防螨功能的技术方法包括功能纤维法、织物后整理法、高密织物法。

（一）功能纤维法

功能纤维法有以下四种：①采用接枝技术将防螨抗菌基团接枝到纤维的反应基上；②将防螨抗菌剂渗入纤维深处，一般采用物理改性技术；③在纺丝过程中，将防螨抗菌剂加入到纺丝原液中；④采用复合纺丝技术，对于皮芯纤维，防螨剂可只掺入皮层；对于并列纤维，可将防螨剂加入聚合物中作为并列的成分。

人们经常将防螨化学纤维与天然纤维进行混纺，以兼顾天然纤维的舒适性和防螨性能。但是，普通天然织物的前处理一般都要经过烧碱精练、氯氧双漂、强碱丝光等工序。由于所采用的防螨整理剂可能不耐酸、碱或不耐氧化、还原等，由其制得的防螨纤维及织物对染整工艺会有一些特殊要求。这就要求在染整加工过程中，做到既考虑防螨效果，又兼顾防螨纤维及织物的特点。

（二）织物后整理法

防螨后整理是用防螨整理剂对织物进行后整理，从而达到防螨效果。这是一种常规技术，实施方法有喷淋、浸轧、浸渍、涂层等。该技术由于防螨剂只附着于织物表面，耐洗涤性能较差，而且经防螨剂处理后，对织物的舒适性有一定的影响。为解决这些问题，人们采用包括微胶囊化技术、黏合技术、交联技术等在内的各种技术，使防螨整理剂能在纤维表面形成一层弹性膜，从而具有较好的耐久性，并可提高织物的服用性能。将防螨剂装入微胶囊，通过树脂等成膜材料与织物黏合或植入；将防螨剂与有机硅氧烷等制成涂层液更便于使用。这类后整理所用的防螨剂有苯基酰胺、萘酚类化合物异冰片、硫氰酸乙酯等化学物质和除虫菊提取物、桉树油、柿涩液等植物性物质。

（三）高密织物法

根据美国Virginia大学的试验，纺织品孔隙在53μm以下时仅对阻隔尘螨有效，当孔隙在10μm以下时才能完全防止尘螨排泄物（排泄物尺寸为10～40μm）以及其他过敏原通过。

高密织物法也被称为物理防螨法,一般是使用高密度纺织品,阻止螨虫和其他过敏原的入侵,将螨虫和人体皮屑隔离,切断其食物来源,抑制螨虫的繁殖,促使其死亡,从而达到防螨的目的。高密织物法本质为隔离法,但不能驱避或杀灭螨虫。用这种高密织物制作床单,床单上的螨虫不能进入床单下的床垫,螨虫仍可依靠人体的分泌物等生存和繁殖。同时由于高密织物直接与人体皮肤接触,要求这类织物透气性要好,纤维孔径既能阻止螨和螨过敏原通过,又可渗透蒸汽分子,具有良好的舒适性。

第二节 防螨纺织品测试方法与标准

一、防螨纺织品测试标准概述

近年来一些国家为了规范和促进防螨织物的开发,建立了防螨性能测定的方法和标准。1993 年日本服装制品质量性能对策协会提出了《防螨评价方法和标准》,1998 年该协会又提出《防螨织物驱避试验方法》,进一步对螨虫、培养基、饲育条件和计算方法等作了明确的规定;日本室内织物性能评价协会制定了防螨加工标准,要求地毯、被褥、被单和罩类的驱避率(侵入阻止法、玻璃管法)或增殖抑制率(增殖抑制试验)要达到 50% 以上;日本地毯协会也提出了用于地毯的试验方法。而在日本最具有代表性的杀螨试验法和驱螨试验法是日本纺织检查协会提出的 JSIF B 011—2001《防螨性能(驱避试验、花瓣法)试验方法》和 JSIF B 012—2001《防螨性能(增殖抑制试验、混入培养基法)试验方法》。该协会还提出了 JSIF B 010—2001《防螨性能(驱避试验、玻璃管法)试验方法》。上升为日本工业标准的目前有 JIS L 1920:2007《纺织品抗家庭尘螨效果的试验方法》。

2001 年 4 月,法国标准化协会制定了 NF G39 - 011—2001《纺织品特性具有防螨特性的织物和聚合材料防螨性能的评价方法及特征》。美国也于 2006 制定了 AATCC 194《纺织品在长期测试条件下抗室内尘螨性能的评价》,现已更新至 2013 版本。

我国农业部农药检定所 2003 年制定了《卫生杀虫剂药效试验测试方法及评价标准》,较为详细地提出了灭螨和驱螨药效试验方法和评价标准,其后又颁布了行业标准 NY/T 1151.2—2006《农药登记卫生用杀虫剂室内药效试验方法及评价 第 2 部分:灭螨和驱螨剂》。2008 年我国出台了行业标准 FZ/T 01100—2008《纺织品防螨性能评价》,现该标准已升格为国家标准 GB/T 24253—2009《纺织品防螨性能的评价》。2009 年,我国又制定了床上用品的防螨标准 FZ/T 62012—2009《防螨床上用品》。除纺织品外,2009 年,我国还推出了 CAS 179—2009《抗菌防螨床垫》。

如今,中国已成为世界上少数几个拥有防螨纺织品标准的国家之一。国家标准的实施对于规范我国功能性纺织品的开发,保护生产者和消费者利益具有重要的作用。

二、防螨测试方法、原理和评价指标

一般较为常用的方法有四种,杀灭螨虫法、趋避螨虫法、增殖抑制法和阻止通过实验方法。前三种方法适用于经防螨整理或使用了防螨纤维的纺织品防螨效果评价,对于高密织物防螨性能的评价则使用防止通过实验方法。

(一)杀灭螨虫法

1. 螨虫培植法

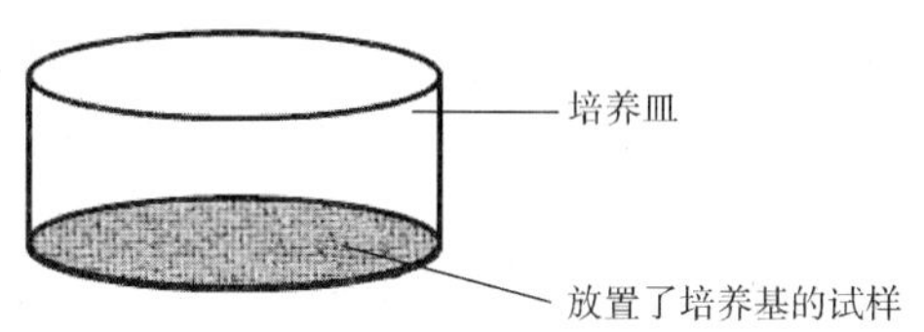

图 6-1　螨虫培植法示意图

取与培养皿底面积(直径为 8.5cm)基本一致的待测样品 3 块作为试验样品,再取 1 块面积相同的未处理织物作为对照样品,分别置于培养皿中,培养皿内周边涂抹白油与凡士林(1∶1)混合物以防螨虫爬出,培养皿中心放入 200 只螨虫,立即计时,然后在培养皿中央放入螨虫饲料 0.05g,30min 后在解剖镜下观察螨虫被击倒数,并置于(25±1)℃培养箱内培养。分别于 24h、48h 和 72h 检查死亡螨虫数。若对照样品的死亡率大于 20%,整个测试须重新进行。螨虫培植法如图 6-1 所示。药效评价等级见表 6-1,日本服装制品质量对策协会的评价标准为螨虫的死亡率在 60% 以上。

表 6-1　螨虫培植法杀螨药效评价等级

评价等级	30min 击倒率	72h 死亡率达
A 级	≥95%	≥80%
B 级	100%	≥95%

2. 夹持法

为日本厚生省标准化方法,在 10cm×10cm 的滤纸上,将一定量的防螨剂用丙酮溶解或稀释后均匀涂布在一面,晾干后对折,内侧(涂药面)放试验用螨虫 30 只,三边用夹子夹住,防止螨虫逃逸,如图 6-2 所示。在温度为 25℃、相对湿度 75% 恒温恒湿培养箱中培养 24h,测定螨虫的死亡率。

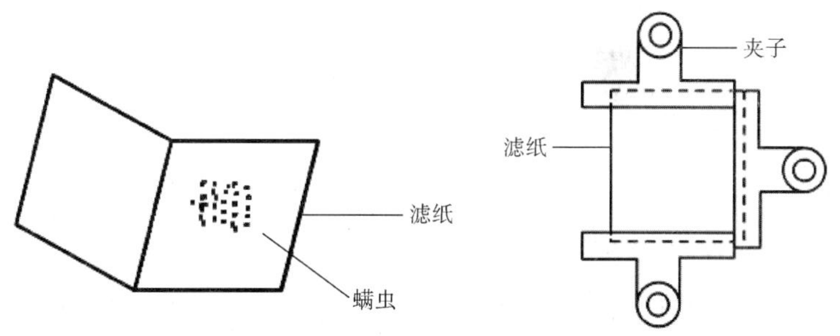

图 6-2　夹持法示意图

3. 螺旋管法

在 5mL 容量的玻璃螺旋管中放入防螨试样 200mg,放入一定数量的螨虫和培养基,在一定时间后,测定螨虫的死亡率。

(二)趋避螨虫法

1. 大阪府公共卫生研究所法

大阪府公共卫生研究所法是一种被广泛采用的趋避螨虫测试方法。下面以 GB/T 24253—

2009 为例介绍此原理。首先在一有盖的容器内放入一块厚 10mm，边长 200mm 的海绵，注入适量的饱和食盐水，水的高度恰好浸没海绵。再取 7 个培养皿（直径 58mm，高 15mm），将一个培养皿放在粘板中央为中心培养皿，其余 6 个培养皿围绕中心培养皿成花瓣状均匀放置，并在每个培养皿之间的边缘处用相同宽度的透明胶带粘住（起到桥梁作用），然后将 7 个培养皿固定在粘板上，如图 6－3(a) 所示。

在外围 6 个培养皿内，分别间隔地放入试样和对照样。将试样均匀、平整、紧密地铺放于培养皿底部，并在试样的中央放入 0.05g 螨虫饲料。在中心培养皿上放入 (2000 ± 200) 只存活的螨虫。再将已放入试验螨虫和饲料的粘板组合件放在海绵上，如图 6－3(b) 所示，盖上容器盒的上盖，置于温度为 (25 ± 2)℃、相对湿度 (75 ± 5)% 的恒温恒湿培养箱中培养 24h，用解剖镜或体视显微镜观察并用适当的方法计数试样培养皿内和对照样培养皿内存活的螨虫成虫和若虫数，按下式计算趋避率 Q：

$$Q = \frac{B - T}{B} \times 100\% \tag{6-1}$$

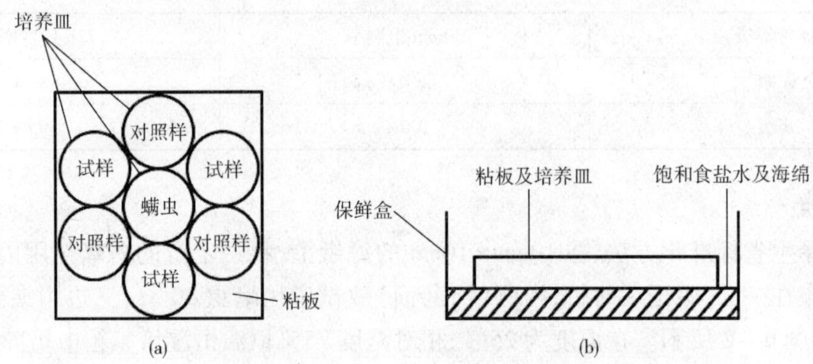

图 6－3　GB/T 24253—2009 防螨试样示意图

式中：B——三块对照样存活螨虫数的平均值；

T——三块试样存活螨虫数的平均值。

2. 侵入阻止法

以 JIS L 1920：2007《纺织品抗家庭尘螨效果的试验方法》中的侵入阻止法为例，取直径为 40mm 的测试试样和对照试样各 5 个，取大小两个培养皿，大培养皿内径约 90mm，内高约 20mm，小培养皿外径约 45mm，内高 15mm。大培养皿中放入含 10000 只螨虫的培养基，小培养皿中先放入试样，再在中央直径 10mm 范围内放引诱饲料 0.05 g。在大培养皿中央重叠放置小培养皿，如图 6－4 所示。最后将试验装置置于粘贴板上，放入温度为 (25 ± 2)℃、相对湿度 (75 ± 5)% 的恒温恒湿培养箱中培养 24h 后，计数螨虫总数，按下式计算趋避率 E_v(%)。只有当试样 5 次测试的螨虫数变动率（变异系数）小于 10% 且对照试样时的螨虫数大于 1000 时，测试才有效。

$$E_v = \frac{\sum_{i=1}^{n} C_{s_i} - \sum_{i=1}^{n} T_{s_i}}{\sum_{i=1}^{n} C_{s_i}} \tag{6-2}$$

式中：E_v——趋避率；

C_{s_i}——对照试样时的螨虫总数；

T_{s_i}——测试试样时的螨虫总数；

n——测试次数，$n=5$。

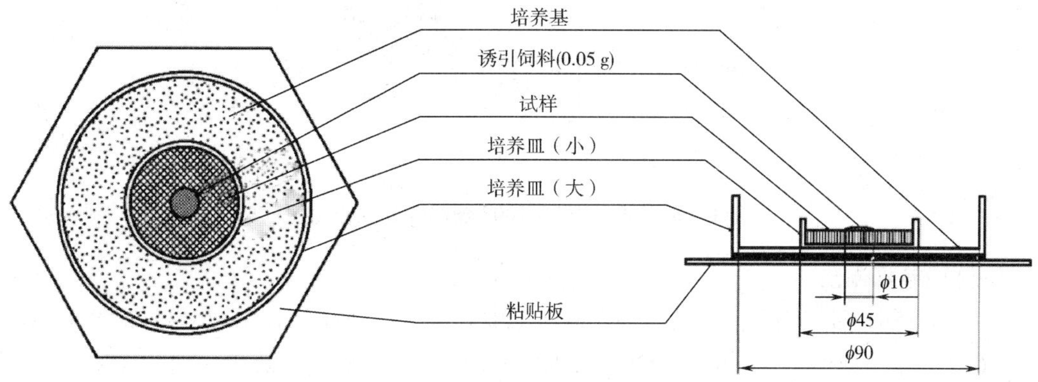

图6－4　JIS L 1920:2007 侵入阻止法示意图（单位：mm）

3. 玻璃管法

玻璃管法分A法和B法。A法适用于棉、羊毛、合成纤维等的测试，B法适用于羽毛的测试。以JIS L 1920:2007玻璃管法为例，首先在玻璃管的一端粘上胶带，将引诱饲料0.01g放入玻璃管中，使其均匀附着在胶带上。再在玻璃管内放入0.025g螨虫计数用絮，使絮厚度约(5±1)mm。接着在玻璃管中放入试样，A法放入经预处理的样品0.4g，厚度为(20±2)mm，如图6－5所示；B法中采用试样固定装置，在固定装置中间放入0.08g试样，厚度也为(20±2)mm，如图6－6所示。以此准备5个测试试样玻璃管。接着在玻璃管的另外一端40mm内放入含10000只螨虫的培养基，用高密织物和橡胶带封口。最后，将玻璃管放入(25±2)℃、相对湿度(75±5)%的恒温恒湿培养箱中培养48h，计数螨虫数量。最终运用对照试样和测试试样的螨虫数求出趋避率。

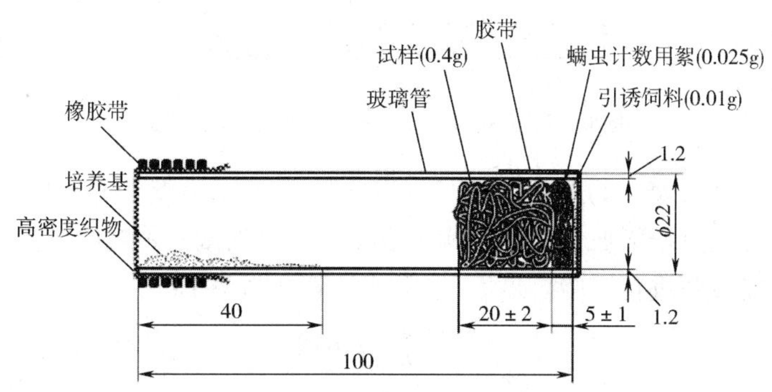

图6－5　JIS L 1920:2007 玻璃管A法示意图

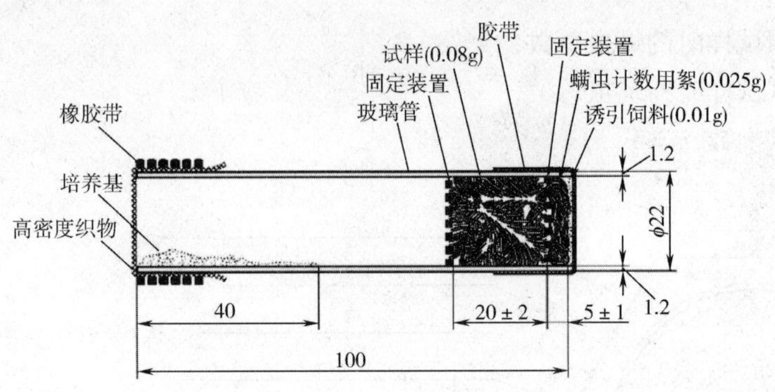

图6-6　JIS L 1920:2007 玻璃管 B 法示意图

(三)增殖抑制法

增殖抑制法也叫抑制法,JIS L 1920:2007、GB/T 24253—2009、FZ/T 62012—2009 和 AATCC 194—2013 采用了此法。以 GB/T 24253—2009 为例,在一保鲜盒内放入一块厚 10mm、边长约为 200mm 的海绵,注入适量的饱和食盐水,使水的高度恰好浸没海绵。再准备 6 个培养皿,分别放入 3 个测试试样和 3 个对照试样,并在试样上均匀地放入 0.05g 螨虫饲料。接着向 6 个培养皿中各放入 150 只存活的螨虫,再把这 6 个培养皿分别放入保鲜盒的海绵上,培养皿之间的距离要大于 10mm。盖好保鲜盒的盖子后,如图 6-7 所示。

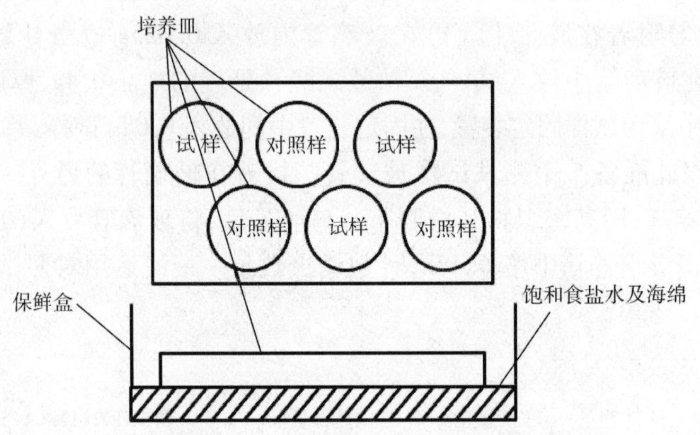

图6-7　GB/T 24253—2009 抑制法示意图

将保鲜盒置于温度(25±2)℃、相对湿度(75±5)%恒温恒湿培养箱中 7d、14d、28d 或 42d 后,用解剖镜观察并记录培养皿内存活的螨虫成虫和若虫数量。若对照样培养皿内存活的螨虫数量少于 150 只,需重新进行实验。最后,按下式计算抑制率 Y。

$$Y = \frac{B - T}{B} \times 100\% \tag{6-3}$$

式中:B——三块对照样存活螨虫数的平均值;

T——三块试样存活螨虫数的平均值。

与 GB/T 24253—2009 的抑制法稍有不同,AATCC 194 采用每个培养皿单独放入培养环境的方法,螨虫数量也少一些,为 25 只雄性螨虫加 25 只雌性螨虫,在温度(25±1)℃、相对湿度

73% ~76%中培养6个星期。AATCC 194 方法采用打结网固定方法,防止螨虫逃逸。AATCC 194 还通过加热萃取方式进行了螨虫的回收,利用胶带/网组合,将加热5h 的测试箱里的螨虫回收,然后利用低倍的立体双目显微镜计数。而 GB/T 24253—2009 则直接用解剖镜或体视显微镜观察并记录培养皿内存活的螨虫成虫或若虫数。

FZ/T 62012—2009 也采用每个培养皿单独放入培养环境的方式,与其他测试方法不同的是,此标准还引入了中央过滤纸,培养皿中先放试样,再放中央滤纸,在中央滤纸周围放饲料,最后在滤纸中心处放200只螨虫,如图6-8所示。

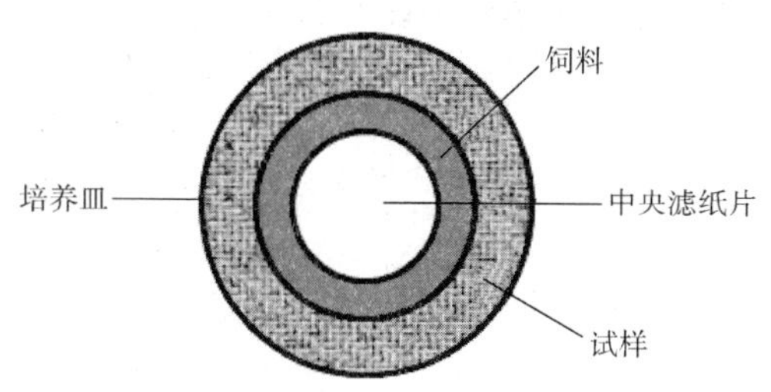

图6-8　FZ/T 62012—2009 测试原理图

(四)防止通过实验方法

该方法适用于评价高密度织物的螨虫通过性能。将试样于70℃干热条件下处理10min,将螨虫培养基(含有3000只活螨虫)放入管瓶(直径30mm,高65mm),用试样包住管瓶,用橡胶圈固定试样于管瓶上,并用胶带将试样封于管瓶口。将管瓶粘在硬板上,放置于温度(25±1)℃、相对湿度(75±5)%的黑暗恒温恒湿箱中。24h后,计算透过试样到达瓶外(包括试样外表面、管瓶表面以及粘板上)的螨虫数,根据试验结果判定有无螨虫通过。

三、防螨纺织品技术要求

表6-2列出了不同测试原理的日本标准防螨技术要求,表6-3列出了中国标准防螨技术要求。

表6-2　不同测试原理的日本标准防螨技术要求

原理	指标	试样方法	技术要求
杀灭螨虫法	螨虫死亡率	螨虫培植法	60% ~90%
		夹持法	>90%
		螺旋管法	50% ~90%
趋避法	趋避率	大阪府公共卫生研究所法	70% ~90%
		侵入阻止法	>80%
		玻璃管法	>60%
增殖抑制法	抑制率	培养基混入法	>60%

表6－3　中国标准防螨技术要求

<table>
<tr><th>标准</th><th>指标</th><th colspan="2">技术要求</th></tr>
<tr><td rowspan="6">GB/T 24253—2009
纺织品防螨性能的评价</td><td rowspan="3">趋避率</td><td>具有极强的防螨效果</td><td>≥95%</td></tr>
<tr><td>具有较强的防螨效果</td><td>≥80%</td></tr>
<tr><td>具有防螨效果</td><td>≥60%</td></tr>
<tr><td rowspan="3">抑制率</td><td>具有极强的防螨效果</td><td>≥95%</td></tr>
<tr><td>具有较强的防螨效果</td><td>≥80%</td></tr>
<tr><td>具有防螨效果</td><td>≥60%</td></tr>
<tr><td rowspan="2">FZ/T 62012—2009
防螨床上用品</td><td rowspan="2">驱螨率</td><td>A级:10次洗涤后</td><td>≥60%</td></tr>
<tr><td>AA级:20次洗涤后</td><td>≥60%</td></tr>
<tr><td>CAS 179—2009
抗菌防螨床垫</td><td>抑制率</td><td colspan="2">≥80%</td></tr>
</table>

四、防螨产品的耐久性实验

考虑到防螨整理剂存在耐热性和耐化学性差的问题,产品的防螨性能测试也要兼顾其耐久性实验,这对消费者购买此类产品具有十分重要的意义。检验防螨纺织品耐久性的方法主要是水洗法和加速实验法。

水洗法是指在进行防螨测试前,先将试样进行规定次数和洗涤条件的家庭洗涤,比如,FZ/T 62012—2009《防螨床上用品》中规定了洗涤10次和洗涤20次后的防螨性能要求。

加速实验法是将防螨织物在一定的处理条件下,模拟产品生命周期进程,进行加速老化实验,比如,在81℃下光照48h,或加速洗涤若干次;再如GB/T 24253—2009《纺织品防螨性能的评价》中采用GB/T 12490《纺织品　色牢度试验　耐家庭和商业洗涤色牢度》中的A1M条件进行洗涤,该方法中的一个洗涤循环相当于5次家庭洗涤。

五、防螨测试的不确定度

防螨测试过程环节多,测试引入物质也比较复杂,既包括非生物质纺织品,也包括生物螨虫,任何一个因素的波动,都会给测试结果带来波动。比如,螨虫饲料量过多,饲料遮盖试验样品使螨虫与样品不能有效接触,会明显影响试验结果的正确性。温湿度条件对螨虫生长影响较大,通过纺织品的比对试验发现温度低于或高于25℃、相对湿度低于或高于75%,螨虫存活数量均有减少趋势。原始放入的螨虫数量太多,计数困难,影响分辨;螨虫数量较少,虽计数方便,但不能反映防螨织物的真实功能。在培养时间内,螨虫数量呈现不断波动的动态,也影响螨虫计数的准确性。对照样的选择差异,也会直接导致测试结果的差异。研究表明:试验温度、相对湿度引入的不确定度较大;而螨虫培养时间及试验螨虫数引入的不确定度较小。

第三节 防蚊纺织品

一、蚊子及其危害

蚊子是一种具有刺吸式口器的小飞虫,全球约有3000种蚊子,地理分布范围极广。在蚊子成群地区生活的人和动物备受折磨,特别是在热带和亚热带区域,蚊子会导致流行性疾病传播。雌性蚊子通常以血液作为食物,是登革热、疟疾、黄热病、丝虫病、日本脑炎等病原体的中间寄主,每年因蚊虫叮咬而感染疟疾死亡的人数超过100万,严重影响人们的健康。

二、防蚊原理

人类皮肤通过普通汗腺和特殊汗腺实现排汗。普通汗腺分布于整体皮肤,特殊汗腺又称为香腺,仅分布于特殊部位。普通汗液主要含盐分和少量有机物质,特殊汗液含有类脂质和脂肪酸。无论是普通汗液还是特殊汗液,排出时都不含有气味物质,只有被皮肤表面存在的微生物分解后,才会生成可挥发性的化学物质。典型的汗味是由多种化合物,如饱和、不饱和支链及末端不饱和碳羧酸引起的。雌性蚊子需要吸食血液来产卵、育卵,其嗅觉灵敏,对人体呼吸和新陈代谢所产生的二氧化碳及乳酸等挥发物非常敏感,可以从30m外直接冲向吸血对象。

驱蚊的一种方法是涂防蚊剂,当人体裸露的皮肤上涂上防蚊剂时,由于驱避剂具有蚊虫所厌恶的气味,蚊虫不愿在含有驱蚊剂的地方停歇,从而达到驱蚊作用。另一种驱蚊方法是对纺织品进行整理,使信息素不再通过面料向周围环境散发,从而达到驱蚊的目的,这一方法又称为被动防蚊体系。

三、防蚊整理剂

防蚊整理剂主要有杀虫剂和趋避剂。杀虫剂主要通过触杀、胃毒或熏蒸作用杀灭害虫,目前使用的杀虫剂中,拟除虫菊酯最受推崇。驱避剂按其来源分为天然驱避剂和合成驱避剂,具体如下。

(一)天然驱避剂

天然驱避剂一般以植物源驱避剂为主,来源于植物的根、茎、叶、花等,多为萜类、脂类、醇类和酮类。其优点是无毒或低毒,对人的皮肤无刺激,气味清新,使用后不会有药物残留;易降解,对环境无污染等。存在的问题是高效性和耐洗性比合成驱避剂差。此外,把植物资源转化成产品还涉及多方因素,如对环境和生态的影响等。

(二)合成驱避剂

合成驱避剂主要包括有机脂类、芳香醇类、不饱和醛酮类、胺类和酰胺类等。但很多合成驱避剂会引起神经系统疾病、脑病和皮肤病等,甚至对胎儿、儿童、孕妇及哺乳期妇女存在潜在的影响,所以一般禁止使用。

1. 合成除虫菊酯

合成除虫菊酯也叫拟除虫菊酯,类似于菊花分泌的天然杀虫剂,效果持久,已在美国环保署

(US EPA)注册,并于1977年首次上市,绿色环保。拟除虫菊酯是模拟除虫菊中天然除虫菊粉的有效成分合成的。和天然除虫菊相比,合成的拟除虫菊酯同样有效,而且效用更持久,也更容易获得。合成除虫菊酯通过快速麻痹昆虫的神经系统而起作用,在昆虫接触或被昆虫吞食后致死,同样还具有驱避效果。该效用适用于昆虫生长的所有时期,特别是幼虫时期。合成除虫菊酯涂在皮肤上并没有效用,但是在服装和军事装备上会非常持久。

适用于纺织品整理的有氯菊酯和胺菊酯两类。氯菊酯的通用名称为二氯本醚菊酯,化学名称为苄氯菊酯、除虫菊,是一种复杂的有机化合物,当被皮肤代谢后,通过酯水解生成氨基酸、二氧化碳和水,对人体无毒无害。胺菊酯不溶于水,溶于有机溶剂,为白色晶体,对昆虫的击倒速度极快。

2. 其他几种合成趋避剂

(1)DEET。即*N*,*N*-二乙基间甲苯甲酰胺,是1956年由美国研制开发的,其中文名为避蚊胺。不溶于水,溶于醇、醚、异丙醇、二硫化碳、酒精、苯、丙烯乙二醇、棉籽油、酮类和石油提取物等有机溶剂,微溶于石油醚和甘油,其使用量为5%~100%。近年来,DEET被陆续发现存在问题,由DEET引起的疾病包括神经系统疾病、脑病和皮肤病等。因此,DEET已被人们慎用,泰国和我国台湾地区已经禁止使用DEET。

(2)KBR 3023。即羟乙基哌啶羧酸异丁酯,为无色液体,25℃时的蒸汽压为5.87×10^{6}Pa,沸点为296℃,溶点为-170℃,1998年由德国拜耳公司研制开发。按照其使用说明书使用是对人体无害的,对皮肤也无任何刺激作用,2岁以上的儿童及大人均可使用。

(3)柠檬桉叶油/PMD对盖烷-3,8-二醇具有强烈的柠檬芳香味,有类似香茅油的草香,呈无色至淡黄色透明油状液体。

(4)IR3535。中文别名伊默宁,为酯类化合物。与酰胺类驱避剂相比,其香气宜人,对皮肤无刺激。IR3535的结构类似丙氨酸,毒性和环境危害性均小于DEET,对皮肤和黏膜无毒副作用、无过敏性及无皮肤渗透性等,使用非常安全。

四、防蚊纺织品

(一)功能纤维法

功能纤维法是将防蚊整理剂加入成纤聚合物中,并经纺丝后制得的防蚊虫纤维。实施方法主要有以下三种。

第一种是在聚合物聚合过程中添加选定的防蚊虫整理剂,然后进行纺丝。比如,将青蒿精油加入到黏胶纤维纺丝液纺制出具有驱蚊效果的复合黏胶纤维。该纤维在分子结构上保持了纤维Ⅱ晶型结构,当复合黏胶纤维中青蒿精油含量为10%时,纤维具有较好的服用性能,驱蚊效果可达到89.42%。

第二种方法则是将防蚊整理剂制成防蚊母粒,然后将其与聚合物切片相互混合,并在聚合物纺丝过程中将防蚊母粒加入纤维中,从而对纤维进行化学改性。日本生产的聚乙烯单丝防虫纤维可用于制作防止疟疾的防虫蚊帐。其生产方法是在高密度聚乙烯纤维喷丝过程中加入氯菊酯母粒,氯菊酯母粒用量占高密度聚乙烯纤维用量的2%。由于聚乙烯树脂内部分子间的空隙较大,纤维中的氯菊酯会逐渐从内向外迁移,覆盖在纤维表面。因此,纤维经洗涤或其他机械作用会使纤维表面的药物脱落,但经太阳晒4h左右,纤维表面就又会渗出足够的药物。

第三种为复合纺丝法。运用复合纺丝技术，加工具有皮芯结构的复合纤维，芯层含防蚊整理剂，并通过碱减量处理增加纤维比表面积，使防蚊整理剂通过通道向外渗透。比如，采用混有无机粉体成孔剂的聚对苯二甲酸乙二醇酯（PET）为皮层组分，添加防蚊剂的聚丙烯（PP）为芯层组分，采用复合纺丝法纺制了皮芯复合纤维，纤维横截面如图 6－9 所示；再通过碱液处理皮层产生孔洞，从而保证包覆在芯层中的防蚊剂能有效缓慢地释放，达到持久驱蚊的目的。

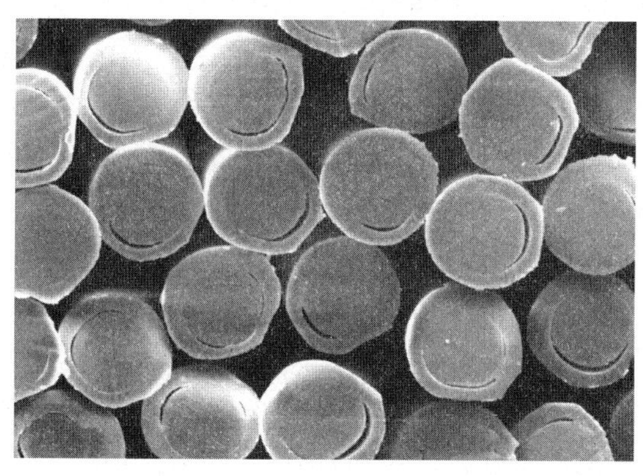

图 6－9　皮芯复合防蚊纤维横截面形态

（二）织物后整理法

除采用防蚊功能纤维外，目前防蚊织物多采用浸轧、微胶囊附着和环糊精—驱蚊剂超分子包合物法等后整理方法赋予纤维或织物防蚊功能。

1. 浸轧法

浸轧法通常需要通过专用交联剂产品辅助，使防蚊整理剂被交联剂形成的膜覆盖于纤维表层，从而跟纤维结合，达到防蚊效果。经此法整理的织物，耐久性会成为一个问题，尤其是经多次洗涤后，防蚊效果会有一定程度的损失。

2. 微胶囊附着法

微胶囊技术是以天然或合成高分子材料作为囊壁，通过化学法、物理法或物理化学法将活性物质（囊芯药物）进行包裹而形成具有半透性或密封囊膜的一种技术。在微胶囊中，囊心与外界环境隔开，可免受外界湿气、氧气、酸度、紫外线等因素的影响，能有效地保持其物理化学性质。而在适当条件下，破坏壁材又能将囊心物质释放出来。

微胶囊化方法大致可分为三类，即化学法、物理法和物理化学法。化学法包括界面聚合法、原位聚合法和锐孔法。物理法包括喷雾干燥法、空气悬浮法、真空蒸发沉积法、静电结合法、溶剂蒸发法、包结络合物法及挤压法。采用浸渍法将防蚊微胶囊应用于纺织品，不仅可以保护人体免遭蚊虫叮咬，还能克服传统驱杀蚊剂的缺点，避免有效成分与人体的直接接触，且有更优异的稳定性和持久性。

3. 环糊精—驱蚊剂超分子包合物法

环糊精—驱蚊剂超分子包合物法利用环糊精包合驱蚊剂，在固着剂和浸轧焙烘作用下，环糊精包合物与纤维发生交联反应，使其固着在纤维上，制成具有驱蚊效果的织物。

第四节　防蚊纺织品测试方法与标准

一、防蚊纺织品测试标准概述

在2014年之前，世界范围内还没有防蚊纺织品测试标准，防蚊效果多借鉴防蚊剂的防蚊测试方法，比如，世界卫生组织杀虫剂评估委员会（WHOPES）推荐用标准WHO/CDS/WHOPES/GCDPP/2005测定长效防虫蚊帐布耐洗性和防蚊有效性；我国农业部起草的标准GB/T 13917.1—2009《农药登记用卫生杀虫剂　室内药效试验及评价　第1部分：喷射剂》、GB/T 13917.3—2009《农药登记用卫生杀虫剂　室内药效试验及评价　第3部分：烟剂及烟片》和GB/T 13917.9—2009《农药登记用卫生杀虫剂　室内药效试验及评价　第9部分：趋避剂》，在很长一段时间内也用来作为防蚊纺织品的检测标准。虽然我国在2012年也出台了GB/T 28408—2012《防护服装　防虫防护服》，但防蚊检测方法仍采用的是农业部的测试方法。直到2013年12月17日，我国出台了首部防蚊纺织品的检测标准GB/T 30126—2013《纺织品　防蚊性能的检测和评价》，填补了我国在该领域的空白。随后，2018年日本也出台了驱蚊纺织品的测试标准JIS L 1950－1—2018《纺织品 防蚊性能试验方法 第1部分：诱引吸血装置法》和JIS L 1950－2—2018《纺织品 防蚊性能试验方法 第2部分：接触试验法》。2017年，我国还推出了针对经氯菊酯整理剂整理的防蚊纺织品团体标准T/CTCA 3—2017《氯菊酯防蚊面料》。

二、防蚊测试方法、原理和评价指标

纺织品防蚊测试按测试原理可分为趋避法、强迫接触法和蚊笼叮咬法，中国测试方法要有GB/T 30126—2013和GB/T 28408—2012，具体信息见表6－4，下述原理介绍也基于这两个方法。

表6－4　国内防蚊纺织品测试原理

<table>
<tr><th>标准</th><th colspan="2">测试原理</th><th>采用标准</th><th>主要设备</th><th>评价指标</th></tr>
<tr><td rowspan="3">GB/T 30126—2013
《纺织品　防蚊性能的检测和评价》</td><td rowspan="2">趋避法</td><td>趋避测试</td><td>—</td><td>趋避测试器</td><td>趋避率</td></tr>
<tr><td>吸血昆虫供血器法</td><td>—</td><td>吸血昆虫供血器</td><td>趋避率</td></tr>
<tr><td colspan="2">强迫接触法</td><td>GB/T 13917.1—2009 中4.3</td><td>强迫接触器</td><td>击倒率、杀灭率</td></tr>
<tr><td rowspan="2">GB/T 28408—2012
《防护服装　防虫防护服》</td><td colspan="2">蚊笼叮咬法</td><td>GB/T 13917.9—2009 中4.3</td><td>蚊笼</td><td>趋避率、叮咬率</td></tr>
<tr><td colspan="2">强迫接触法</td><td>GB/T 13917.1—2009 中4.3</td><td>强迫接触器</td><td>击倒率</td></tr>
</table>

（一）趋避测试法

趋避测试是趋避法中的一种，将具有一定攻击力的蚊虫（白纹伊蚊）置于有试样的空间内，其中试样附于人体或供血器上，计数在规定时间内蚊虫在待测试样和对照样表面停落数，以驱避率来评价织物的防蚊性能。

在进行趋避法试验之前，需对志愿者及所用的试虫进行攻击力试验，以确保蚊虫具有一定的攻击力，具体方法如下：在如图 6－10 所示蚊笼内放入约 300 只白纹伊蚊，在志愿者的手背上暴露 4cm×4cm 的皮肤，其余部分严密遮蔽。将手伸入蚊笼布袖中，2min 内前来停落的蚊虫多于 30 只者为攻击力合格，该志愿者和此笼蚊虫可用于驱避试验。

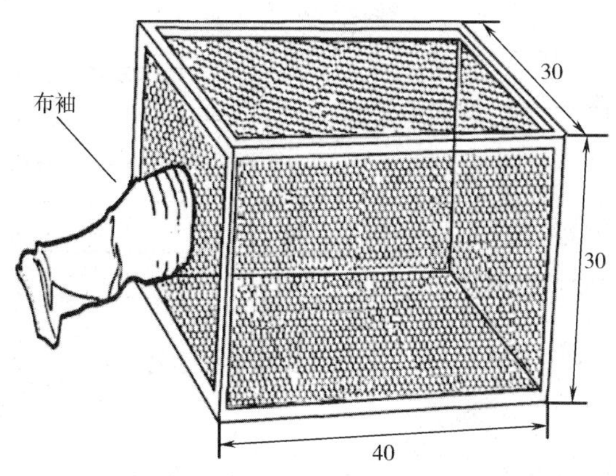

图 6－10　GB/T 30126—2013 使用的蚊笼示意图（单位：cm）

选攻击力测试合格的 4 名志愿者（2 男 2 女），先用标准规定的模板在每个人的一只前臂内侧划出四个圆形，分别用待测试样和对照试样按图 6－11 顺序覆盖四个圆形，然后用模板覆盖试样，在试样上划出四个圆形轮廓后移除模板，再将如图 6－11 的驱避测试器放在试样上，使驱避测试器上的圆孔与试样上的圆孔吻合，用 2 个弹性胶条将驱避测试器紧固在志愿者的前臂内侧，插上滑板。然后，向固定在志愿者前臂上的驱避测试器内放入攻击力合格的白纹伊蚊约 30 只，将测试器底部的滑板全部拉出，使 4 个孔全部暴露，开始计时，计数 2min 内待测试样与对照试样表面停落的蚊虫数，每位志愿人员试验 1 次，并按下式计算驱避率。

$$R = \frac{B_1 - T_1}{B_1} \times 100\% \qquad (6-4)$$

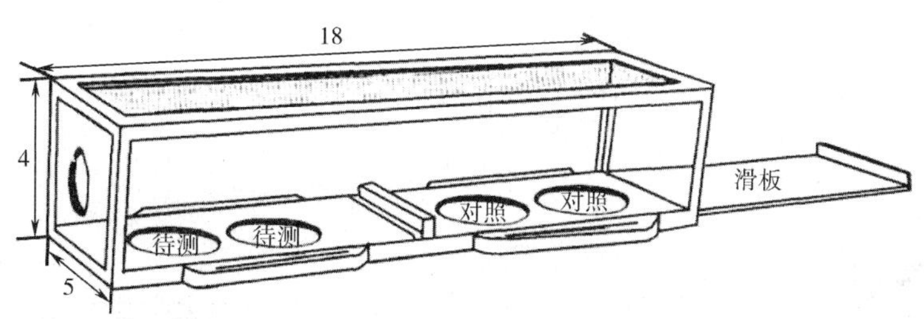

图 6－11　防蚊趋避测试器示意图（单位：cm）

式中：R——趋避率；

B_1——对照样蚊虫停留数的平均值；

T_1——待测试样蚊虫停留数的平均值。

（二）吸血昆虫供血器法

吸血昆虫供血器法也是趋避法之一。吸血昆虫供血器为模拟动物而替代人体进行趋避试验的人工喂血装置，如图 6－12 所示。在吸血昆虫供血器的 2 个喂血盒中分别加入 10mL 猪血或鸡血，用人工膜将血液封闭，待测试样和对照样分别覆盖在喂血盒的人工膜上。温控仪设定血液温度为36℃，当血液温度达到设定温度时，将喂血盒放入盛有300只雌蚊的蚊笼底部，计数2min内待测试样和对照样表面停落的蚊虫数。重复试验，完成待测试样和对照样的测试。最后，按照式(6-4)计算趋避率。

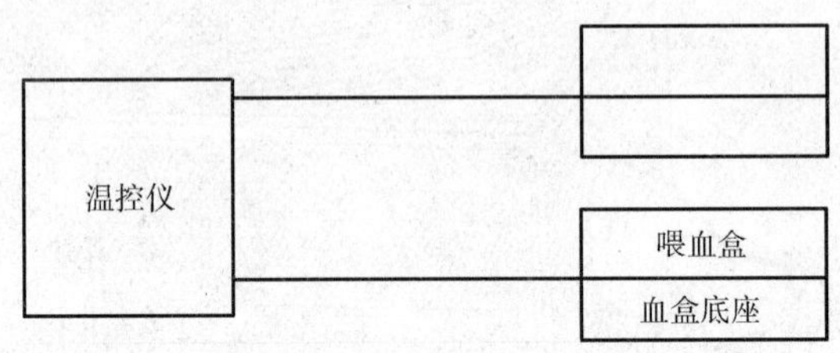

图6-12 吸血昆虫供血器示意图

(三)强迫接触法

强迫接触法是在安装好试样的强迫接触器内，将20只淡色库蚊置于强迫接触器内，如图6-13所示，再压缩空间迫使蚊虫接触试样，在30min内计数被击倒的蚊虫数，随后转移蚊虫至清洁的养蚊笼内，恢复标准饲养24h后检查蚊虫死亡数，分别进行测试样和对照样的测试，以击倒率和杀灭率来评价织物的防蚊性能，击倒率、杀灭率计算式如下。

$$D = \frac{T_2 - B_2}{20 - B_2} \times 100\% \qquad (6-5)$$

式中：D——击倒率；

B_2——对照样蚊虫30min击倒数的平均值；

T_2——待测试样蚊虫30min击倒数的平均值。

$$K = \frac{T_3 - B_3}{20 - B_3} \times 100\% \qquad (6-6)$$

式中：K——击倒率；

B_3——对照样蚊虫24h死亡数的平均值；

T_3——待测试样蚊虫24h死亡数的平均值。

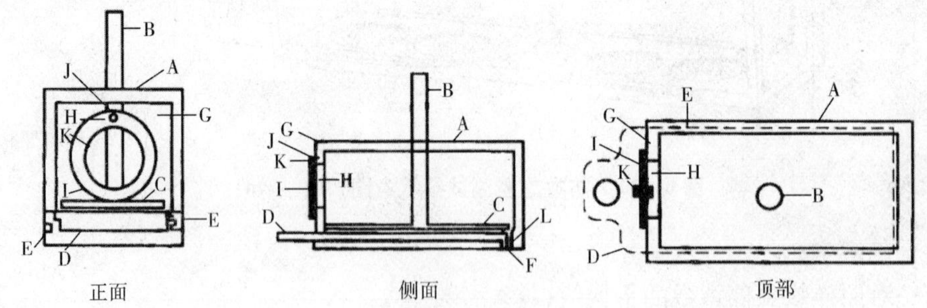

图6-13 强迫接触器示意图

A—无色透明长方体 B—拉杆 C—挡板 D—拉板 E—凹槽 F—拉板一端 G—长方体正面 H—放虫孔 I—放虫孔挡板 J—放虫孔挡板上方的突出 K—螺丝 L—长方体背面底部的向内突出

（四）蚊笼叮咬法

GB/T 28408—2012《防护服装　防虫防护服》分别引用了 GB/T 13917.9—2009 中 4.3（蚊笼叮咬法）和 GB/T 13917.1—2009 中 4.3（强迫接触法）。其中，引用 GB/T 13917.1—2009 中 4.3 的强迫接触时间为 1h，并计算 1h 的蚊虫击倒率。

蚊笼叮咬法同试虫攻击力试验类似，在蚊笼内放置 300 只蚊虫，将皮肤覆盖住，只留 40mm × 40mm，分别用待测试样和对照样覆盖住。将手伸入蚊笼，记录 2min 停落和吸血的蚊虫数，计算出趋避率和叮咬率。

三、防蚊纺织品技术要求

GB/T 30126—2013 中采用表 6－5 中至少一项指标对试样的防蚊效果进行评价，GB/T 28408—2012 要求防护面料至少达到表 6－6 的要求，团体标准 T/CTCA 3—2017 的防蚊技术要求见表 6－7 ~ 表 6－9。

表 6－5　GB/T 30126—2013 防蚊技术要求

防蚊评级		A 级	B 级	C 级
趋避	趋避率	>70%	70% ~50%	<50%，>30%
	趋避效果	具有极强的趋避效果	具有良好的趋避效果	具有趋避效果
击倒	击倒率	>90%	90% ~70%	<70%，>50%
	击倒效果	具有极强的击倒效果	具有良好的击倒效果	具有击倒效果
杀灭	杀灭率	>70%	70% ~50%	<50%，>30%
	杀灭效果	具有极强的杀灭效果	具有良好的杀灭效果	具有杀灭效果

表 6－6　GB/T 28408—2012 防护面料技术要求

项目	防虫性能指标	
	未经洗涤处理	洗涤 30 次后
对蚊、蚂蚁趋避率	≥90%	≥60%
蚊、蚂蚁叮咬率	0	≤30%
对蚊、蚂蚁击倒率	≥90%	≥60%

表 6－7　T/CTCA 3—2017 非直接接触皮肤纺织品防蚊驱避率考核要求

项目	AA 级		A 级		合格品	
	未经水洗	水洗 20 次	未经水洗	水洗 10 次	未经水洗	水洗 10 次
防蚊驱避率	>70%	>60%	>60%	>30%	>50%	>30%

表 6－8　T/CTCA 3—2017 直接接触皮肤纺织品防蚊驱避率考核要求

项目	AA 级		A 级		合格品	
	未经水洗	水洗 20 次	未经水洗	水洗 10 次	未经水洗	水洗 10 次
防蚊驱避率	>70%	>40%	>60%	>30%	>50%	>30%

表 6-9 T/CTCA 3—2017 儿童纺织品防蚊驱避率考核要求

项目	AA 级		A 级		合格品	
	未经水洗	水洗 15 次	未经水洗	水洗 10 次	未经水洗	水洗 5 次
防蚊驱避率	>70%	>30%	>60%	>30%	>50%	>30%

参考文献

[1]孙颖,林芳兵,王曰转,等.防虫驱蚊纺织品的研究进展[J].毛纺科技,2015(7):66-71.

[2]侯翠芳.非织造布防螨安全环保[J].非织造布,2012(5):29-30.

[3]侯翠芳.纺织品防螨技术的研究进展[J].南通纺织职业技术学院学报,2009(2):13-17.

[4]杨栋樑.纺织品的防螨整理(一)[J].印染,2002(7):36-38.

[5]杨栋樑.纺织品的防螨整理(二)[J].印染,2002(8):40-43.

[6]杨栋樑.纺织品的防螨整理(三)[J].印染,2002(9):42-43.

[7]马正升.防尘螨纤维及纺织品研究的最新进展[J].印染助剂,2005(12):1-4.

[8]王来力.纺织品防螨技术现状及其检测标准分析[J].中国纤检,2009(11):76-77.

[9]张振方,李会改,万明,等.纺织品防螨研究进展[J].合成纤维,2015(3):38-41.

[10]严小飞,尹晓娇,王府梅.木棉天然防螨织物的织造技术探索[J].上海纺织科技,2015(7):16-18.

[11]商成杰,刘红丹.织物防螨整理研究[J].针织工业,2012(3):53-55.

[12]杨乐芳,陈葵阳.纺织品防螨性评价的不确定度成因分析[J].上海纺织科技,2009(1):42-45.

[13]欧阳友生,陈仪本,彭红,等.织物防螨抗菌测试及评价标准的探讨[J].纺织学报,2005(5):143-145.

[14]曾跃兵,文可平,石光萍,等.防蚊服装面料整理工艺初探[J].染整技术,2018(3):20-24.

[15]王爱兵,朱小云,杨斌,等.防蚊整理研究进展[J].印染,2010(4):49-51,56.

[16]杜菲,周静宜,王锐,等.PET/PP 皮芯复合防蚊纤维碱处理工艺研究[J].合成纤维工业,2015(1):33-37.

[17]白玲.防蚊型聚酯纤维纺丝研究[J].合成纤维,2016(3):9-11.

[18]叶建忠,齐鲁,白立峰.聚对苯二甲酸丁二酯/聚丙烯皮芯复合驱蚊纤维[J].合成纤维,2012(3):16-19.

[19]韩烽,周静宜,王锐,等.皮芯复合防蚊纤维的制备及性能研究[J].纺织导报,2016(4):51-55.

[20]林燕萍,杨陈,李永贵.驱蚊黏胶纤维的制备及其性能研究[J].纤维素科学与技术,2018(2):53-57.

[21]姜怀.功能纺织品开发与应用[M].北京:化学工业出版社,2012.

[22]商成杰.功能纺织品[M].北京:中国纺织出版社,2017.

[23]JSIF B 010—2001 防螨性能(驱避试验、玻璃管法)试验方法[S].

[24]JSIF B 011—2001 防螨性能(驱避试验、花瓣法)试验方法[S].

[25]JSIF B 012—2001 防螨性能(增殖抑制试验、混入培养基法)试验方法[S].

[26]JIS L 1920:2007 纺织品抗家庭尘螨效果的试验方法[S].

[27]AATCC 194—2013 纺织品在长期测试条件下抗室内尘螨性能的评价[S].

[28]GB/T 24253—2009 纺织品防螨性能的评价[S].

[29]FZ/T 62012—2009 防螨床上用品[S].

[30] CAS 179—2009 抗菌防螨床垫 [S].
[31] GB/T 13917. 1—2009 农药登记用卫生杀虫剂　室内药效试验及评价　第 1 部分:喷射剂 [S].
[32] GB/T 13917. 3—2009 农药登记用卫生杀虫剂　室内药效试验及评价　第 3 部分:烟剂及烟片 [S].
[33] GB/T 13917. 9—2009 农药登记用卫生杀虫剂　室内药效试验及评价　第 9 部分:趋避剂 [S].
[34] GB/T 28408—2012 防护服装　防虫防护服 [S].
[35] GB/T 30126—2013 纺织品　防蚊性能的检测和评价 [S].
[36] JIS L1950 - 1:2018 纺织品 防蚊性能试验方法 第 1 部分:诱引吸血装置法 [S].
[37] JIS L1950 - 2:2018 纺织品 防蚊性能试验方法 第 2 部分:接触试验法 [S].
[38] T/CTCA 3—2017 氯菊酯防蚊面料 [S].

第七章　远红外纺织产品检测技术

第一节　远红外和远红外纺织品

一、红外线纺织品的功能

在电磁波谱中，红外线位于可见光和微波之间，其波长范围为0.76~1000μm。红外线在电磁波谱中占据很宽的范围，可根据光波波长分为近红外、中红外和远红外三部分，其中，波长在4~1000μm范围的光线称为远红外线。

远红外线独特的物理特性，作用到人体后，被人体皮肤吸收，会产生一系列生物学效应。

（一）对中枢神经系统的作用

远红外的温热效应加速血液循环，改善脑组织微循环状况，使脑细胞得到充分的氧气及养料供给，加强新陈代谢，使大脑皮层失衡状况得以改变，加深抑制过程，起到镇静、安眠作用。

（二）对循环系统的作用

远红外的热效应一方面使皮肤温度升高，刺激皮内热感应器，通过丘脑反射使血管平滑肌松弛，血管扩张血流加快；另一方面引起血管活性物质的释放，血管张力降低，使小动脉、毛细动脉及毛细静脉扩张，促使血流加快，从而加快人体大循环。

由于血流加快，使大量远红外能量被带到全身各组织器官中，作用到微循环系统，调节了微循环血管的收缩功能。一方面使纤细的管径变粗，加强血液流动；另一方面使瘀滞扩张的血管变滞流为线流，这就是远红外对微循环血管的双向调节。

（三）延缓衰老

远红外加速循环，使代谢更加旺盛，提高机体组织器官功能，延缓器官衰退进程，经常处于良好的运行状态，达到延缓人体衰老的目的。

（四）提高免疫功能

远红外可提高人体免疫力表现为：淋巴细胞转化率增高，吞噬细胞数量增加，白细胞吞噬率明显增高。如果长期穿着远红外服饰，则抵抗力强，减少感冒次数。另外，远红外还能够帮助人体水分子活性化，可降低血液黏稠度；改善手、脚、腰、肩冰冷麻痹，高、低血压及血管闭塞等症状；再配合负离子的增加，血液中的球蛋白会明显增加，能够加强身体的免疫力。

二、远红外发射物质

（一）远红外发射物质的种类

目前，远红外添加剂主要采用远红外陶瓷粉，从化学结构上来看，主要是元素周期表中第3~

第5周期元素的金属氧化物和碳化物，见表7－1。不同的远红外添加剂有着不同的红外光谱特性，这是由于它们的晶格振动不同所致。研究表明，由两种或多种化合物的混合物构成的远红外陶瓷粉，有时具有比单一物质更高的辐射率，如 Al_2O_3—CaO、TiO_2—SiO_2—Cr_2O_3、Fe_2O_3—MnO_2—SiO_2—ZrO_2 等。在保证远红外吸收剂吸热性能的前提下，还应综合考虑远红外剂的加入对纱线可纺性和服用性能的影响，同时，还必须对远红外添加剂的碱性、色泽、硬度、毒性等进行检测。

表7－1　常见远红外陶瓷粉

种类	远红外辐射性物质
氧化物	Al_2O_3、ZrO_2、TiO_2、SiO_2、MgO、Cr_2O_3、电气石、堇青石、莫来石等
碳化物	B_4C、SiC、TiC、MoC、WC、ZrC 等
氮化物	BN、AlN、Si_3N_4、ZrN、TiN 等
硅化物	$TiSi_2$、$MoSi_2$、WSi_2 等
硼化物	TiB_2、ZrB_2、CrB_2 等

目前，使用最多的是氧化物和碳化物，有时也使用氮化物。其中以 Al_2O_3、MgO、ZrO_2 和 ZrC 为好，有时也使用 TiO_2 和 SiO_2。碳化物是发射率较高的一种，一方面碳化物能高效吸收阳光中0.1～2.0μm（占阳光中总能量的95%以上）的远红外线；另一方面碳化物还能反射大于2.0μm的远红外线，也就是能高效反射人体辐射的远红外线（4～14μm），但由于其价格较高，所以应用并不是很多。

（二）远红外粉的粒度

用于产品后整理的远红外粉平均颗粒直径在10μm左右。由于粒径过大，影响产品的手感及加工过程中涂层混合液的稳定性。用于纤维的远红外粉要求高，用于短纤纺丝粒径通常小于5μm；用于长纤纺丝粒径小于3μm，最好在0.1～2μm。

（三）远红外粉的含量

远红外粉的含量决定纤维辐射率，纤维的远红外发射率与其含量间呈现复杂的曲线关系。曲线存在极值，在极值之后的纤维辐射率急剧下降。该极值一般出现在远红外粉含量为4%～15%时。一般纤维中远红外粉的含量控制在4%左右。

三、远红外纺织品的开发

（一）远红外功能纤维

远红外功能纤维可以通过成纤高分子材料与远红外辐射剂的共混技术和复合纺丝技术制备。复合纺丝法可以制成皮芯结构的远红外纤维，皮芯层分别是含远红外辐射剂的聚合物和普通均聚物。复合纺丝虽然技术上可行，但纺丝设备复杂，开发成本较高。共混技术是目前生产远红外纤维的主要方法，该方法的优点是能够使远红外辐射剂在纤维截面上呈均匀分布，纤维远红外辐射性能稳定、持久。应用共混技术制备远红外纤维主要有以下几种途径。

（1）改性树脂法。在成纤高分子材料聚合时添加远红外辐射剂，通过优化聚合工艺条件，合成远红外改性树脂直接纺丝或造粒后进行切片纺丝。

(2)母粒法。预先制备高含量的远红外辐射剂母粒,而后与成纤高分子材料进行熔体共混纺丝。

(3)注射法。在纺丝加工过程中用注射器将远红外辐射剂添加在纺丝熔体中,进行熔体共混纺丝。

(4)溶液纺丝法。将远红外线辐射剂均匀分散于纺丝原液中,充分混合后进行溶液纺丝。

(二)远红外纺织品后整理

远红外纺织品可以由远红外纤维经纺织加工制造,也可以通过织物的后整理加工得到。织物的远红外后整理是指将远红外辐射剂施加到织物上,主要有涂层法、浸轧法等。

1. 涂层法

涂层法就是将远红外辐射剂和涂层剂均匀分散后,涂覆在织物表面,经焙烘等热处理后,形成涂层薄膜而固着在织物上。涂层剂一般选择聚丙烯酸酯类、聚氨酯类产品,以获得较好的透气性、透湿性。涂层液中还须加入分散剂,使远红外辐射剂颗粒分散均匀。为了增加整理效果的耐久性,可以在涂层液中加入低甲醛或无甲醛树脂作为交联剂。工艺流程为:普通织物→底涂→烘干→面涂→焙烘→冷却→远红外织物。

涂层法适用的纤维种类广,与其他整理方法相比,处理的成本也相对较低,但用涂层法加工的织物手感和耐洗性还不能令人满意,会影响织物的服用性能。

2. 浸轧法

浸轧法是使用传统的轧烘焙工艺对织物进行整理,将不溶于水或微溶于水的远红外辐射剂制成悬浮体,通过浸轧的方式转移到织物上。为了使远红外辐射剂能固着在织物上,整理液中可加入树脂。工艺流程为:普通织物→浸轧整理液→烘干→焙烘→冷却→远红外织物。

浸轧法同样适用于各种纤维织物的加工,且透气透湿性好,手感较柔软。

3. 其他方法

此外,织物远红外后整理还有喷雾法、印花法、微胶囊整理法等。喷雾法常用于制作远红外絮片,对毛圈织物的毛尖部位开纤,然后喷涂远红外辐射剂,能有效地提高其保温性和舒适性。印花法是将远红外辐射剂调制在印花色浆中,印花后,采用焙烘或汽蒸等处理固着在织物上,印花法是一种局部处理的方法,适合于对远红外辐射率要求不是很高的织物。微胶囊整理法是将远红外辐射剂装入微胶囊中,经整理加工后,可以减缓远红外辐射剂在织物上分解和逸散速率,提高织物的远红外后整理效果的耐久性。

后整理加工得到的织物远红外功能的均匀性、持久性虽不及远红外纤维,但技术应用灵活,可以根据加工对象的变化和要求选择不同的加工方法,并且还可以与抗菌、负离子、抗紫外等其他功能整理复合进行,从而制得具有多种功能性的纺织品。需要特别指出的是,若用远红外纤维制成织物后再进行有效的远红外后整理加工,可以取得协同效应,得到远红外辐射性能优异的纺织品。

第二节　远红外纺织品测试方法与标准

一、远红外纺织品测试标准概述

目前,我国大陆地区测试纺织品远红性能的标准有 3 项,台湾地区有 1 项。分别为 GB/T

30127—2013《纺织品 远红外性能的检测和评价》,GB/T 18319—2001《纺织品 红外蓄热保暖性的试验方法》,CAS 115—2005《保健功能纺织品》,FTTS－FA－010:1996《远红外线纺织品验证规范》,具体参数见表7－2所示。其中,标准GB/T 18319—2001的波长范围覆盖了近红外线、中红外线和远红外线。

表7－2　常用纺织品远红外性能测试标准

标准	波长范围	测试指标	主要测试设备
GB/T 30127—2013《纺织品 远红外性能的检测和评价》	5～14μm	远红外发射率	远红外检测传感器、黑体仓、热板
		远红外辐射温升	远红外辐射源、测温仪
GB/T 18319—2001《纺织品 红外蓄热保暖性的试验方法》	0.8～10μm	红外吸收率	红外辐射强度计、电红外辐射源
		红外辐照温升速率	电红外辐射源、点状温度传感器、计时装置
CAS 115—2005《保健功能纺织品》	4～16μm	法向发射率提高值	红外光谱仪、黑体炉
		法向发射率	
		化学纤维灰分	坩埚、马福炉
		动物实验微循环血流量的增加量	95型半导体点温计、WX多部位微循环显微仪、电视录像系统及配套YK－MICAS微循环图像分析系统、1441型Thermomix恒温灌流器、VI－550型电视测微仪、102－B型红细胞跟踪相关仪
		具有统计学意义的生物组织微循环灌注改善评价指标	激光多普勒血流测量仪及图像分析系统、GSL－1型光电反射式容积脉波仪、心电图机、阻抗式容积脉波仪
FTTS－FA－010:1996《远红外线纺织品验证规范》	2～22μm	远红外分光放射率	红外线放射光谱仪、黑体炉
		温升	45°parallel再放射法
		保温特性	温度记录器、热显像侦测仪

二、远红外纺织品测试标准的测试指标和测试原理

(一)发射率的测试

发射率是指在一个波长间隔内,在某一温度下测试试样的辐射功率(或辐射度)与黑体的辐射功率(或辐射度)之比。发射率是介于0～1之间的正数。一般发射率依赖于物质特性、环境因素及观测条件等。发射率可分为半球发射率和法向发射率。半球发射率又分为半球全发射率、半球积分发射率和半球光谱发射率;法向发射率又分为法向全发射率和法向光谱发射率。目前国内标准GB/T 30127—2013、CAS 115—2005和FTTS－FA－010:1996均采用发射率指标来衡量产品的远红外性能。

黑体是指在任何条件下,完全吸收任何波长的外来辐射而无任何反射的物体。按照基尔霍夫辐射定律,在一定温度下,黑体是辐射本领最大的物体,其反射率为0,吸收率为100%,辐射率等于1,可叫完全辐射体。现实中不存在真正的黑体,只是近似的。

GB/T 30127—2013 发射率的测试原理为:将标准黑板体与试样先后置于热板上,依次调节热板表面温度使之达到规定温度;用光谱响应范围覆盖 5 ~ 14μm 波段的远红外辐射测量系统分别测定标准黑板体和试样覆盖在热板上达到稳定后的辐射强度,通过计算测试试样与标准黑板体的辐射强度之比,从而求出试样的远红外发射率,设备原理图如图 7 - 1 所示。

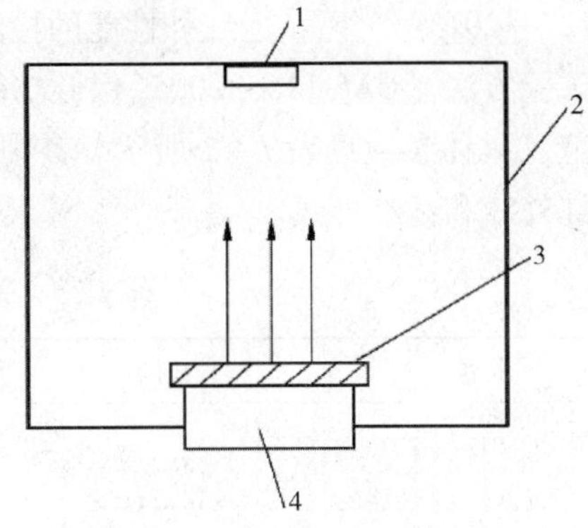

图 7 - 1 GB/T 30127—2013 远红外发射率测试原理示意图

1—红外接收装置 2—黑体罩
3—试样 4—试验热板

CAS 115—2005 中也测量了远红外发射率,同时还考核了法向发射率提高值。法向发射率提高值是用试样法向发射率减去对比样法向发射率的差值。

(二)吸收率的测试

红外吸收率是指平面织物对入射红外线吸收能量占入射能量的百分数,通常用 1 - 红外透射率(%) - 红外反射率(%)获得。GB/T 18319—2001 红外透射率和反射率的测试原理示意图如图 7 - 2 和图 7 - 3 所示,测试接通电源后(8 ±2)s 内的试样透射率和反射率。

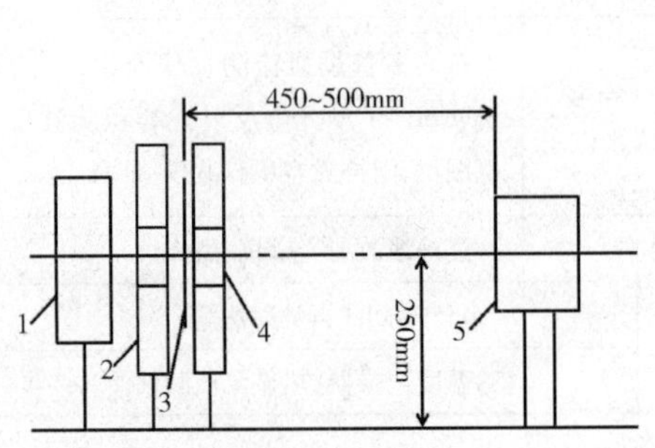

图 7 - 2 GB/T 18319—2001 红外透射率测试原理示意图

1—红外辐射强度计 2—样品架
3—样品 4—窗口 5—红外辐射源

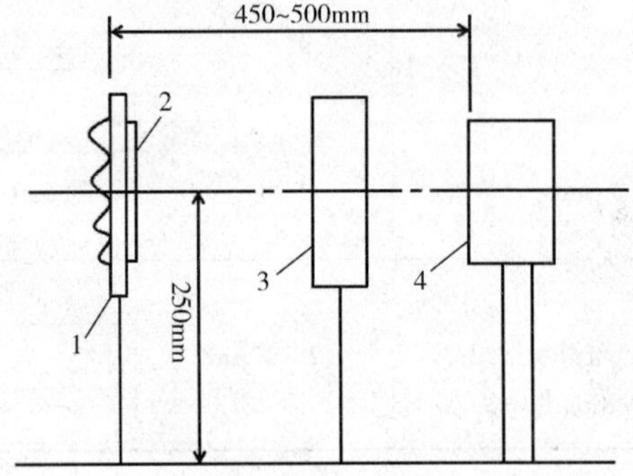

图 7 - 3 GB/T 18319—2001 红外反射率测试原理示意图

1—样品架 2—样品
3—红外辐射强度计 4—红外辐射源

(三)温升的测试

GB/T 30127—2013 中考核的温升是指远红外辐射源以恒定辐照强度辐照试样 30s 后,测试试样测试面表面温度的升高值,辐射温升测试原理示意图如图 7 - 4 所示。GB/T 18319—2001 考核的是温升速率,测试原理和设备与 GB/T 30127 基本相同,不同的是考核 2 ~ 9s 的温度升高速率。

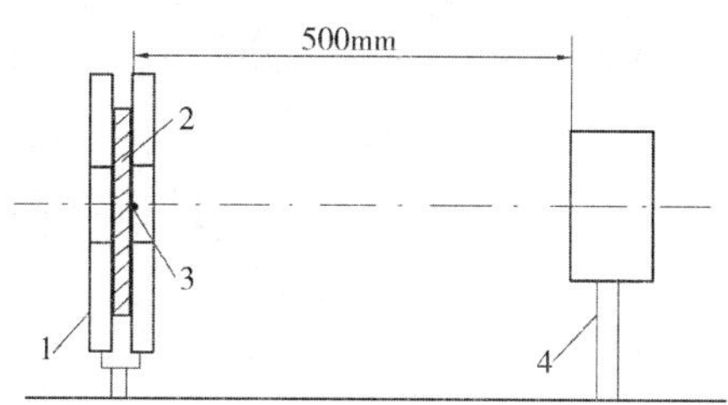

图 7－4　GB/T 30127—2013 远红外辐射温升测试原理示意图

1—试样架　2—试样　3—温度传感器触点　4—远红外辐射源

FTTS－FA－010 中的温升和上述原理不同，为测试样品和对照样品在照射一定时间后的温度差异。

（四）生物微循环测试

1. 生物微循环血流量变化率的测定

CAS 115—2005 附录 B1 中规定了生物微循环血流量变化率的测定。血流量的测定是在显微镜下观察肌肉或肠系膜的血管，用红细胞跟踪仪测定该血管（小动脉或小静脉）的红细胞血流速度（V_{rbc}），由 V_{rbc} 换算出平均血流速度 V_m，用电视测微仪测定该血管口径（D），通过下式计算出该血管的血流量 Q：

$$Q = V_m \times \pi \times D^2 / 4 \tag{7-1}$$

在试样放在肌肉标本之前和放在肌肉标本 20min 后，分别观察和检测作用前后的血流量变化。

2. 生物组织微循环灌注改善的测定

CAS 115—2005 附录 B2 中规定了生物组织微循环灌注改善的测定。微循环灌注主要有两种测量方法：激光血流量测量和局部血流容积脉搏波测量。激光多普勒血流计可测量浅表皮肤、黏膜或组织的血流量，可显示微血管运动频率的状态，可作为微循环研究的一种重要手段。激光多普勒血流量图像仪有两种类型，一种为接触式，即将激光血流量测量仪的光纤探头垂直放置在被测量皮肤或组织的表面进行测量；另一种为非接触式，测量时将激光束垂直于被测量组织，激光探头距离被测量组织表面 15～20cm，可测量浅表面积（1×1）～（36×36）mm^2 区域内血流量的变化（测量值为相对量）。进行局部血流容积脉搏波测量时，可用光电反射式容积脉搏仪或阻抗式局部容积脉搏仪进行测量，测量指标以波形幅度值、曲线下面积和波幅的频率等进行比较。光电反射式容积脉搏仪是利用光敏二极管接受微血管内血液对光的放射随心动周期而强弱变化的反射光，并把它变成电信号，经放大记录即为光电式容积脉波；阻抗式局部容积脉搏仪是利用较小的电动机，放置局部，将电极间距缩小，描记出的波形来反应细脉动的容积变化。测试部位可选手的掌测、手指的腹侧、前臂的内侧、足趾的背侧、小腿的内侧三阴交穴上 2～3cm 的位置。使用织物前进行检测部位的微循环灌注测试，使用被测纺织品包裹测试部位 20～30min 后再进行第二次测定。

（五）保温特性测试

FTTS－FA－010 中还包括了保温特性测试，测量人体穿着远红外服装之前和之后人体皮肤温度的差异。具体测试过程为:20~30岁的健康男性作为测试者,于测试内保持60min安静状态,脱掉原穿着衣物适应20min(即着装前),再穿着测试纺织品30min(即着装后),再脱掉测试纺织品20min(即脱衣后)。测试着装前5min、着装时5min、10min、20min、30min和脱衣后5min、10min、20min时的左前臂皮肤温度;若为棉被则记录左前胸的皮肤温度。

三、远红外纺织品技术要求

远红外纺织产品测试标准的技术要求见表7-3。

表7-3 远红外纺织产品测试标准的技术要求

标准	技术要求
GB/T 30127—2013《纺织品 远红外性能的检测和评价》	一般样品:远红外发射率≥0.88,且远红外辐射温升≥1.4℃
	絮片类、非织造类、起毛绒类疏松样品:远红外发射率≥0.88,且远红外辐射温升≥1.7℃
CAS 115—2005《保健功能纺织品》	远红外波长范围:4~16μm
	法向发射率提高值≥0.08,法向发射率≥0.8
	洗涤30次后,法向发射率提高值≥0.06
	采用发射远红外线粉体制备的功能化学纤维的灰分指标≥3.5%
	动物实验微循环血流量的增加量≥50%,或生物组织微循环灌注改善评价指标应具有统计学意义
FTTS-FA-010:1996《远红外线纺织品验证规范》	放射率≥0.8
	温升≥0.5℃,且有效差异值优于信赖界限95%
	保温性:指定部位穿着测试试样与对照样品前后的平均皮肤温度差≥0.5℃
	符合上述任一项标准

四、远红外纺织品测试的若干问题

(1)温升法测试操作简单,在一定程度上反映了远红外辐射纺织品的保健效果,但在红外线辐射到织物上时,红外透射和反射会严重干扰红外测温仪的读数。另外,红外光源的均匀性较差,很难保证不同样品上红外光源的强度一样。且用红外灯照射织物,织物所获得的能量远远大于织物在穿着时所获得的能量。

(2)发射率测试法存在参照黑体选择的问题,现实中不存在真正的黑体。因此,不同试验仪器中所选用黑体的近似程度不同,会造成发射率的测试结果差异。比如,GB/T 30127—2013中对黑体的发射率要求是0.95以上,CAS 115—2005中要求黑体的有效发射率要大于0.998。

(3)各标准中测试远红外波长范围不统一,通常所说的远红外是指波长在4~1000μm的电磁波,不同著作和文献对于远红外波长范围的定义不尽相同,由此导致不同标准中波长不同。

(4)温度传感器的技术要求很难达到。GB/T 18319—2001要求温度传感器的示值误差不大于0.01℃,GB/T 30127—2013要求温度传感器的示值误差不大于0.1℃。直径不超过0.8mm的点状温度传感器,目前技术领先的仪器精度也仅为±0.5℃,故此技术要求难以达到。

(5)GB/T 18319—2001 是方法标准,没有判定值,不能用于远红外纺织品的判定。

(6)远红外纺织品功能性的持久性问题评价不充分。GB/T 30127—2013 未对产品的耐久性提出具体评价要求。CAS 115—2005 中关于耐久性上的要求仅规定洗涤 30 次后法向发射率提高值应不小于 0.06。日后标准更新时可考虑远红外产品多种耐用条件下的性能评估,如耐多次水洗、耐日晒和耐气候等条件。

(7)通过不同温湿度条件下对远红外发射率的影响进行双因素方差分析,得出在纺织品远红外发射率测试过程中,温度的改变对远红外发射率的数值具有显著影响,而湿度对远红外发射率基本无影响。实验室在操作时,要把控好环境温度,避免误差。

参考文献

[1]沈国先,赵连英. 对远红外纺织品生理效应的探讨[J]. 现代纺织技术,2011(1):47-49.

[2]邹专勇,郭玉凤,郑少明. 红外技术在纺织工业中的应用与思考[J]. 上海纺织科技,2010(11):1-3.

[3]史建生. 远红外线在纺织面料上的应用[J]. 江苏丝绸,2013(4):40-42.

[4]吴建华. 远红外纺织品的加工技术[J]. 纺织导报,2014(5):87-89.

[5]毛雷,窦玉坤,王林玉. 远红外保健及加热技术在纺织行业中的应用[J]. 现代纺织技术,2006(5):53-55,58.

[6]程隆棣,于修业,温颖亮,等. 远红外纤维的作用原理及其混纺针织纱的开发[J]. 棉纺织技术,1999(1):26-29.

[7]赵家祥,张兴祥. 远红外织物市场动态综述[J]. 棉纺织技术,1997(11):30-33.

[8]贺志鹏,杨萍. 远红外纺织品及其测试与评价[J]. 染整技术,2014(6):50-52.

[9]贺志鹏,杨萍,伏广伟. 纺织品远红外性能测试方法研究与探讨[J]. 中国个体防护装备,2017(2):9-11.

[10]漆东岳,王向钦,袁彬兰,等. 纺织品远红外性能测试方法研究[J]. 中国纤检,2016(6):90-93.

[11]戈强胜,谭伟新,王向钦,等. 远红外纺织品评价指标研究[J]. 中国纤检,2018(6):132-134.

[12]左芳芳,杨瑞斌,张鹏. 纺织品远红外发射率测试条件研究[J]. 中国纤检,2013(5):83-85.

[13]GB/T 30127—2013 纺织品 远红外性能的检测和评价 [S].

[14]GB/T 18319—2001 纺织品 红外蓄热保暖性的试验方法 [S].

[15]CAS 115—2005 保健功能纺织品 [S].

[16]FTTS-FA-010:1996 远红外线纺织品验证规范 [S].

第八章　负离子纺织产品检测技术

第一节　负离子和负离子纺织品

一、负离子纺织品的功能

随着科学技术的进步，人们的生活节奏加快，污染严重，城市病、空调病以及由生活环境不良引起的各种综合病症增多，其原因之一是空气中的负离子较少所致。有资料表明：在20世纪初期，大气中正离子与负离子的比例为1∶1.2，而现在的比例是1.2∶1，说明空气质量下降。特别是大城市人口稠密，企业众多，排放大量的“三废”，使得空气中负离子的数量比农村或田野少很多。城市的房屋建筑密度高，工作和居住的房屋密封性好，又装空调机等家用电器，使室内空气负离子浓度只有室外的1/3～1/2。因此，作为空气新鲜程度指标——负离子浓度也越来越受到世界各国人民的关注。

负离子对人体健康的益处具体如下。

(1)对呼吸系统的作用：空气负离子可增加气管、支气管纤毛活动，改善和增强肺功能，对呼吸道、支气管疾病等具有显著的辅助治疗作用，且无任何副作用。

(2)对神经系统的作用：5－羟色胺是一种作用力强的神经激素，它可以对神经血管系统、内分泌系统、代谢系统产生不良的影响。试验表明，空气负离子可促进消除5－羟色胺生物酶的产生，从而降低血液中5－羟色胺的含量。

(3)对血液系统的作用：负离子能延长凝血时间，使血液流速变快，增加血液含氧量，对人体血氧的输送、吸收、利用更加有利。

(4)对免疫系统的作用：负离子具有增强免疫系统的作用。吸入空气负离子可提高巨噬细胞率，使血液中r－球蛋白升高，提高淋巴细胞增殖能力，对淋巴细胞存活有益，对肿瘤有抑制和衰减作用。

(5)负离子还对降低血压和消炎止痛上有一定功效。

二、负离子发生材料

通过添加负离子发生材料使纺织品具有负离子发射特性，是目前研究开发负离子纺织品的主要途径，负离子发生材料种类如下。

1. 含有微量放射性物质的天然矿物

含天然钍、铀的放射性矿石所释放的微弱放射线可不断将空气中的微粒离子化，产生负离子。同时，这种微量放射线的辐射作用对人体有益，有微量放射线刺激效果。

2. 电气石、蛋白石、奇才石等晶体材料

电气石，是以含硼为特征的铝、钠、铁、镁、锂环状结构硅酸盐物质；蛋白石是含水非晶质或胶质的活性二氧化硅，还含有少量氧化铁、氧化铝、锰及有机物等硅酸盐；奇才石是硅酸盐和铝、铁等氧化物为主要成分的无机系多孔物质。这些矿石具有热电性和压电性，当温度和压力有微小变化时，即可引起矿石晶体之间电势差，这个能量可使周围空气发生电离，脱离出的电子附着于邻近的水和氧分子上使之转化为空气负离子。

3. 珊瑚化石、海底沉积物、海藻炭、水炭等

这些物质为无机系多孔物质，具有永久的自发电极，在受到外界微小变化时，能使周围空气电离，是一种天然的负离子发生器。

4. 光触媒材料

光触媒就是光催化剂，是一种能加快其他反应物之间的反应速度，而其本身在反应前后不发生变化的物质，其主要成分为二氧化钛。二氧化钛为光敏半导体材料，在吸收太阳光或照明光源中的紫外线后，在紫外线能量的激发下产生带负电的电子和带正电的空穴。空穴与水、电子和氧发生反应，分别产生强氧化性的氢氧自由基和负氧离子，把空气中游离的有害物质及微生物分解成无害的二氧化碳和水，从而达到净化空气、杀菌、除臭等目的。

三、负离子纺织品开发

（一）负离子纤维

负离子纤维产生于20世纪90年代末期，其主要的生产方法可分为表面涂覆改性法、共混纺丝法和共聚法。

1. 表面涂覆改性法

表面涂覆改性法是在纤维的后加工过程中，利用表面处理技术和树脂整理技术将含有电气石等能激发空气负离子的无机物微粒处理液固着在纤维表面。比如，将珊瑚化石的粉碎物、糖类、酸性水溶液加上规定菌类，在较高温度下长时间发酵制成矿物质原液，涂覆在纤维上，因该矿物原液中含有树脂黏合剂成分，可得到耐久性良好的负离子纤维。

2. 共混纺丝法

共混纺丝法也是生产多功能合纤的一种主要方法，是在聚合或纺丝前，将能激发空气负离子的矿物质做成负离子母粒加入到聚合物熔体或纺丝液中纺丝制得负离子纤维。与表面涂覆改性法相比，共混纺丝纤维的负离子耐久性更好。

3. 共聚法

共聚法利用化学反应，在聚合过程中加入负离子添加剂，制成负离子切片后纺丝。一般共聚法所得切片添加剂分布均匀，纺丝成型性好。

（二）织物后整理技术

后整理法是指通过浸轧—烘等工艺将含无机物微粒的处理液固着在织物的表面，从而使织物具有负离子特性的方法。

1. 浸轧烘燥焙固法、循环浇淋法、喷雾法或上胶涂布法

将含有无机物微粒和有机载体的水溶液作用到羊毛纤维制品上。该水溶液含有羊毛溶解物质，可很好地被羊毛纤维制品吸收且不破坏其手感，产生的负离子数平均达到800个/cm^3。

2. 涂覆法

用液状硅涂覆或含浸固化在面料上，使其产生负离子。

3. 浸渍黏合法

将面料浸渍在含有无机物微粒和黏合剂树脂的溶液中，用挤压的方式使面料中的无机物微粒达到规定的附着量。

4. 浸渍法、层压法或印花法

用浸渍法、层压法或印花法将处理液作用到纺织品上。比如，含有托玛琳的毛毯，该处理水溶液含有粒径为5～15μm的托玛琳粉末、阴离子系分散剂、非离子树脂乳液黏合剂等高分子多糖类物质和适量的水。由于先经过了抗静电处理，产生的负离子不会因为毛毯静电的作用而被吸附，促进了负离子的发生效果。

5. 油墨印刷法

将离子交换物质及红外线放射物质加工成微米级粉末，混入油墨中，再将油墨刷在蒲团、覆盖物或床上用品的布料表面产生负离子。

四、负离子发生量的影响因素

(一)电气石种类对负离子发生能力的影响

不同种类电气石的电解能力不同。比如，用铁电气石、镁电气石、锂电气石分别整理3组麻织物试样，测量负离子发生量，发现铁电气石整理的织物负离子发生能力较强。这是由于电气石的光催化作用主要体现在Fe^{2+}和Fe^{3+}上，而镁电气石和锂电气石中不含Fe^{2+}和Fe^{3+}，镁和锂电气石中的Mg^{2+}和Li^{+}等具有饱和电子构型，对光催化反应几乎没有什么影响。

(二)电气石细度对负离子发生能力的影响

通常电气石粉体越细，织物后整理后负离子发生能力越强。电气石粉体越细，越容易与织物结合，并易于进入纤维的非结晶区。并且，电气石的静电压随着粒径的变小而增高，也就是电极化强度增大，压电效应明显，负离子的发生能力增强。另外，电气石细度越小，比表面积就越大，表面能增大，表面效应、量子尺寸效应强烈，使微细粉的表面活性提高。负离子的产生需要气态水分子参与电气石微粒的电解反应和OH^-的结合过程，而微细粉能够从空气中吸附较多的水，在表面形成羟基层和多层物理吸附水。

(三)纤维种类对负离子发生能力的影响

通常无定形区大、回潮率高的纤维，经面料负离子整理后，其负离子发生能力强。这是由于吸湿性强的纤维能更好地吸附环境中的气态水进入无定形区，为负离子的产生提供充足水分子。

(四)温湿度对负离子发生能力的影响

通常温度越高，负离子整理后的织物负离子发生能力越强。升高温度增强了电气石的热电效应，热电系数随着温度的升高呈非线性增加，升高到一定温度后，负离子发生量的增加趋势变缓。

经负离子后整理的织物，其负离子发生量随湿度的增加呈近似线性增加趋势。根据负离子产生的电解水机制，电气石微粒正极的电子接触到水分子瞬间放电，水分子被电解成OH^-和H^+。H^+结合电子(e^-)形成氢原子以氢气的形式释放，而OH^-与水分子结合形成$H_3O_2^-$。环境的湿度越高，水分子和电气石的接触概率就越大，就会有更多的 OH^- 与水分子结合产生更多的负离子。同时，由于负离子的产生离不开水分子的作用，水分子越多，负离子产生能力就越强，而湿度高能使纤维中亲水基团缔合环境中更多的水分子。

另外，温度和湿度的交互作用也会对负离子发生量产生显著影响，但温度、湿度和两者的交互作用中，以湿度对负离子发生量的影响尤为显著。

(五)织物后整理工艺参数对负离子发生能力的影响

在织物负离子后整理中，整理剂体积分数、焙烘温度、焙烘时间和浸泡时间对负离子释放量影响主次顺序为：浸泡时间 > 整理剂体积分数 > 焙烘温度 > 焙烘时间。

(六)织物组织结构对负离子发生能力的影响

通常浮长线的长短和多少会影响织物负离子的发生量，经纬密度越高，负离子发生量越高。比如，斜纹组织织物的负离子发生量较平纹组织多，可理解为摩擦时接触负离子发生材料的面积较大。

(七)负离子纺织品类型对负离子发生能力的影响

一般涂层法和接枝法的负离子发生能力要稍优于共混纺丝法。其主要原因是采用涂层法和接枝法时，负离子整理剂分布在纤维表面，通过摩擦纤维表面的整理剂可有效地释放负离子，而采用共混纺丝法时电气石微粒分布在纤维内部，不利于产生负离子。

第二节　负离子纺织品测试方法与标准

目前，国内现行有效的负离子纺织产品测试标准主要有两个，GB/T 30128—2013《纺织品　负离子发生量的检测和评价》和 SN/T 2558.2—2011《进出口功能性纺织品检验方法　第2部分：负离子含量》。这两个方法均采用的是封闭式摩擦法，但摩擦方式不同，分别为机械摩擦法和手搓摩擦法。两个方法均不适用于纺织纤维和纱线的测试，可适用于纺织制成品，包括机织物、针织物和非织造布。另外，负离子后整理织物和添加放射性物质负离子织物，两者负离子散发原理不同，后整理法通过摩擦纺织品表面整理剂方式激发出负离子，而添加放射性物质的负离子纺织品则靠放射性物质本身激发空气产生负离子。所以，这两个测试标准不适用于含有放射性物质材料的负离子纺织产品。

一、GB/T 30128—2013

(一)GB/T 30128—2013 测试方法和设备

GB/T 30128—2013 的测试过程为：在如图 8－1 所示的测试装置内，将试样安装在上、下两个摩擦盘上，上摩擦盘可以提供(7.5 ±0.2)N 的向下压力，下摩擦盘可以绕电动机机轴转动，转速为(93 ±3)r/min。在标准大气条件下先用空气负离子测试仪测量摩擦前测试装置内空气负离子浓度至少 1min，清零负离子测试仪后，启动摩擦装置来摩擦试样，同时开始测量试样摩擦时的负离子发生量，测试时间至少 3min，并记录下如图 8－2 所示的试样负离子发生量随时间变化曲线。随后，关闭空气负离子测试仪和摩擦装置，启动换气装置至少 5min，再进行下一组试样的测量。

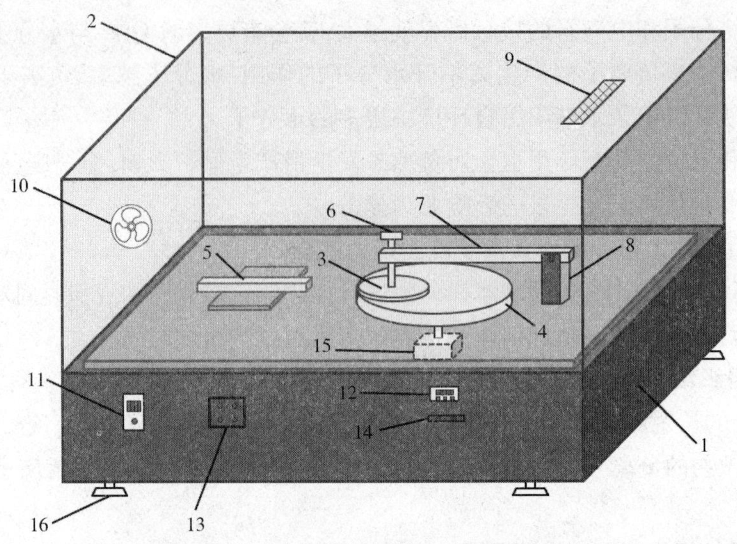

图8-1 GB/T 30128—2013 纺织品负离子发生量测试装置示意图

1—主机箱体 2—有机玻璃罩 3—上摩擦盘 4—下摩擦盘

5—空气负离子测试仪 6—配重螺钉 7—支撑横梁 8—立柱

9—通气孔 10—换气扇 11—调速器 12—定时器

13—调速控制开关 14—定时控制开关 15—电动机 16—水平调节脚

在图8-2所示的曲线图中30s之后的曲线部分,读取除异常峰值之外的前5个最大有效峰值,取这5个值的平均值,作为每组试样的负离子发生量。计算三组试样的负离子发生量平均值作为该样品的负离子发生量。

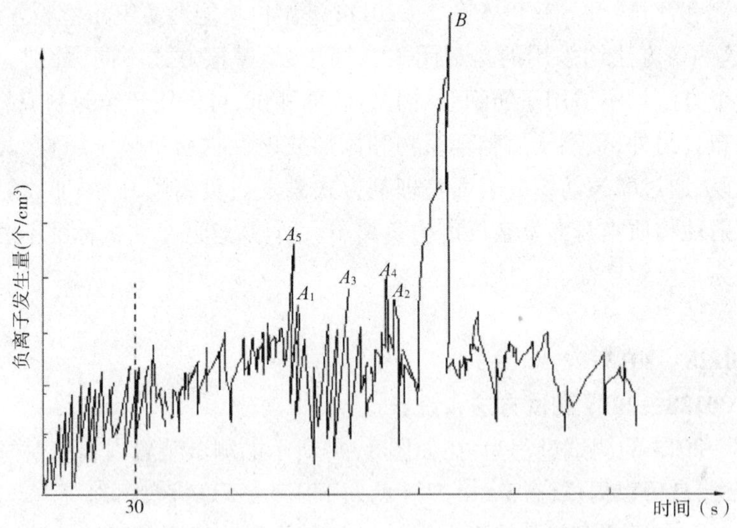

图8-2 负离子发生量—时间关系曲线图

A_1、A_2、A_3、A_4、A_5—负离子发生量—时间关系曲线上的前5个最大有效峰值

B—负离子发生量—时间关系曲线上的异常峰值

(二)指标评价

GB/T 30128—2013 还给出了试样负离子发生量的评价,见表 8-1 所示。当负离子发生量较高时,相当于身处都市公园里,负离子发生量可达到维持人体健康的基本需要。

表 8-1　GB/T 30128—2013 中负离子发生量的评价

负离子发生量(个/cm^3)	评价
>1000	负离子发生量较高
550~1000	负离子发生量中等
<550	负离子发生量偏低

(三)影响负离子测试的因素

影响空气负离子浓度的测试因素有很多,目前对负离子纺织品测试影响因素的研究主要集中在空气离子测试仪、负离子激发装置、测试环境和空气流动速度上。

1. 空气离子测试仪

空气离子测试仪是测量大气中气体离子的专用仪器,它可以测量空气离子的浓度,分辨离子正负极性,并可根据离子迁移率的不同来分辨被测离子的大小。一般采用电容式收集器收集空气离子所携带的电荷,并通过一个微电流计测量这些电荷所形成的电流。测量仪主要包括极化电源、离子收集器、微电流放大器和直流供电电源四部分。根据收集器的结构不同,又可以划分为圆筒式和平行板式两种类型。

圆筒式收集器由两个同心圆筒组成,外部圆筒为极化极,内部圆筒为收集极,如图 8-3 所示。这种收集器结构简单,常用于一些要求体积较小的测量项目。但存在以下几个缺点:灵敏度较低,不适合做空气本底测量;收集器前端的绝缘支架附着离子后,会形成一个排斥电场,妨碍离子进入收集器,造成测量误差;圆筒型电场为不均匀电场,不适合离子迁移率的测定。

平行板式离子收集器的收集板与极化板为互相平行的两组金属板,这种收集器可采用多组极板结构,如图 8-4 所示。在不影响离子迁移率的前提下使极板距离较小,而使收集器截面相对大一些,以增大取样量,提高灵敏度。由于平行板电场属于均匀电场,它不但可以测量离子浓度,而且还适合测定离子迁移率。正、负离子随取样气流进入收集器后,在收集板与极化板之间的电场作用下,按不同极性分别向收集板和极化板偏转,把各自所携带的电荷转移到收集板和极化板上。收集板上收集到的电荷通过微电流计,形成一股电流;极化板上的电荷通过极化电源(电池组)落地,被复合掉,不影响测量。一般认为每个空气离子只带一个单位电荷,故离子浓度就可以由所测得的电流及取样空气流量进行换算。

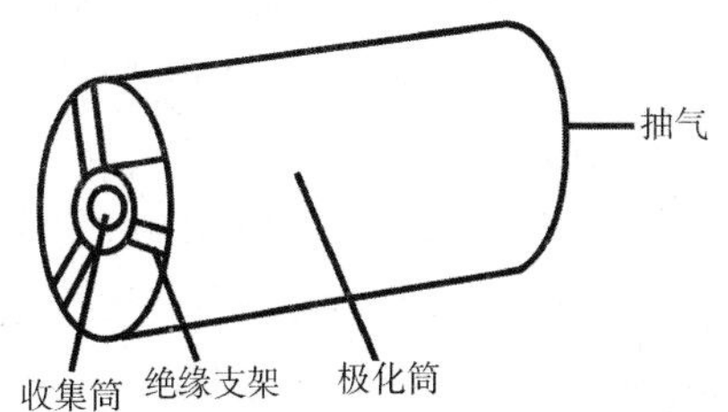

图 8-3　圆筒式离子收集器结构

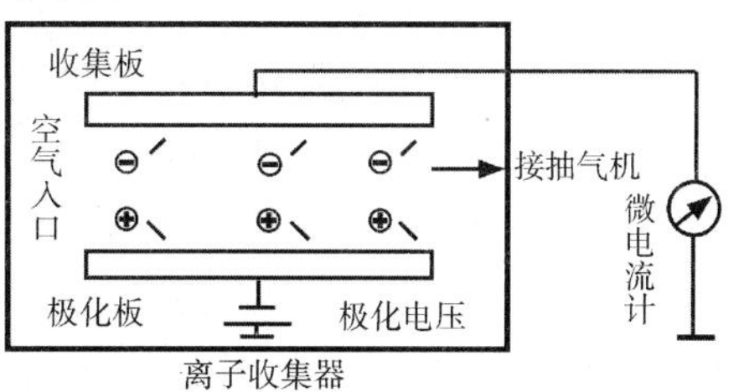

图 8-4　平行板式离子收集器结构

目前国外进口的测试设备主要产自美国和日本,国内空气离子测试设备的生产技术也趋于成熟。但不同品牌的负离子测试设备其精度、准确性和重复读数情况各不相同。

测试时除了要考虑设备类型和精度之外,还要注意选择适合实验室条件下的负离子测量设备。空气离子按其体积大小可分为轻、中、重离子。洁净空气应以测试轻负离子为主,混浊、被污染的空气要以测试中、重离子为主。由于对纺织品负离子性能的测试都在稳定、洁净的室内环境中进行,空气中的粉尘、烟雾等气溶胶微粒较少,产生的负离子主要是轻空气离子(又称小离子),其直径为 1~3nm,在电场中运动较快,平均迁移率为 $1.0cm^2/(V \cdot s)$。理想状况下,轻负离子的生命周期仅有几分钟,而且由高浓度向低浓度扩散的运动过程中,它们被带有相反电荷的轻、重离子中和或与中性致密微粒结合而失去作用。有些负离子测试设备会根据电子迁移率划分为 3 个挡位,分别测试轻、中、重离子。GB/T 30128—2013 中指出,所使用的空气离子测量仪要采用电容式吸入法收集空气离子,能收集离子迁移率大于 $0.15cm^2/(V \cdot s)$ 的离子,且分辨率不大于 10 个/cm^3。

2. 负离子激发装置

GB/T 30128—2013 采用平摩摩擦法测定纺织品动态负离子发生量,并给出了评价。摩擦仪由上、下摩擦盘、减速电机和夹持装置组成,并规定了具体的参数,以减少摩擦过程中的误差。

3. 测试环境

(1)测试空间。GB/T 30128—2013 采用了封闭式测试箱,可避免气流等干扰,罩体通常由有机玻璃制成,大小可依机械激发装置做适当调整。为防止电荷积聚在箱体内表面,产生静电干扰,可以考虑采用金属铜网作为屏蔽罩,对有机玻璃箱进行内外屏蔽,安装接地装置,消除静电对空气离子浓度测量仪和被测试样的影响。另外,测试箱配有换气窗口,每测试一段时间进行一次通风换气,避免不同试样之间测试结果的差异。

(2)环境温湿度。有学者研究了经电气石整理棉、麻织物在不同温度时的负离子释放量,发现随着温度的增加,负离子释放量呈非线性增加,且趋势逐渐变缓。随着相对湿度的增加,负离子释放量呈近似线性增加。这是由于温度升高使分子热运动加剧,致使碰撞电离概率增加,电离出的电子数增多,从而负离子含量随之增加;相对湿度变大,水分子含量增加,则电解出的羟基负离子数增加。

不仅温度、湿度会单独对负离子发生量产生影响,两者的交互作用也会对负离子发生量有显著影响。温度、湿度及其交互作用三者中,湿度对负离子发生量的影响最为显著。因此,必须严格控制测试环境的温湿度,并且测试前要对纺织品进行调湿处理。

(3)测试距离。测试距离是指负离子测试仪和摩擦盘之间的距离。不同的测试距离,其检测出的负离子浓度不同;而且负离子的产生是一个动态过程,负离子在不断产生的同时,也在不断地消失。因此,规定测试距离对负离子测试尤为有意义。GB/T 30128—2013 规定的测试距离为 50mm,测试时要严格按照此距离进行测试。

(4)测试时间。试样在摩擦的过程中,材料表面的静电压逐渐增加,达到峰值后会趋向稳定,表面静电压是产生负离子的能量来源,同时负离子具有寿命短的特点,随着摩擦时间的延长,负离子的浓度不会无限增加,而是趋近一个峰值,然后略有下降。GB/T 30128—2013 考核的是摩擦 30s~3min 的负离子发生量。

(5)空气流动速度。虽然 GB/T 30128 采用了有机玻璃罩来避免空气波动,但设备转动仍会产生一定程度的空气流动。建议在有机玻璃罩内增加空气流速仪检测负离子测试仪周围的空气波动情况。

(四) GB/T 30128 测试应用性分析

虽然 GB/T 30128 采用了五点取值法,五点取值法是指取摩擦区间内最大的 5 个数值的平均值(除去异常峰外),减去摩擦前测试箱内的负离子含量。但五点取值法结果的标准差比平均取值法大,即平均取值法的结果离散性小,因此,平均取值法能更精确地反映出纺织品负离子发生量。其原因如下:首先,摩擦盘摩擦时,产生的震动会使负离子测试仪器产生震动,从而使得在某瞬间测试的织物负离子发生量偏高或偏低,仅取最大 5 个数值的平均值会使负离子发生量偏大,不能准确反映出织物的实际负离子发生量;此外,五点取值法计算织物负离子发生量是用摩擦区间测试数据减去摩擦前测试箱内负离子含量的平均值,而不是对应的摩擦前测试箱内最大的 5 个负离子含量的平均值,这也会导致计算出的织物负离子发生量偏大。因此,平均取值法得到的测量结果更加精确,也更加贴近产品的实际性能,更具有实际意义。

两种方法各有裨益,五点取值法相对简单,工作量少、方便,能够快速地反映出织物的负离子发生能力;平均取值法虽然需要通过大量计算,但计算结果更精确,但配合计算机技术,计算问题则迎刃而解。因此,GB/T 30128—2013 的数据采集和计算方法上,还有待进一步研究和改进。

二、SN/T 2558. 2—2011

(一) SN/T 2558. 2—2011 测试方法

SN/T 2558. 2—2011《进出口功能性纺织品检验方法　第 2 部分:负离子含量》是在负离子测试箱内对试样进行一定时间的手搓摩擦,通过空气离子测量仪测量试样释放出的负离子个数。

负离子测试箱是由透明、绝缘材料制成的密闭箱体,大小可容纳空气离子测量仪和实验人员手搓试样。测试箱还带有空气过滤装置,箱体一面有两个开口,分别装有绝缘手套,用于试验操作人员的手动操作。空气离子测量仪的离子浓度检测范围最高可达 10^6 个/cm^3,离子最高分辨率达 10 个/cm^3,可分别测试正负小离子。在手搓样品前要先测定测试箱内空气负离子本底值作为空白对照,并确保该数值在 0 ~ 100 个/cm^3 内。随后实验人员将手伸入绝缘手套内,双手沿长度方向握住试样两端 5cm 处,将试样置于仪器测试端口上方 2cm 处,对试样进行 10 s 手搓摩擦,摩擦速度为 2 次/s,摩擦动程为(10 ± 1) cm。记录 10 s 内仪器显示负离子个数的最大值,将该值减去空气负离子本底值,即为试样的负离子含量。每个试样至少重复测试 5 次,每两次平行试验间隔 5min,每两次平行试验结果之间偏差不超过 10%,可视为试验有效。计算 5 次测试的平均值,即为试样的负离子发生量。

(二) SN/T 2558. 2—2011 测试标准特点

与 GB/T 30128 测试相比,SN/T 2558. 2 操作简单、方便,但误差大。引起误差的原因如下。

(1)试验者的影响。在手搓试样的过程中,摩擦的有效面积、摩擦力的大小都会对测试结果有直接影响。通常摩擦面积越大、摩擦力越大,则织物表面产生的静电场就越强,激发的负离子浓度就越高。而这两个影响因素因人而异,在手搓试样过程中难以控制,会导致测试误差。

(2)空气离子测量仪和摩擦试样之间的距离。虽然标准中规定了摩擦试样应置于空气离子测量仪测试端口上方2cm,但在手搓摩擦试样过程中,试样会发生一定程度的位置变动,或多或少会影响负离子浓度的测量。

总体来说,SN/T 2558. 2—2011 无法测量出较为精准的负离子浓度,但可作为产品负离子发生情况的定性参考。

参考文献

[1]王芳玲,杨建忠. 生态负离子纤维及其制品的开发与应用[J]. 现代纺织技术,2008(5):57-60.

[2]中国纺织科学研究院. 纺织品负离子发生量测试方法概述[C]. "力恒杯"第11届功能性纺织品、纳米技术应用及低碳纺织研讨会,福建长乐,2011.

[3]邱发贵,李全明,张梅,等. 负离子纤维及其纺织品的研究进展[J]. 高科技纤维与应用,2008(3):19-23.

[4]张凯军,李青山,洪伟,等. 负离子功能纤维及其纺织品的研究进展[J]. 材料导报,2017(5):360-362,373.

[5]贺志鹏,伏广伟,耿轶凡. 负离子纺织品及其测试与评价[J]. 染整技术,2013(12):6-8,10.

[6]陈丽芸,王瑛,蒋伟忠. 负离子织物开发现状及发展动向[J]. 合成纤维工业,2005(3):47-49.

[7]史书真,陈国华,王肖玲. 负离子纺织品检测方法分析[J]. 中国纤检,2015(2):76-78.

[8]莫世清,陈衍夏,施亦东,等. 负离子纺织品的检测方法及应用[J]. 染整技术,2010(5):42-47.

[9]孙聪,葛明桥. 负离子纺织品测试方法的比较[J]. 化工新型材料,2018(7):155-158.

[10]崔元凯,李义有. 影响织物负离子产生因素的研究[J]. 上海纺织科技,2005(7):11-12.

[11]刘晓霞,袁婧,杜鹃. 负离子整理对棉织物性能的影响[J]. 上海工程技术大学学报,2009(6):11-12.

[12]杨伟军,葛明桥,李永贵,等. 负离子织物负离子发生能力的影响因素[J]. 纺织学报,2006(12):88-91.

[13]葛明桥,杨伟军,李永贵. 麻织物负离子整理及其负离子发生能力[J]. 纺织学报,2007(7):65-68.

[14]GB/T 30128—2013 纺织品　负离子发生量的检测和评价 [S].

[15]SN/T 2558. 2—2011 进出口功能性纺织品检验方法　第2部分:负离子含量 [S].

第九章　芳香纺织产品检测技术

第一节　芳香和芳香纺织品

一、芳香的价值

芳香对人类具有重要价值。香在嗅觉世界里具有相当大的魅力，被称为“魅力的灵魂”。香料不仅丰富人们的物质生活，还提升了人们精神生活的境界。

（一）芳香可医治疾病

芳香能对人心理和生理上产生保健医疗作用。其疗效首先是调整神经系统功能，影响人脑意识，其次是香气进入血液循环，借其药理作用，促进细胞的新陈代谢。常见具有香疗作用的香料及其功能见表9－1。

表9－1　常见具有香疗作用的香料及其功能

香料名称	香疗作用
薄荷油、桉树油、柠檬油、香茅油、鼠尾草油、马鞭草油、白千层油、百里香酚、甲酸、乙酸、甲酸酯类	具有兴奋作用
茉莉油、橙花油、黄菊油、壬醇、碳酸甲酯、碳酸乙酯	具有催眠作用
紫苏油、月桂油、柠檬油、洋葱油、大蒜油、百里香酚、甘牛至油、刺柏子油、香芹酮	具有增进食欲作用
柑橘油、柠檬油、香柠檬油、薰衣草油、迷迭香油、丁香酚、柠檬醛、羟基柠檬醛	具有忌烟作用
薄荷油、苦艾油、桉树油、迷迭香油、柠檬醛、乙酸乙酯、乙酸	具有止呕、抗昏迷作用
薰衣草油、薄荷油、柠檬油、玫瑰油、茉莉油、香叶醇	具有抗抑郁作用

（二）芳香可优化环境

芳香优化环境作用包括三点内容：一是芳香消臭，它能通过芳香的中和作用和掩盖作用消除空间内使人不快的气味；二是杀菌效果，能净化空气，消除细菌污染，比如森林浴气味就是一种复合杀菌素，能杀灭百日咳、白喉等病毒；三是芳香使人舒适，产生特定的环境效果。比如，会议室的芳香使人思维活跃，候诊室的芳香使患者减少烦躁和忧虑，驾驶室的芳香能避免司机困倦，洽谈室的芳香有助于洽谈的成功，办公室的香气能使职工工作效率大为提高。

（三）芳香可突出形象

人类在社会中生活，所接触事物主要是通过视听感觉，如果在此基础上，增加芳香嗅觉刺激和辨识能力，就能加深记忆，突出形象。芳香用于商业活动，会突出企业形象和产品特征。比如，一个企业的名片、信件、广告、展品厅以及职工服饰都可以通过独特的芳香气味形成象征性，商品赋香和商标赋香也能加深消费者的记忆和向往。

二、芳香剂的选择

芳香剂有天然和合成两大类。人们利用天然香料已有数千年的历史,天然香料包括动物型天然香料和植物型天然香料,如麝香、灵猫香、海狸香和龙涎香等动物型香料,以及从植物的花、果、叶、皮、茎和种子等原料中提取的植物型香料。天然香料往往有着合成香料无法比拟的独特香气,但由于其来源极大地受制于自然条件而显得珍贵,也不可能被大量使用。

由于,天然香料的耐高温性能较差,一般难以适应合成纤维纺丝工艺的耐高温要求。因此,在芳香型纤维的开发中,一般多采用合成芳香剂。在合成芳香剂的选择中,除了香型作为第一考虑要素外,还需考虑三方面:一是芳香剂的基本物性,即物理形态,通常选择在室温下为结晶的香料;二是芳香剂的耐温性,用于共混熔融纺丝工艺的芳香剂一般应有高于250℃的沸点,避免芳香剂在纺丝过程中大量逸失;三是所选芳香剂的安全性问题,确定一种香料是否可以安全地用于与人体密切接触的产品,必须经过各种急慢性毒性试验,致畸、致癌、致突变、皮肤刺激和过敏试验,以及对生殖系统的影响等安全性评估。目前用于芳香型纤维的芳香剂通常都是用作化妆品香料或食用香料的合成香料,故其安全性能满足规定的要求。

此外,芳香纺织品的开发还需根据产品种类和应用场合合理选择芳香剂香型。研究发现,形成“森林浴”特殊作用的原因在于林木散发出的清香中有一种萜烯类物质,该物质不仅能对人的生理产生某些镇静或兴奋作用,而且具有杀灭或抑制细菌、霉菌等微生物的功效,甚至对人体具有某些药用功能。制备具有“森林浴”功能的芳香型纤维所用的芳香剂可以是从特定的树木中提取的天然精油或从这些精油中分离出来的某些组分的组合。例如,柏木油,其含有3%~14%的雪松醇和80%的雪松烯,它是森林中发散的香柏香气的主要成分,对人有镇静作用。其他的常用精油包括冷杉油、松针油、桉油、白千层油、麝葵籽油、格蓬、榄香脂油、橡苔、愈苍木油、樟脑油、苏合香油、松油、薄荷油、罗汉柏油、香柠檬油、安息香油和枞树油等,油精提取物包括罗汉松烯酸酯类、罗勒烯、芋烯、柏木烯、α-蒎烯、芳樟醇和乙酸龙脑酯等。

三、芳香纤维的生产和加工

芳香纤维是指先将天然或合成的各种芳香剂制成香味母粒或微胶囊,采用共混纺丝、复合纺丝、浸香吸附、纤维后整理等不同方式,将其添加到纺丝溶液或熔体中,或附着在纤维上所制得的具有香味的功能性纤维。它能使纺织品在使用过程中,持久地释放天然芬芳,产生自然清新的气息,为消费者营造一种轻松、愉悦、健康、绿色的生活环境,从而达到个性化消费和提高生活质量的目的。

(一)共混纺丝

共混纺丝法制备芳香纤维,是指将香料或含香物质与成纤基材混合后进行熔融纺丝。该方法最大的优点是纤维可以获得持久的芳香效果。共混纺丝根据香料加入形式不同,可分为香料直接共混纺丝和含香微胶囊共混纺丝两种。

1. 香料直接共混纺丝

香料直接共混纺丝法一般是将耐高温香料与载体共混造粒,得到含香浓度较高的香母粒,再将香母粒以一定比例与切片共混纺丝。该法要求芳香物质和成纤基材的相容性要好,而且对芳香剂的耐热性要求很高，因此，能满足熔融纺丝高沸点（250℃以上）、热稳定性好的芳香剂十分有限。为平衡此问题，可选择较高沸点的芳香剂和较低纺丝温度的成纤聚合物进行匹配，如聚丙烯纤维（200℃左右）。目前，共混熔融聚丙烯芳香纤维纺丝技术已比较成熟，且实现了产业化生产。

利用清凉油原料（桉叶油、薄荷、樟脑、桂皮油等天然物质），使纤维具有清凉醒脑的作用。尽管芳香型熔融纺丝技术已成熟，但沸点问题依然是限制香料直接应用于共混纺丝的最大障碍。目前国内越来越多的研究者采用湿法纺丝来研制芳香纤维，即将香料加入到纺丝原液中，通过湿法纺丝工艺，纺制出具有抗菌、护肤、发射远红外等功能的纤维。湿法纺丝采用的芳香剂多为天然植物精油，如薄荷、柠檬油、薰衣草、迷迭香等。

2. 含香微胶囊共混纺丝

微胶囊共混纺丝法是将香料包裹于微胶囊内，含香微胶囊再与成纤基材进行共混纺丝，微囊壁上的微隙可缓释香味，使香味持久。这种方法对微胶囊壁材要求高，在纺丝过程中使香料不直接受热，可抑制香料受热分解，所以微胶囊共混纺丝方法扩大了香料可供选择的范围。

（二）复合纺丝

复合纺丝法制备的芳香纤维是将低熔点聚合物与芳香剂捏合、共混后纺入芯层，再以聚酯或聚丙烯作为皮层材料。“森林浴”芳香物质的沸点一般在 150 ~ 190℃，采用共混纺丝法难以制备，而复合纺丝法却可解决这一问题。复合纺丝法扩大了对芳香剂的选择范围，该方法生产的芳香型纤维因有皮层保护，香气会慢慢地透过纤维皮层或纤维头端逸散出来，香味释放得很缓慢，留香时间更久，且耐洗涤。但该技术纺丝设备复杂，生产成本较高。

1. 皮芯结构纺丝法

皮芯结构纺丝法是以热塑性成纤聚合物作为皮层，与香料相容性较好的聚合物作为芯层，香料均匀地分散在其中。利用此种方法生产的芳香纤维一般为短纤维，若为长丝，香味会被包裹于皮层内，很难逸散出去，芳香作用就会极大地被减弱。为解决这一问题，就需设法让芯层的香味透过皮层逸散出去。按照这一思路，研究者研究出一种长效缓释的皮芯型芳香长丝，皮层采用聚酯和少量的水溶性聚酯，芳香剂均匀地分散在芯层纤维中。由该纤维制成的织物，在使用前只需经碱液处理一下，纤维皮层会因水溶性聚酯水解消失而形成一定量的贯穿孔，芯层芳香剂的香味就会通过贯穿孔向外缓慢逸散。该技术不仅解决了芳香长丝香味难以散逸的问题，还有效地解决了芳香长丝在储存、加工过程中的香味散失的问题。

2. 中空型纺丝法

中空型纺丝法的皮层选用常规成纤聚合物，芯层为中空，芳香物质充满中空部分。此种纤维含香量大，香气浓度较大，且易从纤维头端逸散，因此，该法一般用于生产长丝，不宜切断制成短纤维。这种方法生产的芳香纤维附加值大，深受广大消费者的喜爱，国内也有许多企业采用这种新型纺丝技术，生产出富含天然植物精油的中空纤维，具有护肤、抗菌、消炎等功效。

3. 中空多芯型皮芯纺丝法

中空多芯型皮芯结构芳香纤维与中空皮芯结构纤维不同，它的芯部不是一个环形截面，而是由多个芯体聚在一起，与皮层共同构成中空多芯型皮芯结构。这种芳香纤维结构与中空皮芯结构相比，其头端露在空气中的含香物质截面积减少，有效改善了香料急剧挥发的问题，使香味强度和香味持久性达到很好的平衡。

(三)浸香吸附法

浸香吸附法是利用纤维中有可以吸附香料的物质,将芳香物质吸入到纤维中,使纤维获得香味的方法。通常选用的吸附香料物质为乙烯醋酸乙烯,它对香精的亲和性强,对油性芳香剂基本可达到完全吸收。采用此法制得的芳香纤维,由于吸附过程是在纺丝过程后进行的,不参与高温纺丝过程,因此,香料不易挥发。该法对香料的选择范围也较大,纤维香味纯正,留香时间长。

1. 吸附型共混芳香纤维

易吸附香料的聚合物与其他常规化纤材料以共混的方式纺丝,纤维经拉伸、热定形后,将其浸入芳香剂中吸附芳香分子。这类加工方法设备复杂,加工工艺和加工过程也较复杂。

2. 吸附型非完全皮芯纤维

这种结构的芯层为易吸附香料的聚合物,皮层为常规高分子材料,但芯材需多处露出纤维皮层,这有利于浸香时芳香剂的接触和吸入。芯材露出部位越多,吸附速度越快,但随着露出部位的增多,芯材和皮层在拉伸时越易发生分离,不利于纺丝。

四、芳香纺织品整理

(一)芳香纺织品整理概述

为使织物具有持久的芳香,许多专家和工作人员投入了大量时间和精力进行了专题研究。一般而言,赋予纺织品最简单和最原始的办法就是在纺织品上喷洒某些具有特定芳香的芳香剂,但其芳香时间持续短,芳香剂易挥发,且不耐洗,洗涤时芳香剂会被洗去,特别是当芳香剂也是某些染料的良好溶剂时,染料溶解在纺织品上时会形成色斑,沾污皮肤和其他物品。因此,人们不断地探索其他纺织品芳香整理方法。

1. 普通浸涂法

这是早期的织物后整理赋香技术,方法比较简单。其原理是把水溶性香料溶解在水中浸泡织物,或者与染料同时浸泡织物,浸泡的同时可以加入添加剂,从而起到延长保香时间的作用。例如,加入阳离子、黏合剂等添加剂使芳香持久性提高。总体来说这种方法大规模工业化生产的意义不大,芳香保留时间也不长。

2. 微胶囊涂浸法

这是目前主要的纺织品芳香后整理的一种技术。微胶囊法制备芳香型纤维是采用高分子凝聚作用将芳香剂包容在高分子膜内,形成 10~30μm 的芳香胶囊,然后用适当的载体(黏合剂)通过浸渍或喷雾的方法将微胶囊附着在纤维表面,最后经过热定形或焙烘使之固于纤维表面。在物理力作用下芳香微胶囊破裂使芳香气味释放出来。这种方法的优点是对芳香剂的选择和纤维种类的应用性上没有特殊限制,加工方法简单,规模化生产效率高。由于采用了微胶囊技术,包覆在微胶囊内的芳香剂会缓慢释放,从而大大延长了芳香的停留时间,一般情况下可达一年。采用微胶囊技术的缺点是由于微胶囊只是机械地附着在纤维表面,其耐洗性不太理想,因此,微胶囊一般适用于芳香型填充料或用于其他无须经常洗涤的装饰类产品。虽然微胶囊涂浸法对纤维的种类没有较大限制,但采用此法应用于短纤维时,会给后道纤维的开松、梳理带来困难。因此,微胶囊法多应用于合成纤维。

3. 其他类型浸涂法

其他类型浸涂芳香整理技术有环糊精技术和溶胶凝胶技术。环糊精技术主要是利用β-环糊精的孔穴结构与植物精油分子形成包合物,从而改变其物理性能,降低植物精油挥发性,延长留香时间。

β-环糊精包结香精在40℃下搅拌,搅拌2~3h,然后过滤,用少量乙醇洗涤,干燥即得香精包合物。制得的包合物直径一般在25μm左右,留香时间长达一年之久。香精包合物可有效地提高香精的耐热稳定性,降低香精的挥发性,从而达到缓释效果。但由于包合物与织物亲和力较弱,故需依靠黏合剂将其黏附在纺织品上,选择合适的黏合剂可以将耐水洗性提高到20次以上。

溶胶凝胶技术是以乙基硅酸酯、甲基硅酸酯等为原料制取溶胶,加入芳香剂,接于织物上并使之凝胶化,芳香物质包覆于聚合物凝胶的立体矩阵结构中而缓慢释放,能维持约6个月的香气。

(二)微胶囊整理

1. 芳香微胶囊的制备和芳香整理工艺

香气物质微胶囊有两种,一种是开孔型,另一种是封闭型。开孔型微胶囊壁有许多微孔,不断释放香气,而且随着温度升高,香气物质释放也随之加快。而封闭型的微胶囊,正常情况下香气物质很少释放,一般是在受压或摩擦下破裂而释放。开孔型微胶囊的壁材可用淀粉等物质,通过界面凝聚而形成多孔的胶壁,芯材则是非水溶性的香气物质。闭孔型微胶囊可采用相分离和界面聚合等方法制得。壁材包括明胶、聚酰胺和聚氨酯等高分子物,芯材也是非水溶性的香气物质。

目前,芳香整理工艺多采用浸轧、印花、喷雾及浸渍法等手段。浸轧法、印花法、喷雾法适合坯布的连续作业整理,但裁片中有较多布料边角不能利用,而使成本增加。浸渍法则多适合成衣的芳香整理。

2. 影响微胶囊纺织品保香期的因素

(1)微胶囊的形状。微胶囊的外形多为球型,也有的为不规则型。根据芯壁材料及制备方法可呈现多种内外部形态。现多制成多芯结构,单芯结构相比多芯结构有以下优点:①当受热时,易于挥发的芯材所产生的内压得以分散,因此,不会因受热而使胶囊破裂;②能承受的外压大,不会因较小的外部压力而使胶囊破裂,另外,由于香精被分散在微胶囊中,向外扩散的途径与单芯比相对较长,从而减小了香精的释放速率,延长了保香期。

(2)微胶囊的粒径。微胶囊的粒径可在读数显微镜下直接得到。当微胶囊重量相同时,粒径越小,比表面积越大,释放速率越快,留香时间越短。用于纺织品芳香整理的微胶囊的粒径大小依整理工艺而定。一般用于涂料印花工艺的微胶囊,其大小要能顺利通过印花筛网,粒径一般在5~20μm;用于浸轧工艺的微胶囊,要能嵌入织物组织结构甚至纱线中,其粒径在5μm以下。调节制备条件可制得不同粒径的微胶囊。

(3)微胶囊的皮芯比。当粒径一定时,微胶囊的皮芯比发生改变,对留香情况也有影响。一般皮芯比增加,膜厚增加,渗透速度将会减慢,但包芯量少;反之,皮芯比减小,膜厚减小,渗透速度加快,但包芯量增大,香气的强度也增大。

(4)微胶囊香精的香型。香精是多组分的混合物,若其中的某些组分分子小,挥发性大,则易于从高分子材料皮材的微孔中扩散出去，使得一段时间后微胶囊的香气发生变化。如对薄荷香精包裹后，进行纺织品上香，几日后薄荷清凉消失，变为青草香味。因此，在对产品进行芳香整理时，应了解香精的性能。

(5)微胶囊香精的用量。微胶囊香精用量越大，织物同样面积上的微胶囊香精就越多，香型制品的保香期就越长，但制品成本增加。一般应根据用量梯度等试验取得最佳值。

(6)上香工艺。同一种微胶囊香精用于不同的纺织品，或者用于同一种纺织品，可以有几种应用工艺。一般应根据织物本身的性能特点和使用要求选择合适的上香工艺。尽可能选择温度低、加温时间短、压力小、剪切力小的加工工艺，并严格地控制工艺参数，避免对香囊的破坏，尽可能地延长制品的保香期。

第二节　芳香纺织品的评价

由于芳香是人对气味的一种嗅觉感觉，因人而异，故很难用一个客观标准去全面、确切地评价香味。目前，国内外没有适用的通用标准。但不同公司或科研单位有其自己的内部测试方法，大致可分为感官法和吸光度法。

一、感官法

将芳香纺织品模拟应用条件暴露于空气中，定期由一定数量的人以感官来鉴别香味的浓淡及有无，然后以数学方法进行统计处理，最后可确定其保香期。也可进行芳香纺织品的耐久性实验，将芳香纺织品洗涤若干次后再次评价香味持久性。

比如，日本帝人公司将芳香纤维密闭存放一定时间，切断成一定长度，作为标准芳香纤维。被评价的芳香纤维切断成标准芳香纤维同样长度，经处理后，如水洗、干洗或在空气中存放一定时间，与标准芳香短纤维的香味进行对比，对比结果分为 5 级。

二、吸光度法

在低精油浓度时，精油溶液的吸光度与香精浓度存在线性关系，吸光度法则是利用此线性关系，测量出芳香纺织品萃取溶液的吸光度，从而得到芳香纺织品香精浓度。

以茉莉芳香纺织品为例，称取 22mg 香精，置于 100mL 容量瓶中，加无水乙醇定容至刻度，摇匀，移取 25mL 至另一 100mL 容量瓶中，加无水乙醇定容至刻度，再移取 25mL 至第三个容量瓶，定容，依次做 5 个标样。经紫外吸收扫描，找出最大吸收波长，用无水乙醇做参比，在该波长下按浓度由小到大依次测定以上配置的 5 个标样的吸光度，并得出浓度对吸光度的线性回归方程。再将经芳香整理的织物剪碎后精确称量 1g，放于可密封容器中，加入 100mL 的乙醇，水浴加热，振荡，放置 24h，用紫外分光光度计在最大吸收波长下测定其吸光度，最后代入线性回归方程求出香精浓度。

该方法方便、可操作性强、重复性好，但不同的芳香剂需绘制不同的线性回归方程，这就限制了此方法的广泛应用，只能用于定量科学研究。

参考文献

[1]唐世海. 芳香纤维及纷织品的开发应用探讨[J]. 天津纺织科技,2009(4):28－30,34.
[2]赵家祥. 芳香纺织品的发展现状[J]. 纺织学报,1994(10):37－41.
[3]盛杰侦,毛慧贤,辛长征. 芳香整理[J]. 上海纺织科技,2003(6):42－43,25.
[4]徐亚平. 芳香型纤维及其应用[J]. 合成纤维,2006(1):23－26.
[5]李少敏,沈兰萍,王瑄. 芳香型纤维生产技术及其未来发展[J]. 合成纤维,2015(4):5－8.
[6]王芳. 芳香型纤维在纺织品中的应用[J]. 上海丝绸,2011(4):6－8.
[7]胡心怡,王韶辉. 芳香微胶囊整理织物的留香效果[J]. 纺织学报,2009(7):93－98.

第十章　防紫外线纺织产品检测技术

第一节　紫外和防紫外线纺织品

一、紫外线的危害

紫外线的波长范围为200～400nm。其中320～400nm的光波称为UVA;290～320nm的光波称为UVB;200～290nm的光波称为UVC。UVA占紫外线总量的95%～98%,但能量较小,能够穿透玻璃、某些衣物、人的表皮,能透射到真皮组织下面。UVB占紫外线量的2%～5%,能量大,可穿过人的表皮。UVC能量最大,作用最强,可引起晒伤、基因突变及肿瘤,但在未到达地面之前,几乎已被臭氧层完全吸收,对人类不会造成伤害。

(一)紫外线对人体健康的危害

适当的紫外线对人体是有益的,它能促进维生素D的合成,对佝偻病有抑制作用,并具有消毒杀菌作用。但近年来,由于人类生产和生活大量地排放氟利昂之类的氯氟化烃化合物,地球的保护伞即大气层日益遭到破坏,臭氧层变薄变稀,特别是在地球两极及我国青藏高原上空出现了臭氧空洞,到达地面的紫外线辐射量增多。过度紫外线照射引起的疾病越来越多。

UVA的辐射能使皮肤生成色斑,可透射到真皮组织下,使皮下纤维受损,继而出现褶皱和松弛,加速皮肤老化。UVB辐射能导致红斑,UVB的作用是UVA的1000倍,夏季晒斑主要是由于UVB的作用,皮下血管吸收UVB后引起扩张,使皮肤变红,生成红斑,严重时甚至发生炎症。因为其阻碍了脱氧核裙核酸(NDA)、核糖核酸(RNA)蛋白质的合成,被认为是导致皮肤癌的主要原因。UVC辐射通常在地球外部臭氧层中被吸收。臭氧是大气中最主要吸收紫外线的气体,一般地讲,到达地面的UVC很少,但大气臭氧层受到破坏,使到达地面的UVC增加,对人体的危害明显增大。

正因如此,紫外光污染及其防护的重要性在国际社会已经达成共识,一些国际条约和世界性会议对此也做出了积极反应。世界各国积极制定防紫外线辐射的纺织服装标准,比如我国GB/T 18830中规定,只有当产品的UPF(Ultraviolet Protection Factor)紫外防护系数>40,且紫外透过率T(UVA)<5%时,才可称为“防紫外产品”。

(二)紫外线对纺织品的损伤

紫外线不仅对人体健康存在威胁,长期照射也会对纺织品造成损伤。未经紫外线辐照的棉纤维和经5000h紫外线辐照的棉纤维扭曲率会从78%降低到54%。经紫外线辐照30 s后的棉纤维表面会发生一定程度的刻蚀,表面粗糙,有些地方甚至会出现较深的小坑。

再如,蚕丝经紫外辐射后,其分子链主链及侧基中肽键基团的C—N键发生断裂,释放出CO、N_2等气体,最终分解成氨基酸。高性能纤维在紫外辐射下也会发生不同程度性能下降,如聚对苯撑苯并二噁唑（PBO）纤维经紫外线照射后，其内部碳原子氧化成为 CO、CO_2 等，且 CO 可进一步加速氧化。同时，聚合物中的氢原子被氧化成—COOH，继而双分子分解，产生自由基，袭击 PBO 大分子，使大分子化学结构破坏，并产生新自由基，进一步加速大分子链断裂，这使 PBO 纤维力学性能大幅下降。芳纶经紫外照射后，其内部—CONH—基团的 C—N 键发生断裂氧化形成—COOH，芳纶的拉伸横断面由原纤状的劈裂断面变为平整断面，表明紫外线使芳纶强度降低，脆性增加。涤纶织物经 30 天紫外照射后，力学性能发生变化：经向断裂强力减小到原来的 68.2%，断裂伸长率减小为原来的 77.5%，断裂功减小为原来的 62.15%；纬向断裂强力减小为原来的 83.4%，断裂伸长率减小为原来的 83.4%，断裂功减小为原来的 70.9%；同时，耐磨性能也显著降低，紫外线照射 30 天后，耐磨次数只有原来的 67.3%。

可见，紫外线可使天然纤维和合成纤维的韧性、强度等力学性能下降，改善和提高纤维的抗紫外线性能已成为重要的研究方向。

二、影响纺织品防紫外线辐射的因素

（一）纤维原料

纺织纤维本身对紫外线有一定的吸收屏蔽作用，不同类型的纤维对于紫外线的吸收、透射能力不同。吸收能力越低、透过率越高，抗紫外线性能越差。在所有广泛应用的纤维原料中，涤纶中含有苯环，具有较高的紫外线吸收能力；锦纶吸收紫外线的能力较差；羊毛、蚕丝等蛋白质纤维分子中含有芳香族氨基酸，对小于 300nm 波段的光有很强的吸收性，其抗紫外线性能介于涤纶与锦纶之间。对于纤维素类纤维，漂白棉纱和黏胶织物的紫外线透过率相对较高，而未漂白的棉纱织物由于其中的天然色素和木质素可作为吸收剂，其紫外线防护系数稍高；麻织物由于纤维内具有沟状空腔且管壁多空隙，有较好的抗紫外线性能；竹纤维中所含叶绿素铜钠是安全、优良的紫外线吸收剂，其抗紫外线性能大大优于棉纤维，也明显优于苎麻、亚麻纤维。

（二）纱线结构

由于纱线加捻情况不同，纤维在纱线中的排列与纱线的表面结构也不同，这对织物的抗紫外线性能有一定的影响。一般而言，在原纱结构方面，纺织品防紫外线辐射性能的规律为：短纤织物优于长丝织物；加工丝产品优于化纤原丝产品；细纤维织物优于粗纤维织物；扁平异形化纤织物优于一般异形化纤织物，一般异形化纤织物优于圆形截面化纤织物；长丝产品中，无捻丝的单丝较蓬松、空隙度小，紫外线透过率普遍优于有捻丝。但纱线结构同其他影响因素相比，对纺织品防紫外线性能影响权重和交互作用的研究资料少之又少。

（三）织物组织结构的影响

织物组织结构包括织物覆盖系数、紧度、厚度、经纬密度、织物组织、孔隙率等。总体上来说，织物的抗紫外线性能随着覆盖系数的增加而增强。当覆盖系数小于 83% 时，光线主要通过布面空隙透过，随着织物覆盖系数增加，纱线排列更紧密，紫外线透过率降低，织物的抗紫外线辐射性能增强；当覆盖系数大于 83% 时，光线主要通过纤维间的反射和折射透过布面，透过率变化不大；随着覆盖系数进一步增加，纱线屈曲波高增大，光线在具有层状构造的纤维间发生的反射与折射次数增多，被纤维吸收得也多，透过织物的光线就弱。因此，织物的光线透过率下降，抗紫外线性能缓慢提高。

织物的厚度越厚,紫外线透过率越小。这是由于织物的厚度大时,纤维层数增多,光在纤维中发生反射与折射的次数多,被纤维吸收的部分也多,透过织物的光线减少,因而,织物的紫外线透过率下降。

纺织品经纬密度也对防紫外性能有影响。在低密度时,随着经纬密的增加,织物抗紫外线性能增强。织物密度增大时,紧度增大,经纬纱排列紧密,紫外线透过率差,抗紫外性能好。织物密度越大,经纬向屈曲波高增大,光在具有层状构造的纤维之间发生的反射与折射的次数多,被纤维吸收的光线也多,透过织物的光线减少,抗紫外线的性能较好。但当密度增大到一定值时,紫外线遮蔽率变化幅度较小。

织物组织结构不同时,浮长较长的组织覆盖率高,空隙较少,紫外线反射能力增加,抗紫外线的能力相对较强。组织结构不同,经纬纱的空间几何形态也不同,交织次数越多,经纬纱屈曲越多,织物布面平整度低,虽然增加了紫外线的散射,但也增加了扩散透射和直接透射,此透射超过了长浮长线反射作用,使织物抗紫外线性能降低。

(四)纺织品颜色的影响

织物上的染料对织物紫外线透过率有相当大的影响。这是由于为得到某一色泽,染料必须选择性地吸收可见光辐射,而有些染料的吸收带伸展到紫外光谱区域,因此,它起着紫外线吸收剂作用。一般来说,随着纺织品色泽的加深,织物紫外线透过率减少,防紫外线辐射能力提高。此外,化学纤维的消光处理也影响其紫外线透过率。使用荧光增白剂的纺织品,具有很强的紫外线吸收能力,遮蔽性良好。

(五)后整理的影响

选择不同的处理工艺也可以提高织物的抗紫外线性能,如避免前处理、取消荧光增白处理、选择合适的染料、新工艺的应用等。在精炼过程中,棉发生松弛与收缩,两种过程综合结果导致布面覆盖系数增加,UPF 值增大。此外,对有缩水现象的织物(棉织物、丝织物和黏胶织物),水洗后 UPF 值增大。

(六)含湿量的影响

织物的湿度会影响织物的紫外线防护性能。一般,湿衣物较干衣物具有较高的紫外线透过率。这是因为在纱线和纤维空隙中的水降低了光的分散作用,提高了紫外线的透过性。但这也不是绝对的,还与织物遇水收缩程度等因素有关。所以,在美国防紫外线检测标准中,要求测试干态和湿态时服装的抗紫外性能,并且,最终标示在服装标签上的 UPF 值只能是干、湿两种状态中较低的那个值。

三、纺织品紫外线屏蔽剂和吸收剂

作为纺织品防紫外线整理剂,无论哪种类型,除了要求整理剂具备优异的耐光、耐热和防紫外性能外,还要考虑到试剂的毒性,特别要考虑对皮肤的影响。此外,还应尽量减少对织物白度、吸湿性、强力和手感等的影响。

(一)无机紫外线屏蔽剂

无机紫外线屏蔽剂也称紫外线反射剂,作为紫外线屏蔽剂的无机物对入射紫外线波长都具有较大的折射率,一般反射率与折射率成正相关性,折射率越大,反射率也越大,对紫外线的反射就越强烈。当这些无机紫外线屏蔽剂被导入织物内,与纤维或织物结合,无机紫外线屏蔽剂没有光能的转化作用，而是利用其在纤维与粒子间的界面折射，对入射的紫外线的波长区域具有良好的折射性，起到防止紫外线透过的效果。用于纤维防紫外加工的紫外屏蔽剂一般分为三类。第一类为纳米或超细粉末状无机金属氧化物，如氧化锌、二氧化钛、氧化亚铁、二氧化硅和氧化亚铅等；第二类为无机混合物，如高岭土、滑石粉、炭黑等；第三类为其他的一些无机盐，如碳酸钙等。这些无机物一般是不具有色泽的微粒子，它们都具有较高的折射率。其中二氧化钛（折射率 $n=2.6$）的强抗紫外线能力是由于其具有高折光性和高光活性，氧化锌（折射率 $n=1.9$）能反射波长为 240～380nm 的紫外线，屏蔽效果较佳，还具有抗菌防臭功能。常见的无机屏蔽剂的紫外透过率见表 10－1。

表 10－1　常用无机紫外屏蔽剂的透过率　　单位：%

波长（nm）	材料				
	氧化锌	二氧化钛	瓷土	碳酸钙	滑石粉
313	0	0.5	55	80	88
366	0	18	59	84	90
436	46	35	63	87	90

（二）有机紫外线吸收剂

有机紫外线吸收剂主要是利用有机物质对紫外线光波具有强烈的、选择性的吸收作用。有机紫外线吸收剂分子结构上大多有连接于芳香族衍生物上的吸收波长小于 400nm 的发色基团（如 C═N、N═N、N═O、C═O 等）和助色基团（如—NH_2、—OH、—SO_3H、—COOH 等）。它们能强烈地、选择性地吸收高能量的紫外线，发生光物理过程和/或光化学反应，将紫外线能量转化为无害的热能或波长较长的无害低辐射能量释放出来，而本身结构不发生变化，从而避免损害皮肤，防止高分子聚合物因吸收紫外线能量而发生分解。

目前市场上提供的紫外线吸收剂主要有苯并三唑类、二苯甲酮类、水杨酸类、氰基丙烯酸酯等几类。在使用这些紫外线吸收剂时，必须考虑其作用的波长范围和对人体与环境的安全性，并针对织物用途进行单一或复合使用。

（三）植物源防紫外整理剂

近年来，随着人们对化学品安全性能的关注，学者们也尝试从植物体中提取紫外线整理剂，应用于纯棉、丝为主的天然纤维织物。植物体中具有防紫外线的物质，主要为有机酸类、黄酮类、蒽醌类、矿物质、黏蛋白、超氧化物歧化酶 SOD 等。黄酮类和蒽醌类化合物具有共轭双键，对紫外线有较强的吸收；黏蛋白能在皮肤表面形成一层黏膜，具有反射紫外线的作用；超氧化物歧化酶 SOD、小分子抗氧化剂对紫外线有吸收作用或有抑制酪氨酸酶的活性作用。

有研究对姜黄、黄柏、金银花、槐米、黄连、黄芩、石榴皮、甘草、绿茶等天然植物的提取液，进行紫外吸收光谱分析，得出各提取液在不同波段的紫外吸收性能，最终选出黄柏、黄连两种紫外吸收性能较好的植物提取液，作为防紫外剂，其最佳复配方案为 V（黄柏提取液）：V（黄连提取液）=1：9，且要求避光阴凉处储存保管。将润湿后的纯棉织物放入中性的复合整理液（黄柏：黄连 =1：9，固液比 1：20，质量分数 25%）中，室温下二浸二轧（轧液率为 80%），80℃下预烘 5min，焙烘温度 140℃，焙烘时间 140 s。发现复合植物防紫外整理剂对未染色的纯棉织物比较有效,UPF 值可达 42.49,紫外透过率总体水平较好,低于 1.6%。但整理剂的耐洗涤性差,经 10 次洗涤后,UPF 值仅为 13.3;对染色后的纯棉织物效果不大,且吸附到织物上很不均匀,对织物的白度、色光、强力、透气性均有一定影响。这在一定程度上也限制了植物抗紫外剂的应用,有待日后进一步研究开发。

四、防紫外线纤维

防紫外线纤维是指在纤维中添加防紫外线添加剂或在纤维的表面涂覆防紫外线剂,以阻碍紫外线直接与皮肤接触,从而获得防紫外线效果的纤维。多将抗紫外添加剂制成纳米颗粒,这是由于纳米材料的表面效应会造成纳米微粒表面原子的畸形,而引起表面电子自旋构象和电子能谱的变化,产生新的光学性能。研究发现,无机材料 TiO_2 和 ZnO 的禁带宽度在 3.2 eV,可以吸收波长为 388nm 的紫外线,当其颗粒尺寸小于 100mm 时,禁带宽度大于 4.5 eV,可吸收波长为 280~320nm 的紫外线。因而,纳米 TiO_2 和 ZnO 在较宽的紫外线范围内有很强的吸收屏蔽作用,人们正是利用这些特性将其应用于防紫外线纤维的加工。目前,将纳米微粒施加到纤维上的方法主要有共混纺丝法、共聚纺丝法和复合纺丝法三种。

(一)共混纺丝法

将紫外线屏蔽剂、分散剂、热稳定剂等助剂与载体混合,经熔融挤出、切粒、干燥等工序制成抗紫外母粒,将母粒按一定的添加剂加到切片中,通过混合、纺丝、拉伸等工序制得抗紫外纤维。这种纤维与后整理法制成的纺织品相比,防紫外线功能更持久,耐洗性好,手感柔软,易于染色,且灵活性大,添加量高(可达 10%以上)。纤维的防紫外线性能受粉体加入量的多少、颗粒的大小和均匀度的影响,且颗粒可能会逐渐堵塞喷丝孔,缩短喷丝板的寿命,增加成本。同时,该方法添加的抗紫外屏蔽剂仅仅是一次分散,故分散均匀性差,影响纤维可纺性和成品的抗紫外性能。

(二)共聚纺丝法

共聚纺丝法是选择一种合适的防紫外线整理剂与成纤高分子材料的单体一起共聚,制得防紫外线共聚物,然后纺成防紫外线纤维。例如,用常规的直接酯化或酯交换后缩聚的方法制得防紫外线良好的线性聚酯,再通过常规的熔融纺丝法纺制成纤维。这种纤维同共混纺丝得到的抗紫外纤维相比,由于在生产过程中经历了聚合、纺丝的两次分散,故其分散均匀性好,可纺性好,成品纤维抗紫外性能优异。但生产工艺控制要求高,尤其是改性树脂中二甘醇(DEG)含量偏高,与普通树脂在热性能上存在着差异,要求纺丝及后加工工艺也要作相应的调整和优化。

(三)复合纺丝法

利用复合纺丝技术,将整理剂加入到纤维的皮层。这样既节约原料还有利于保持纤维原有的基本性能。下面列举日本市场上的防紫外线纤维的生产方法见表 10-2,以供参考。

表 10-2 日本市场上的防紫外线纤维的生产方法

公司名称	产品商标	生产方法
可乐丽	埃斯莫(短纤)	将氧化锌微粉掺入聚酯共混纺丝
可乐丽	埃斯莫(长丝)	纺出芯鞘纤维,以普通聚酯为鞘,含高浓度氧化锌的聚酯为芯
尤尼奇卡	萨拉克尔	芯部含氧化锌微粉的聚酯长丝

续表

公司名称	产品商标	生产方法
尤尼奇卡	拉拜纳	用100%掺陶瓷粉的聚酯短纤纺成纱线
尤尼奇卡	托钠多UV	先用含陶瓷物质聚酯长丝织成织物，再用有机紫外线遮蔽整理
尤尼奇卡	塞米塞利阿	纺出掺陶瓷微粉的聚酯超细纤维
东洋纺织	潘丝瓦多	将陶瓷微粉和有机紫外遮蔽剂同时掺入聚酯，纺成长丝
东丽	阿罗夫托	把陶瓷微粉掺入聚酯纺出特殊截面的长丝
帝人	菲齐奥塞萨	将含紫外线遮蔽成分的聚酯纺出特殊结构的纤维，对其织物进行多次防紫外线后整理
三菱人造丝	奥波埃	把陶瓷微粉纺入聚丙烯纤维

五、防紫外线整理加工方法

防紫外线整理加工方法与其最终用途有关，作为服装面料，考虑到夏季穿着时柔软性和舒适性要求，对于涤纶、氨纶等合成纤维织物，可选择适当的紫外线吸收剂，并与分散性染料一起，进行高温高压染色，使紫外线吸收剂分子融入纤维内部；对于棉、麻类织物，可用浸压法，经烘干和热处理后，将紫外线吸收剂固着在织物表面。对于装饰用、产业用纺织品，可选用涂料印花或涂层法，将具有抗紫外线效果的反光陶瓷材料黏合剂涂印在织物表面，形成一层防护薄膜；也可用紫外线屏蔽剂或紫外线吸收剂对织物表面进行精密涂层，经烘干和热处理后，在织物表面形成一层薄膜。涂层剂可选用聚氯乙烯（PVC）、聚酰胺（PA）、聚氨酯（PU）等，也可与陶瓷微粉共混涂层。此外，应用纳米技术、化学键合法及吸附胶团聚合法，也可增强织物的抗紫外线功能。

（一）吸尽法

吸尽法分为常压吸尽法和高温高压吸尽法。对于棉、麻、羊毛、蚕丝等天然纤维的紫外线整理可选用常压吸尽法。需选用水溶性的紫外线吸收剂，如二苯甲酮类的水溶性紫外线吸收剂，分子结构中有多个羟基，对棉及其他天然纤维有较好的吸附能力，可以在常压下进行抗紫外线整理。一些不溶或难溶于水的整理剂，如苯并三唑类化合物，它们的分子结构和分散染料很接近，可采用类似分散染料染涤纶的方法，在高温高压下吸附扩散入涤纶。有些吸收剂还可以采用和染料同浴进行一浴法染色整理加工。

（二）浸轧法

由于多种因素，水溶性的紫外线屏蔽剂目前应用较少，而大多紫外线屏蔽剂不溶于水，又对棉、麻等天然纤维亲和力差，要让它们附加到纺织品上，必须将其加入到黏合剂中，即将遮蔽剂与黏合剂共浴，制成浸轧液，然后采用浸—轧—烘工艺，使树脂充分固着在纤维上，制得防紫外线纺织品。织物浸轧法可在染色设备上实施。

（三）涂层法

涂层法是将遮蔽剂与涂层剂共混，均匀分散后制得稳定的涂层胶，用涂布器（如刮刀、圆网等）涂到织物表面，经过烘干和必要的热处理，在织物表面形成一层薄膜，即可达到理想的紫外线屏蔽效果。这种方法对纤维种类的适用性广，处理成本低，对应用的技术和设备要求都不高。早期的涂层织物与没有涂层的织物相比，其弯曲性能、透气性和手感均较差，不过现在透湿、透气性良好的涂层织物已经面世，这也为涂层法生产防紫外线织物提供了更广阔的发展空间。

（四）纳米技术法

将纳米粒子通过黏合剂均匀涂覆于纤维或织物表面制成功能性纺织品，工艺简单，能达到一定的功能指标，但由于无机纳米粒子与纺织品的纤维之间不是化学键连接，耐洗牢度差，功能不能持久，织物手感也较差。因而，如何使纳米粒子均匀地分散在纺织品上，且实现纳米粒子与纤维的坚牢结合，是纳米功能纺织品开发和应用的关键技术。针对这一问题，有研究采用聚丙烯酸钠作为分散剂，CX－100为低温反应交联剂，不同质量比的纳米二氧化钛和氧化铁为整理剂，研究了纳米粉末在水溶液中的分散以及防紫外线整理后棉织物的抗紫外线性能、力学性能、耐洗涤性能。结果表明，纳米粉末在分散剂的作用下，在溶液中具有较好的分散性能，棉织物经防紫外线整理后具有良好的抗紫外线性能，但洗涤后该性能有一定程度下降。

（五）化学键合法

化学键合法是以化学键连接紫外线吸收剂分子和棉纤维的整理方法，解决了单纯以物理作用力附着牢度差的问题。常用的活性基有一氯均三嗪、乙烯砜、环氧基团等，可在浸渍及培烘过程中实现与棉纤维的化学结合。

一氯均三嗪类紫外线吸收剂结构特点与活性染料分子类似，因此，处理织物方法相同，可与活性染料染色同浴进行，目前研究较多。其吸收剂分子一般具有以下特点：①含两个或更多活性基来提高处理时的固着率；②引入芳香胺类化合物辅基，一方面以氨基为桥基便于缩合，另一方面增大分子线形结构，提高与纤维亲和力以利于与纤维的接触反应；③引入苯并三唑、二苯甲酮等功能分子提高试剂在紫外区的吸收能力；④引入磺酸基等水溶性基团，便于应用。

（六）吸附胶团聚合法

聚合型紫外线吸收剂的开发有利于提高试制稳定性、耐迁移性、卫生性等，但由于试剂相对分子质量大、水溶性差等问题给应用带来困难，且影响整理后织物的其他性能，如柔顺性等，所以其应用方法的研究很有意义。吸附胶团聚合法就是针对聚合类试剂应用方法的研究，是一种通用的表面聚合过程，在聚合之前利用吸附在表面的表面活性剂聚集体来集合单体，方法包括四步，如图10－1所示。第一步，在底物表面形成吸附胶团；第二步，有机单体插入吸附胶团层；第三步，引发表面上的聚合；第四步，表面活性剂被洗去，留下一薄层聚合物膜。

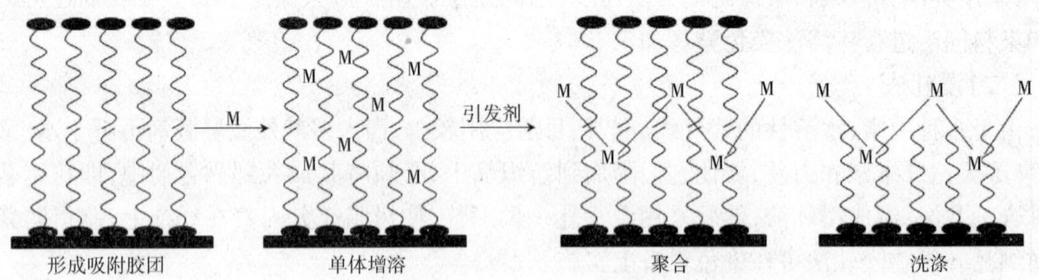

图10－1　吸附胶团聚合过程

（七）其他处理方法

1. 微胶囊法

微胶囊技术已广泛应用于工业领域，它是一种特殊的包装形式，胶囊内的物质可以是固体微粒，也可以是液滴或气泡。其实质是通过密闭的或半透性的壁膜将芯材与外界环境隔离开来，从而达到保护和稳定芯材、屏蔽气味和颜色、控制释放芯材等目的。其制成品典型大小范围在2～2000μm，壁的典型厚度在0.5～150μm。可将防紫外线整理剂注入胶囊内，这样在服装的服用过程中，由于受到摩擦使胶囊外层破裂，达到防紫外线整理剂缓释的效果。如果胶囊内加入光敏变色晶体则能使织物获得变色功能。光敏变色服装除了增加美感外，还增强了抗紫外线功能，可抵御长时间紫外线辐射。利用凝聚法与聚合法均可以得到合适的微胶囊产品，且后者具有更好的抗紫外线性能；抗紫外线效果与抗紫外线微胶囊的用量有关，选择合适的用量，整理织物后，布样的UPF值可以达到标准，并有一定的耐洗涤牢度。

2. 印花法

印花法是将紫外线屏蔽剂或吸收剂调制在印花色浆中，印制后，采用汽蒸处理固着在织物上。此法优点是工艺流程短，不需水洗，且着色鲜艳，面料品种不受限制，适合于对紫外线屏蔽要求不高的织物。

3. 洗涤剂法

洗涤剂法是将紫外线吸收剂加入到含有表面活性剂等特殊成分的洗涤剂中，在一定温度下将织物浸入洗涤剂中，经过一定次数的洗涤，也可使织物具有较高的防紫外线能力。

第二节　防紫外线测试方法与标准

对防紫外线纺织品的检测与评价，是企业把控和提高产品质量的重要环节，也是技术监督部门监管市场产品质量的重要依据，更是保证消费者健康安全的重要手段。防紫外线测试，大致有下面几种方法。

（1）直接照射人体法。在人体皮肤某一区域的相邻部位分别覆盖抗紫外线织物和相同材质的非抗紫外线织物，用紫外线直接照射，通过记录和比较出现皮肤红斑的时间进行评定。该方法简便、快速、直观，但由于是主观评价，偏差较大，且此法对受试者有害。

（2）变色褪色法。将光敏染料染色基布置于标准紫外光源下，上面覆盖待测试样，经紫外光照射一段时间后，观察光敏染料染色基布的颜色变化情况，以此评价试样的抗紫外线能力。由于使用的光敏染料不同，有可能得到不同的测试结果，因此，该方法的可靠性较差。

（3）紫外线强度累计法。放置在紫外线强度累计仪上的试样，用紫外线照射规定时间后，积分计算透过试样的紫外线光照累计总量，判断试样抵御紫外线的能力。这种方法较科学合理，但其表征的是总量，因此，无法对试样抵抗不同波长和方向紫外线辐射的程度做出有针对性的判断。

（4）紫外线强度计法。选择特定波长的紫外线照射被试织物，测定其透过率（透过试样的紫外线强度与无试样时透过的紫外线强度之比的百分率）。但特定波长的紫外线与实际可能遭受的紫外线辐射是不同的，此法的设计不尽合理。

（5）分光光度计法。采用紫外分光光度计作为紫外线辐射源，辐射出的紫外线波长分布于整个近紫外波段（280～400nm）。利用积分球收集透过试样的各个方向上的辐射通量，计算紫外线透射比。透射比越小，试样抗紫外线功能越好。

由于分光光度计法可以测定不同波长下的透射比，是目前国内外采用较多的测试方法，中国国家标准 GB/T 18830—2009、澳大利亚 AS/NZS 4399:2017、美国标准 AATCC 183—2014 和欧洲标准 EN 13758 - 1:2001 + A1:2006 的防紫外线测试均基于此方法。

防紫外线测试的方法标准并不是孤立的，通常还会配合产品的标识和设计要求等构成完整的产品质量体系。比如，美国标准 AATCC 183、ASTM D6544 和 ASTM D6603 是三个配套使用的标准，分别对应紫外线测试方法、测试前样品准备和标签标识要求。同样，欧洲标准 EN 13758 - 1 为紫外线测试方法，EN 13758 - 2 为产品要求和标签标识。而澳洲标准则将紫外线测试方法、产品要求和标识要求统一在 AS/NZS 4399 中。中国国家标准 GB/T 18830 则涵盖了紫外线测试方法、产品最低防紫外线要求和标识要求。表 10 - 3 列出了各国防紫外线测试标准体系的构成。

表 10 - 3　各国防紫外线测试标准体系的构成

	标准名称	标准类型
美国标准	AATCC 183—2014《紫外线辐射通过织物的透过或阻挡性能》	紫外线测试方法
	ASTM D6544—2012《紫外线(UV)透射试验前纺织品制备的标准操作规程》	测试前样品准备
	ASTM D6603—2012《紫外线防护纺织品标签指南》	标签标识
欧洲标准	EN 13758 - 1:2001 + A1:2006《纺织品　紫外线防护性能　第一部分:服装面料的测试方法》	紫外线测试方法
	EN 13758 - 2:2003《纺织品　紫外线防护性能 第二部分:服装的分级和标识》	产品要求和标签标识
	BS 8466:2006《帽子　紫外线防护测试方法和性能要求》	产品要求和标签标识
澳洲标准	AS/NZS 4399:2017《防日晒服装:评估和分级》	紫外线测试方法、产品要求和标签标识
中国国家标准	GB/T 18830—2009《纺织品　防紫外线性能的评定》	紫外线测试方法、产品要求和标签标识

一、测试标准适用范围

不同的测试标准，其适用范围不尽相同，以此来规范产品测试要求和标识要求。表 10 - 4 列出了各测试标准的适用范围。

表 10 - 4　各测试标准的适用范围

标准名称	适用产品	不适用产品
AATCC 183—2014 ASTM D6544—2012 ASTM D6603—2012	纺织品	医疗器械的防紫外面料和在美国食品药品管理草案中涉及的服装

续表

标准名称	适用产品	不适用产品
AS/NZS 4399:2017	紧密接触皮肤的服装、帽子、手套、围裙、披肩、头巾、毯子及其他附件	太阳镜、防晒霜、建筑和园艺用遮阳网、伞、遮阳亭、非太阳光源的紫外防护产品
EN 13758-1:2001+A1:2006 EN 13758-2:2003	服装面料	一定距离防护的纺织面料，如伞、遮阳亭等
BS 8466:2006	帽子	—
GB/T 18830—2009	纺织品	—

二、测试原理和设备

上述这些标准均采用紫外防护系数 UPF 来表征纺织品的防紫外性能。UPF 值是皮肤无防护时计算出的紫外线辐射平均效应与皮肤有织物防护时计算出的紫外线辐射平均效应的比值。测试时先用单色或多色的紫外射线辐射试样，收集总的光谱透射射线，测定出总的光谱透射比，再用下式计算出产品的 UPF 值。

$$UPF_i = \frac{\sum_{\lambda=290}^{400} E(\lambda) \times \varepsilon(\lambda) \times \Delta\lambda}{\sum_{\lambda=290}^{400} E(\lambda) \times T_i(\lambda) \times \varepsilon(\lambda) \times \Delta\lambda} \tag{10-1}$$

式中：$E(\lambda)$——日光光谱辐照度，$W/(m^2 \cdot nm)$；

$\varepsilon(\lambda)$——相对的红斑效应；

$T_i(\lambda)$——试样 i 在波长为 λ 时的光谱透射比；

$\Delta\lambda$——波长间隔，nm。

分光光度仪法所用设备是目前通用的紫外透射率测试设备。测试设备中包含了光源和积分球，其中光源能提供波长为 290～400nm 的紫外射线（AATCC 183 所要求的波长范围是 280～400nm），光束与光束轴的散角应小于 5°。积分球为中空球，用来收集所有透射光线，其内表面是一个非选择性的漫反射器，涂有高反射的无光材料。积分球的总孔面积不超过积分球内表面的 10%。

通常，设备还配有紫外透射滤片，用来实现仅透射小于 400nm 的光线，同时消除荧光效应。AS/NZS 4399:2017 标准中还要求配备另外一组滤光片，其透射率为 6.7%、3.3% 和 2.0%，用来每 6 个月校验一次设备。

三、样品准备

除 AS/NZS 4399:2017 外，美国标准、欧洲标准和中国国家标准均要求样品在标准大气环境下先进行调湿，再进行紫外透射率的测试。测试也均在标准大气环境下进行。样品若含有多种颜色或多种织物组织结构的面料，需要分别取样测试。若服装为缝纫产品，面料和里料应作为一个整体取样安排测试。准备样品过程中需注意样品不能有张力，避免引起面料结构的变化。表 10-5 列出了各测试标准试样的数量、紫外线波长范围、试样的干/湿状态、读数次数和试样测量过程中的旋转情况。测试前,需对设备进行校验。然后,在积分球入口前方放置试样,将穿着时远离皮肤的织物面朝向紫外光源。若样品为荧光产品,在试样前方放置紫外过滤片,以确保测试有效性。最后,记录 290 ~ 400nm 波长的透射比,至少每 5nm 记录一次。

表 10 – 5　各测试标准的防紫外线测试参数

测试方法	紫外线波长范围(nm)	试样数量	试样状态	每个试样读数次数	测试时试样旋转情况
GB/T 18830—2009	290 ~ 400	均质单色样品:至少 4 个 多色多组织结构样品:至少 2 个/色/组织结构	干态	1	不旋转
EN 13758—1:2001 + A1:2006	290 ~ 400		干态	1	不旋转
AATCC 183—2014	280 ~ 400	至少 2 个	干态/湿态/干态和湿态	3	每 45°旋转一次
AS/NZS 4399:2017	290 ~ 400	至少 4 个:经向 2 个,纬向 2 个	干态	1	不旋转

AATCC 183 包含了干态和湿态样品的测试方法。在测试湿态样品时,首先称量样品干重,再将样品放入烧杯中,倒入蒸馏水浸湿样品 30min,期间可轻压样品以使样品充分浸湿。然后,取出样品并放置于两张吸水纸之间,用两根玻璃棒轻轻挤压样品和吸水纸,确保最终样品含湿为 140% ±5%。当拒水织物或紧密织物按照上述步骤并不能达到 140% ±5% 的含湿要求时,测试双方可协商确定新的含湿要求。随后,再用 PVC 膜覆盖住观测孔以保护设备,并尽快安排测试,避免水汽蒸发影响样品的含湿。

四、测试过程和表征指标

将准备好的测试试样放置在积分球入口前方,根据标准要求,进行单个试样的一次或多次测量,直至完成所有试样的测量。与测试设备相连的计算机及软件会计算出表征指标,用来表征织物防紫外辐射性能。

如上所述,织物防紫外性能的表征指标有紫外线透过率和紫外线防护系数。紫外线透过率 T 又称透射比、光传播率,是指有试样时的紫外透射辐射通量与无试样时的紫外透射辐射通量之比,也可理解为透射织物的紫外透射辐射通量与照射到织物上的紫外透射辐射通量之比。分为长波紫外线 UVA 透射率 T_{UVA} 和中波紫外线 UVB 透射率 T_{UVB}。织物的紫外线透过率越低越好,GB/T 18830 和 EN 13758 – 2 中规定,可称为“防紫外产品”的,必须满足 $T_{UVA} < 5\%$。T_{UVA} 和 T_{UVB} 的计算式如下。

$$T_{(UVA)i} = \frac{1}{m}\sum_{\lambda=315}^{400} T_i(\lambda) \quad (10-2)$$

$$T_{(UVB)i} = \frac{1}{k}\sum_{\lambda=290}^{315} T_i(\lambda) \quad (10-3)$$

式中:$T_i(\lambda)$——试样 i 在波长为 λ 时的光谱透射比;

m 和 k——分别是 315 ~ 400nm 和 290 ~ 315nm 波长的测定次数。

紫外线防护系数 UPF 也称为紫外线遮挡因数或抗紫外线指数,它是衡量织物抗紫外线性能的一个重要参数。UPF 值是指某防护品被采用后,紫外线辐射使皮肤达到某一损伤(如红斑、眼损伤甚至致癌等)的临界剂量所需时间阈值,与受紫外辐射量之比,即在一定的辐射强度下,皮肤在使用纺织品后可延长辐射时间的倍数。比如,在正常情况下,裸露皮肤可接受某一强度紫外辐射量为 20min,则使用 UPF 为 5 的纺织品后,可在该强度紫外线下暴晒 100min。根据着眼点不同,以及人体皮肤的差异,从理论上讲,某一防护品将有许多 UPF 值,但一般常以致红斑的 UPF 值作为代表。另外,为了保证紫外线辐射的强度、稳定性、再现性和时间延续性,目前多采用人工模拟光源。UPF 值越高,织物的抗紫外性能越好。

五、美国标准 ASTM D6544 UPF 测试前样品准备

众所周知,纺织品在湿态和干态下可能会呈现不同的防紫外线性能,在经不同使用阶段后,如多次洗涤、泳池水浸泡及长时间曝晒后,纺织品的防紫外线性能也会有发生改变,尤其是经防紫外线后整理的纺织产品,其防紫外线性能的持久性更成为各方关注的焦点。为了保护消费者的人身安全,美国标准不仅指定了紫外线透过率的测试方法 AATCC 183,还在 ASTM D6544 中对测试前样品的准备过程做了详细规定,以确保产品抗紫外线性能的耐久性。该标准规定的前处理条件模拟了服装两年内正常季节性使用情况,以此来考核样品正常使用两年后是否仍可达到标签或包装上标示的防紫外线水平。

标准要求每种面料选 3 个试样进行测试,对于模拟光照和氯水的样品尺寸为 125mm × 180mm。取样时尽量从服装不同部位取样,若在一件服装上无法取得 3 个试样时,如儿童服装,可在同样的两件服装上取样,并避免取在缝上。若服装由多种面料组成,则面积超过 10% 的每种面料均需安排测试。表 10 - 6 列出了不同产品的样品准备步骤。对于非泳装产品,需要先进行 40 次水洗,再曝晒 100 个 AATCC 褪色单位;泳装产品除了安排水洗和曝晒外,还要在曝晒之后安排泳池水处理。对于非水洗产品,可仅安排曝晒步骤。

表 10 - 6　美国标准 ASTM D6544 UPF 测试前的样品准备

准备步骤 \ 产品	非泳装产品	泳装产品	非水洗产品(如用即弃或喷洒农药用指定服装)
1	水洗 40 次	水洗 40 次	曝晒 100 个 AATCC 褪色单位
2	曝晒 100 个 AATCC 褪色单位	曝晒 100 个 AATCC 褪色单位	—
3	—	泳池水处理	—

水洗可根据洗标上的护理信息进行 40 次手洗或 40 次机洗。机洗按 AATCC 135 洗涤,同时结合洗涤标签中的水温、洗涤程序和干燥条件等信息。当洗标中允许非氯漂时,依照 AATCC 172 加入非氯漂剂进行洗涤。模拟日晒的过程则依照 AATCC 16 在氙弧灯上测试,曝晒 100 个 AATCC 褪色单位。在水洗和模拟日晒步骤之后,泳装产品还需依照 AATCC 162 进行泳池水处理。AATCC 162 的标准测试时,将含氯溶液、测试样品和钢制加入到钢罐中,21℃ 水浴下运转加速洗涤机 60min。

经 ASTM D6544 上述准备步骤准备好的样品称为准备试样,相对于准备试样,ASTM D6603 还定义了非准备试样和洗涤一次后试样。非准备试样是指原样,根据 AATCC 183 分原样的干

态和湿态测试。是否需要进行湿态样品的测试,取决于是否会在湿条件下穿着该产品。洗涤一次后试样仅适用于洗标中注明该产品需要在穿着前进行洗涤的试样,比如标注了“穿着前请洗涤”字样的产品。大多数情况下,准备试样的 UPF 值会小于非准备试样或洗涤一次后试样的 UPF 值,这主要是由于经准备步骤后,防紫外整理剂有一部分被洗涤掉,或在光能的作用下部分防紫外整理剂被氧化,丧失了部分防紫外线功能,导致产品防紫外线性能变差。但也存在某些情况下准备试样的防紫外线性能优于原样的防紫外线性能,这大多发生在洗涤后会收缩的针织产品上。织物收缩造成织物紧密度增加,孔隙率减少,透过织物的紫外线也随之减少,最终导致产品的防紫外线性能提高。

按照 ASTM D6603 中的规定,需选取最低的试样 UPF 值标注在标签上,关于准备试样、非准备试样和洗涤一次后试样的标识要求,将在本章第三节中详细介绍。

第三节　防紫外线产品的要求和标识

纺织品紫外防护性能,除了纺织面料本身具备良好的防紫外线性能之外,还要配合服装设计,使纺织品能最大限度地覆盖皮肤表面,达到防紫外线效果。另外,为了教育民众和普及防紫外线意识,成品上还需悬挂标有防紫外线标识的标签,显示出 UPF 值和防紫外线等级等信息。不同的国家和市场,防紫外线产品的设计要求和悬挂防紫外线标签的要求也不相同,本节将分国家逐一介绍。

一、美国市场防紫外线纺织品要求和标签标识要求

(一)标签上的 UPF 值

美国市场的防紫外线纺织品需按照 ASTM D6603 进行产品标识。在标签上标示 UPF 值之前,要先按照 AATCC 183 对准备试样和非准备试样进行测试,选其中较低的 UPF 值标注在标签中。若产品洗涤标签上声称穿着前需洗涤一次,则需按照 AATCC 183 对准备试样和洗涤一次后试样进行测试,并选出较低的 UPF 值作为标签中标注的 UPF 值。测试流程如图 10-2 所示。

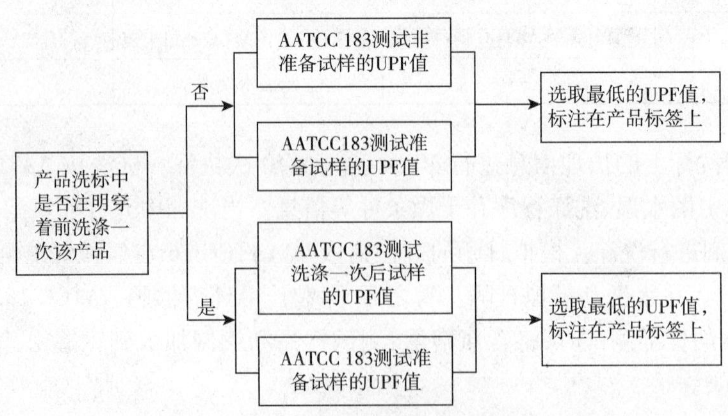

图 10-2　美标市场的防紫外线产品测试流程

标签上的 UPF 值应为样品测试得出的 UPF 值减去标准差 E，再向下圆整到最接近 5 的倍数，除非减去标准差后的 UPF 值小于试样最低的 UPF 值。计算式如下。

$$\text{标签上的 UPF 值(需为5的倍数)} = \text{样品 UPF 值} - E \tag{10-4}$$

按照式(10－4)计算出的 UPF 值，还需根据表 10－7 对纺织品进行防等级护分类。

表 10－7　美标防紫外线纺织品防护等级

防紫外线纺织品的防护等级	UPF 值范围
好	15～24
非常好	25～39
优异	≥40

(二)标签中的信息

根据 ASTM D6603 的要求，在防紫外线纺织品的标签上，需标注下列信息。

(1)UPF 值。

(2)纺织品防紫外线防护等级。

(3)声明此防紫外线纺织品已经依照 ASTM D6603 进行标识。

标签中，还可以包含但不局限于下面信息。

(1)阻隔 UVB 和 UVA 的百分比值，或阻隔紫外线的百分比值。

(2)声明此紫外防护值是在整个产品生命周期中所具有的最低防护值。

(3)声明此产品可减少有害 UVA 和 UVB 射线的照射。

(4)声明没有任何纺织品可以提供 100% 的紫外辐射防护。

(5)类似于下面的警示语：

①此纺织品的防护效果在下列情况下可能会被削弱：当面料紧贴皮肤时，如在过肩处，当面料被拉伸时，当面料潮湿或被润湿时，当面料严重磨损或洗涤后，或洗涤后严重磨损时。

②此帽子或遮阳产品所提供的防护，不包括防护紫外线的反射和散射。

(6)声明"Only skin covered by the fabric (garment) is protected from sunlight exposure."。

防紫外线纺织品标签中的信息不能声称或暗示此面料或产品可以阻止皮肤癌、皮肤老化或类似的医学声明。这类声明对于医疗器械类防紫外纺织品也许是适用的。

另外，标签上的产品防护等级、UPF 值和阻挡百分比值，字体和字号应一致。

二、欧洲市场防紫外线纺织品要求和标签标识要求

(一)防紫外线服装要求和标签标识要求

1. 产品设计要求

欧洲市场对防紫外线纺织品有服装设计上的要求。规定：为上半身提供防护的服装，至少要完全覆盖上半身；为下半身提供防护的服装，至少要完全覆盖下半身；为上半身和下半身提供防护的服装，至少要完全覆盖上半身和下半身。

2. 紫外线防护值的要求

EN 13758－2 规定，欧洲市场的防紫线外线纺织品 UPF 值要大于40，平均 UVA 透过率要小于5%。

3. 标签标识要求

EN 13758－2 规定，防紫外线产品的永久性标签上应包含下列信息。

（1）标准号 EN 13758－2。

（2）UPF 40＋。

符合 EN 13758－2 要求的防紫外线产品，还应标示出以下内容。

（1）如下图形，其中日光黄为潘通四色黄 CVU 或白色，阴影、轮廓和字符应为黑色（潘通黑 6 CVP）。

（2）暴晒致使皮肤损伤。

（3）仅覆盖区域受防护。

（4）长期使用以及在拉伸或潮湿下，该产品所提供的防护有可能减少。

这类产品还可以标示“Provides UVA＋UVB protection from the sun”。另外，EN 13758－2 还推荐使用随服装一起的小册子，用来解释紫外线辐射的危害以及服装可以减少这种暴晒。

（二）防紫外线帽子要求和标签标识要求

欧洲防紫外线帽子标准为 BS 8466:2006，需满足下面要求。

（1）组成帽子面料需按照 EN 13758－1 测试，测试后的 UPF 值最小为 50。

（2）款式上需采用士兵帽款或简款全边帽款。在表 10－8 和表 10－9 所规定的尺寸部位上，应有连续覆盖的面料。开口非遮盖型气眼直径应不小于 3mm，气眼总数不超过 10 个，两个气眼中心距应不小于 10mm。士兵帽款的尺寸要求如图 10－3 和表 10－8 所示，简款全边帽的尺寸要求如图 10－4 和表 10－9 所示。

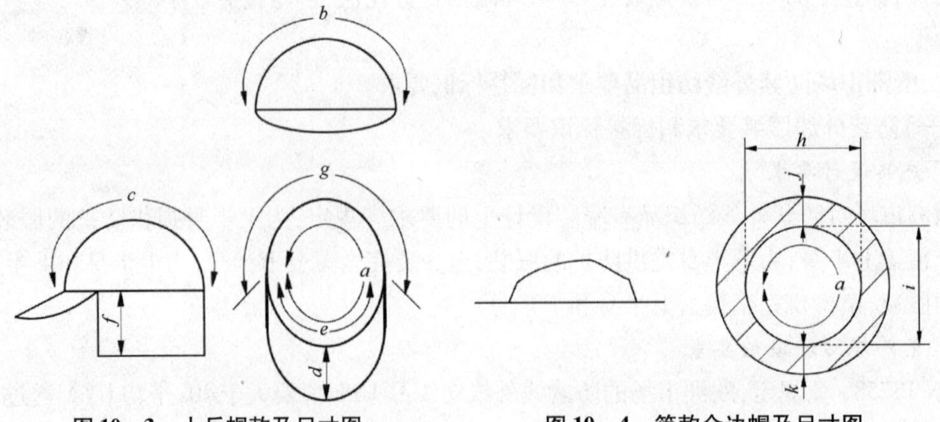

图 10－3　士兵帽款及尺寸图　　　图 10－4　简款全边帽及尺寸图

表 10－8　士兵帽款尺寸要求

测量	婴儿 6～36 个月	儿童 3～7 岁	儿童 7～14 岁	成人
帽子周长 a	a	a	a	a
过头顶处 b （耳朵到耳朵）	至少为 a 的 50%	至少为 a 的 50%	至少为 a 的 50%	至少为 a 的 50%
过头顶处 c （前额到后脑）	至少为 a 的 50%	至少为 a 的 50%	至少为 a 的 50%	至少为 a 的 60%
帽舌深 d （前额到中心边缘）	至少 5.0cm	至少 5.5cm	至少 6.0cm	至少 7.0cm
帽舌宽 e （耳朵到耳朵）	至少为 a 的 35%	至少为 a 的 35%	至少为 a 的 35%	至少为 a 的 40%
覆盖脖子面料 f （长度）	至少 8.0cm	至少 10.0cm	至少 12.0cm	至少 14.0cm
覆盖脖子面料 g （宽度）	至少为 a 的 65%	至少为 a 的 65%	至少为 a 的 65%	至少为 a 的 60%

表 10－9　简款全边帽款尺寸要求

测量	婴儿 6～36 个月	儿童 3～7 岁	儿童 7～14 岁	成人
帽子周长 a	a	a	a	a
过头顶处 h （耳朵到耳朵）	至少为 a 的 50%	至少为 a 的 50%	至少为 a 的 50%	至少为 a 的 50%
过头顶处 i （前额到后脑）	至少为 a 的 50%	至少为 a 的 50%	至少为 a 的 50%	至少为 a 的 60%
帽檐深 j、k	至少 5.0cm	至少 5.5cm	至少 6.0cm	至少 7.0cm

（3）防紫外线帽子的永久性标签上应包含如下信息。这些信息可以和纤维成分和洗涤护理方式等信息放在同一个永久性标签上，也可以不放在同一个标签上。

①尺寸和适用年龄范围。

②标示“This cat conforms to BS 8466”这句话。

（4）成人和超过 6 个月儿童的防紫外线帽子，非永久标签和包装上应包含下列信息。

> This hat will provide protection against solar ultraviolet radiation and conforms to BS 8466.
> WARNING
> Sun exposure causes skin damage.
> The hat will only provide protection to areas directly covered by the hat and, to a lesser extent, areas shaded from the sun.
> Shaded areas of the face and neck and other exposed areas of the body should be protected by a high factor sun cream.

(5)小于6个月的婴儿防紫外线帽子,非永久标签和包装上应包含下列信息。

> This hat will provide protection against solar ultraviolet radiation and conforms to BS 8466.
> WARNING
> Sun exposure causes skin damage.
> The hat will only protection to ares directly covered by the hat and, to a lesser extent, areas shaded from the sun.
> Protect babies – they are particularly vulnerable. Sunburn during childhood can lead to skin cancer later in life.
> Keep babies out of the sun.

三、中国市场防紫外线纺织品要求和标签标识要求

中国国家标准 GB/T 18830 中规定,只有当产品的 UPF > 40,且平均 UVA 透射比 $T(UVA)_{VA}$ <5%时,才可称为防紫外线产品。

防紫外线产品的标签上应标有下列信息。

(1)标准编号 GB/T 18830—2009。

(2)当40 < UPF≤50 时,标为 UPF 40 +;当 UPF >50 时,标为 UPF 50 +。

(3)长期使用以及在拉伸或潮湿的情况下,该产品所提供的防护有可能减少。

四、澳大利亚市场防紫外线纺织品要求和标签标识要求

(一)覆盖要求

服装设计对于紫外线防护是很重要的一个环节,服装设计不足会导致面料覆盖较少皮肤,通常不建议选用这样的产品作为防紫外线产品。而穿着合适的服装尺寸,选择非紧身衣物并避免拉伸织物,可起到最大限度防护紫外线的作用。为了达到最佳防紫外效果,推荐使服装尽量多遮盖皮肤,覆盖部分越多,防护效果越佳。下面将分产品说明澳洲市场对覆盖人体的要求。

1. 服装覆盖要求

防紫外线的上装,需完全覆盖肩膀并向下一直覆盖到臀围线位置,袖子长度至少达到肩点和肘之间距离的3/4;防紫外线的下装,需覆盖至少从臀围线到裆和膝盖间(基于大腿内侧测量)一半的位置;防紫外线的连体衣,需同时满足对上装和下装的要求,即连体衣的袖子需至少

达到肩点和肘间距的3/4位置，裤腿需至少覆盖从臀围线到裆和膝盖间（基于大腿内侧测量）一半的位置，如图10－5所示。

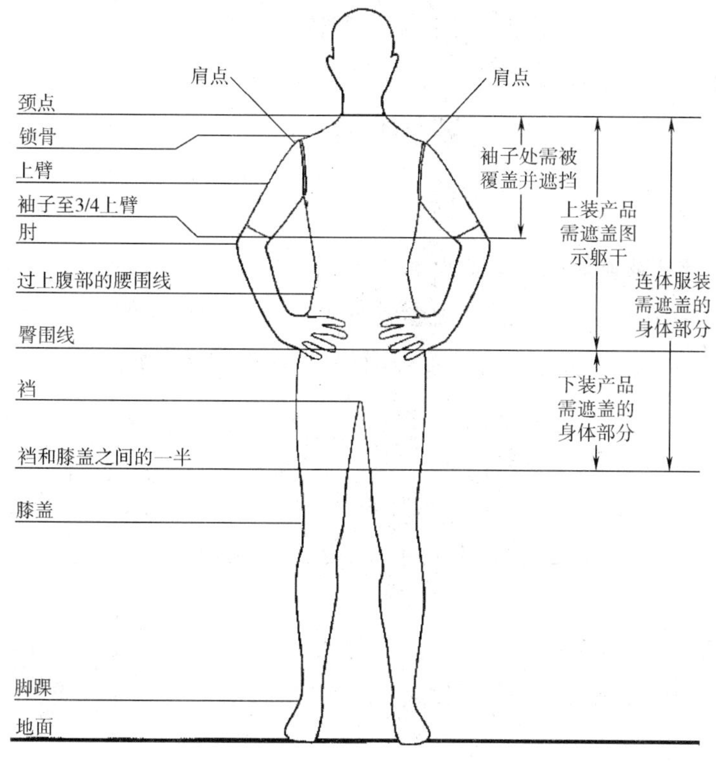

图10－5　防紫外线产品的身体覆盖要求

因此，背心、露脐装、吊带衫、比基尼和三角裤等不能覆盖身体足够面积的产品，不能提供足够的紫外防护，也就不能声称为防紫外线产品。

2. 帽子覆盖要求

普通帽子和遮阳帽通常不能遮盖住耳朵和脸部下方，也就不能提供足够的紫外线防护，故不能标识为防紫外线产品。但通过设计上的改进和提高，可以使帽子提供更好的保护，遮住头顶、脸、耳朵和脖子。这样的设计包括渔夫帽、宽檐帽和士兵帽，如图10－6所示。由多种材料制成的帽子，标示的UPF值应为最低材料的UPF值。

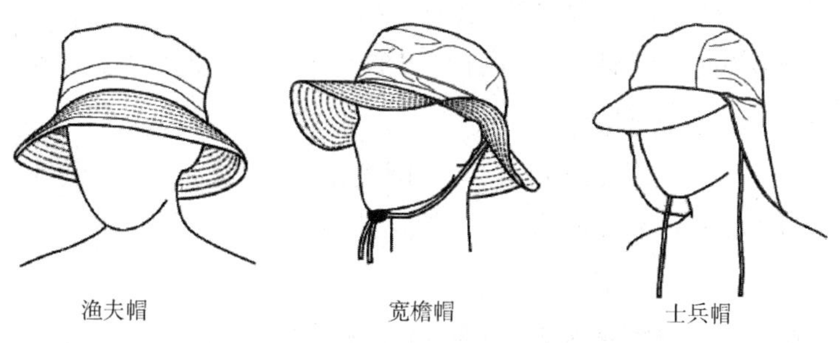

图10－6　防紫外线帽子款式示意图

防紫外线的帽子需提供足够的太阳防护,并在设计上满足下列要求。

①渔夫帽的帽檐宽至少6cm。

②周长为56cm的宽檐帽,帽檐宽至少6cm;周长大于56cm的宽檐帽,帽檐宽至少7.5cm。

③士兵帽要有护颈来盖住耳朵和后脖颈直到锁骨或肩膀。

④其他设计款式若可以提供保护并遮挡住头顶、脸、耳朵和脖子的,也是可以接受的。

3. 手套覆盖要求

标示为防紫外线的手套,在设计上要覆盖整个手背。

4. 披肩、毯子等其他非穿着产品覆盖要求

这类产品不像服装可以穿着在身上并覆盖身体某些特定部位,但其仍可覆盖身体,如披肩、头巾和毯子等。这类产品无法考核身体覆盖面积,但这类产品只要满足了防紫外线的等级要求,仍可以标示为防紫外线产品。

5. 辅件和女士连体泳装覆盖要求

若辅件能提供额外的防护,也是可以悬挂防紫外标签的。不满足服装的覆盖要求的女士连体泳装,但能覆盖住躯干大部分地方的,仍可以悬挂防紫外标签,但标签需满足更严格的标示要求。

(二)标签标识要求

根据AS/NZS 4399:2017,纺织品依照表10-10进行防护等级的分类,并在最终标签中标示出防护等级。

表10-10 防紫外线纺织品防护等级分类

UPF	防护等级	有效UVR穿透率(%)≤
15	最低	6.7
30	好	3.3
50,50+	优异	2.0

缝纫标签中,至少要包含下列信息。

(1)生产商或供应商的名字、商品名或商标;

(2)按照AS/NZS 4399:2017附录A所计算出的UPF值,以及按照表10-11得到的产品防护等级,并满足下列要求。

①产品所标的UPF值应按标准规定,即向下圆整至最接近的15、30、50或50+;

② 数字应紧跟“Ultraviolet Protection Factor”或“UPF”;

③UPF值和防护等级的字体和字号要相同;

④只有当计算出的平均UPF值为55或更大时,才可使用50 +或50 plus字样;

⑤产品不可声明或暗示UPF数值为大于50的数字。

附加标签中除了要标注缝纫标签中的信息,还要标注下列信息。

(1)对于成卷或有一定长度的材料,应标注"Manipulations involved in clothing manufacture such as stretching and sewing may lower the UPF rating."

(2)对于服装,应标注下列信息。

> Clothing that covers more skin provides greater sun protection. The UPF rating on this item of clothing applies only to the area of skin covered and to the entire item and not individual components.
>
> Protection may become lower—
>
> (i) where the material is in close contact with the skin, e.g. across the shoulders if stretching occurs;
>
> (ii) if the material is stretched;
>
> (iii) if the material is wet; and/or
>
> (iv) due to the effects of normal wear or prolonged exposure to pool chemicals.

(3)帽子产品,应标注"This headwear does not provide protection against reflected or scattered solar ultraviolet radiation. Brim widths of 6cm or greater are recommended."

(4)手套、披肩、毯子、非穿着产品和其他辅件,应标注如下信息。

> This UPF rating only relates to the areas of skin that this accessory covers. Accessories not in direct contact with skin do not provide protection against reflected or scattered solar ultraviolet radiation. Manipulations involved in manufacturing such as stretching or sewing may lower the UPF rating. For optimal sun protection this accessory should be used in combination with other sun protecive clothing that carries a UPF rating and classification in accordance with AS/NZS 4399:2017 Sun protective clothing.

AS/NZS 4399:2017 允许不满足覆盖要求的女士连体泳装(覆盖了大部分躯干)标注 UPF 值,但需满足更严格的标识要求。但该标准并未指明何为更严格的标识要求。对于可拆成多个组成部分或可覆盖人体更少面积的可变换服装或组合服装,应标注"The UPF rating of this clothing relates only when worn in its entirety"。同时,女士连体泳装的附加标签,需满足上述附加标签的标识要求。

在标签、其他补充信息、包装上还需包含下列特定信息。

(1)对于覆盖上半身的服装,推荐的服装最小覆盖面积如图 10-7(a)所示,覆盖肩膀、躯干和至少 3/4 的上臂。

(2)对于覆盖下半身的服装,推荐的服装最小覆盖面积如图 10-7(b)所示,覆盖从臀围线到至少裆和膝盖之间的一半位置。

(3)对于连体衣服装,服装最小覆盖面积如图 10-7(c)所示,需覆盖肩膀、至少 3/4 的上臂、躯干直至裆和膝盖之间的一半位置。

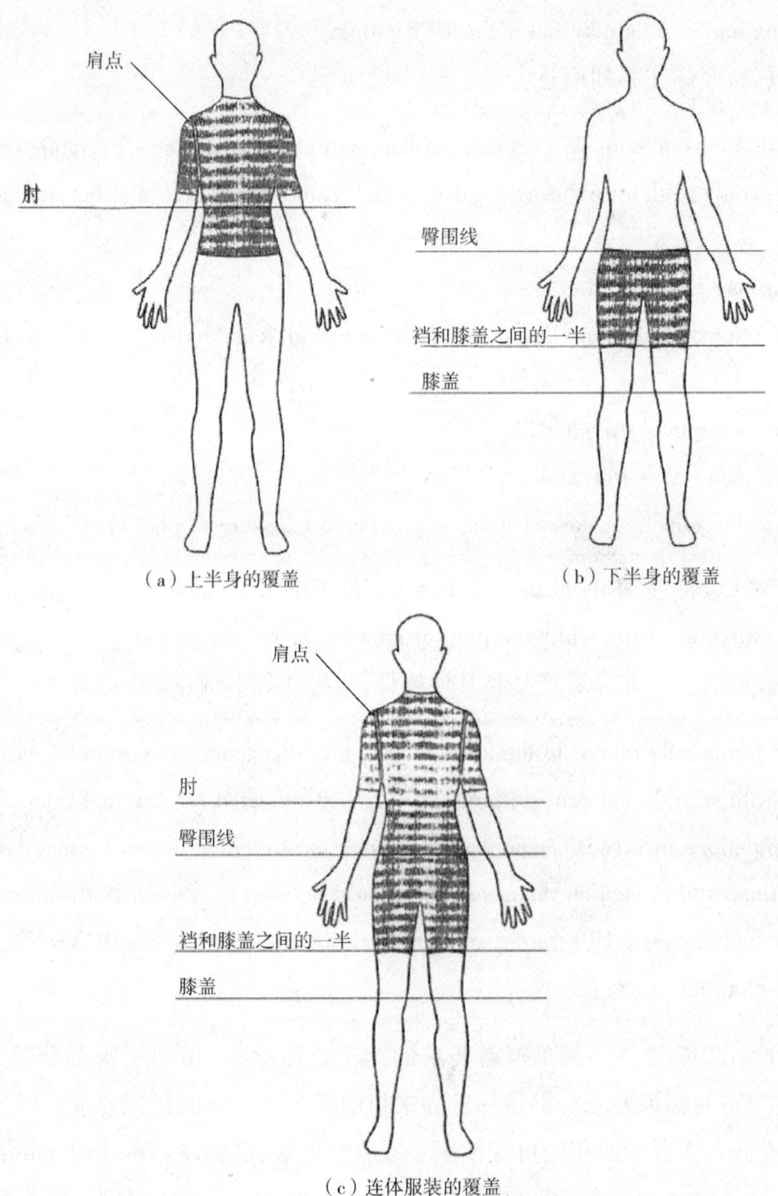

图 10－7 服装的人体覆盖要求

最后,标签最后还可以标示出依照 AS/NZS 4399:2017 计算出的 UVA 和 UVB 透过率。

五、标准的适用性和测试注意事项

总体来说,在紫外线透过率的测试上,各国标准的测试原理基本相同,测试设备也没有大的差异,但在测试过程中,还需要注意以下几点。

(1)根据不同市场,选用合适的标准安排测试。

(2)除澳大利亚标准明确不需要进行预调湿外,美国标准、欧洲标准和中国标准均要求样品在测试前调湿。经研究比较,不同成分的纺织品经过调湿和不经调湿测试出的 UPF 值有显著差异,大气湿度对 UPF 值的影响效应占总效应的 54.8%。织物的 UPF 值随调湿大气湿度的增大而呈现非线性减小趋势。因此,实验人员在测量时要严格遵守标准规定的调湿条件及程序进行织物的调湿。

(3)虽然各国标准在 UPF 的测试设备、原理和测试结果上没有大的区别,但不同国家的标识要求却存在较大差异,尤其是显示在标签上的 UPF 值要求差异更显著。比如,当测试出的 UPF 值为 51 时,出口到美国产品的标签上需标注为 UPF 50,欧洲产品的标签上需标注为 UPF 40 +,而出口到澳大利亚产品的标签上只能标注 UPF 30。认识到这一点,对于生产同一产品出口到不同市场的生产商或买家来说,尤为重要。

(4)在测试时,应尽量保持试样平整,否则,织物纱线间和纱线的纤维间隙会发生变形,从而使透过其间的紫外线的量发生改变,影响结果。避免由于间隙而产生的透过率误差。荧光产品可吸收紫外线,并在短时间内再发射出较大波长的可见光提高织物的防紫外线性能,但却极大地干扰了对织物紫外光谱透过率的测量,使得多数情况下织物 UVB 的测量值比实际值明显偏高,最终导致织物抗紫外线性能评价的偏差。这个问题可以通过在单色器、样品与检测器之间安装紫外透射滤片来解决。

参考文献

[1]杨红英,潘宁,朱苏康. 无机紫外线屏蔽剂的功能机理研究[J]. 东华大学学报(自然科学版),2003(6):8 - 14.

[2]李涛,张涛,张开瑞,等. 紫外线辐照对棉纤维结构与性能的影响[J]. 纺织学报,2014(3):52 - 56.

[3]陈国强. 紫外线辐照对棉纤维力学性能的影响[J]. 棉纺织科技,2015(3):31 - 33.

[4]韩栋,李娜娜,封严,等. 纺织材料抗紫外改性的研究进展[J]. 纺织学报,2014(4):160 - 164.

[5]刘杰,周蓉. 防紫外辐射织物防护机理的探讨与研究[J]. 天津纺织科技,2003(4):22 - 25.

[6]李世超. 紫外光污染与功能纺织品的防护作用[J]. 江苏丝绸,2011(1):16 - 18.

[7]王晓菊,王晓云. 抗紫外线纺织品的研究新进展[J]. 纺织导报,2017(6):74 - 77.

[8]高艳,高君,万明,等. 紫外照射对涤纶织物性能的影响[J]. 现代纺织技术,2015(1):20 - 22.

[9]周蓉,丁辛. 纺织品紫外线防护性能的影响因素研究[J]. 东华大学学报(自然科学版),2004(3):81 - 85.

[10]徐静. 纺织品防紫外线影响因素及其检测标准对比[J]. 上海纺织科技,2010(10):17 - 19.

[11]张慧敏,沈兰萍. 组织结构对防紫外凉爽织物性能的影响[J]. 合成纤维,2017(6):45 - 47.

[12]史丽敏,王越平,李秋宇,等. 抗菌、防紫外、凉爽多功能针织物的开发[J]. 针织 工业,2008(1):15 - 20.

[13]朱航艳,于伟东,王正伟. 织物防紫外线性能的表征[J]. 产业用纺织品,2003(12):16 - 20.

[14]范立红,沈兰萍,魏勇. 防紫外功能性丙纶/涤棉复合织物产品开发与性能分析[J]. 四川纺织科技,2002(6):22 - 26.

[15]杨璧玲,罗旭平. 纺织品抗紫外线性能影响因素及其测试[J]. 纺织导报,2014(4):88 - 92.

[16]陈东,石程玉,徐丽,等. 纺织品紫外线防护性能分析[J]. 产业用纺织品,2017(4):22 - 27.

[17]段亚峰,潘葵,叶海娜,等. 结构参数对涤纶长丝织物抗紫外线功能的影响[J]. 纺织学报,2008(11):52 - 56.

[18]张红霞,施立佳,田伟,等. 工艺参数对织物抗紫外线性能的影响[J]. 纺织学报,2009(10):53 - 57.

[19]刘杰,周蓉,卢士艳. 影响抗紫外线纺织品防护性能因素的研究[J]. 中原工学院学报,2004(3):32 - 34,39.

[20]刘今强,张玲玲,邵建中.棉织物的紫外透过特性研究[J].浙江理工大学学报,2006(2):119-122.

[21]尉霞,顾振亚,范立红,等.织物防紫外线的影响因素[J].毛纺科技,2005(8):36-39.

[22]王玉,陈美玉,孙润军.织物组织结构参数对紫外透过率的影响[J].西安工程大学学报,2010(1):5-8.

[23]张晓红,周婷,史凯宁.纺织品抗紫外线性能不同标准方法应用研究[J].印染助剂,2017(1):56-60.

[24]陈振宇,周玲.机织物孔隙率的测试方法及对紫外性能的影响[J].现代纺织技术,2009(4):42-44.

[25]张瑞云,沈宇,丁康,等.防紫外毛涤混纺织物的开发及其性能研究[J].上海纺织科技,2010(1):32-34.

[26]施楣梧.纺织品的紫外线通透性能研究[J].纺织学报,1996(2):11-13.

[27]杨振,贾国强,霍瑞亭.防紫外纤维研究概述[J].天津纺织科技,2016(215):33-36.

[28]刘桂阳,张增强.纺织品防紫外整理的开发现状[J].浙江纺织服装职业技术学院学报,2006(1):29-33.

[29]苏毅.复合型植物源防紫外整理剂的开发[J].印染助剂,2017(6):35-40.

[30]苏毅.纯棉织物的复合型植物源防紫外整理[J].印染,2017(13):36-39.

[31]陈和春,尹桂波.双元配体转光剂的合成及其在防紫外线织物中的应用[J].纺织学报,2014(5):83-86.

[32]朱昆鹏,汪进前,盖燕芳,等.氧化石墨/壳聚糖层层自组装棉织物防紫外整理的研究[J].浙江理工大学学报(自然科学版),2018(1):7-12.

[33]张运起,邢彦军.微波原位合成纳米磷酸锌及其在棉织物抗紫外线整理中的应用[J].纺织学报,2014(7):83-87.

[34]狄剑锋,邹建光.防紫外纳米 ZnO/CeO_2 表面修饰工艺研究[J].材料导报,2013(11):9-12.

[35]吴秋兰.纳米粉体整理对棉织物防紫外性能的研究[J].中国纤检,2012(12):132-134.

[36]庄兴民.改善纯棉织物防紫外性能的工艺探讨[J].四川纺织科技,2002(5):18-19.

[37]洪华,王海英,王红卫,等.聚酯织物的防紫外吸湿快干复合整理[J].印染,2013(14):33-35.

[38]马倩,王可,王曙东,等.感光变色防紫外面料的开发[J].上海纺织科技,2016(9):8-10.

[39]陶宇,沈娟娟,李树白,等.碳纳米管 / CeO_2静电自组装制备及其抗紫外线性能[J].纺织学报,2014(10):7-11.

[40]曹机良,孟春丽,闫凯,等.天丝织物染色和紫外线防护整理——浴加工[J].现代纺织技术.2016(6):25-30.

[41]姚桂香,瞿才新,马倩,等.阻燃抗菌童装面料防水防油防紫外整理工艺研究[J].上海纺织科技,2016(8):24-26.

[42]袁菁红.钛氟纳米溶胶对厚重双绉真丝织物防紫外拒水复合整理研究[J].丝绸,2013(6):11-15.

[43]王越平,史丽敏,李佳,等.防紫外凉爽面料的研制[J].北京纺织,2004(6):32-35.

[44]楚云荣.Coolmax 织物防紫外整理生产工艺[J].染整技术,2008(7):14-15,32.

[45]梁继娟,张青红,陈培,等,防紫外超疏水织物的制备及耐久性评价[J].合成纤维,2016(7):45-49,58.

[46]赵玉婷,邓桦,王蕊,等.棉织物的防皱防紫外复合整理[J].染整技术,2016(12):14-18.

[47]薛如意,鞠剑峰,徐山青.纺织品抗紫外隔热涂层研究进展[J].纺织导报,2015(12):86-89.

[48]陈蕾,张佩华,蔡再生,等.抗菌防螨/防紫外复合功能整理工艺参数与性能研究[J].国际纺织导报,2012(1):42-47.

[49]谢英,杨利永,沈宇,等.防紫外与凉爽性精纺毛织物产品开发[J].山东纺织科技,2008(2):17-19.

[50]姜怀.功能纺织品[M].北京:化学工业出版社,2012.

[51] AATCC 183—2014 紫外线辐射通过织物的透过或阻挡性能[S].
[52] ASTM D6544—2012 紫外线(UV)透射试验前纺织品制备的标准操作规程[S].
[53] ASTM D6603—2012 紫外线防护纺织品标签指南[S].
[54] EN 13758-1:2001+A1:2006 纺织品—太阳紫外线防护性能 第一部分:服装面料的测试方法[S].
[55] EN 13758-2:2003 纺织品—太阳紫外线防护性能 第二部分:服装的分级和标识[S].
[56] BS 8466:2006 帽子太阳紫外防护:测试方法和性能要求[S].
[57] AS/NZS 4399:2017 防日晒服装:评估和分级[S].
[58] GB/T 18830—2009 纺织品 防紫外线性能的评定[S].

第十一章　抗静电纺织产品检测技术

第一节　抗静电纺织品

人类对静电现象的观察有悠久的历史，公元前600年左右，古希腊哲学家塔勒斯（Thales）已发现丝绸、法兰绒等纺织品与琥珀摩擦之后有吸引轻小物体的性质。20世纪中期，随着工业生产的高速发展，合成纤维、塑料、橡胶等电绝缘性高分子材料迅速推广，以及轻质油品、电火工品、固态电子器件等静电敏感性材料的生产和使用，使静电的危害日益突出，因静电造成的事故日益增多，由此引起越来越广泛的重视。

静电对纺织品的危害如下：①影响服装的穿着性能；②引发意外事故；③影响人体健康，如使血液pH上升、钙质流失、尿液钙含量增加、血糖升高、维生素C含量下降等；④影响纺纱织造产品质量；⑤影响染整加工过程等。

纺织品在生产加工和使用中易因摩擦和感应产生静电，常规纤维材料的电阻率均在$10^{10}\Omega \cdot cm$以上，所产生的电荷不易逸散。纺织品多为高分子聚合物，在各类聚合物中，导电性能是其跨度最大的性能指标，从绝缘性能最好的聚四氟乙烯（其电导率与绝缘材料石英相当）到导电性能最好的本征导电聚合物聚乙炔（其电导率接近良导体金属铜），跨度达到20余个数量级。因此，聚合物既大量作为绝缘材料使用，也作为导电材料使用。表11－1列出了各种材料的表面电阻，表11－2列出了常用纤维表面电阻，但各材料的电阻又非严格意义上的范围。

表11－1　各材料表面电阻

材料	表面电阻（Ω）
金属材料	$10^{-3} \sim 10^{0}$
半导体材料	$1 \sim 10^{6}$
抗静电材料	$10^{8} \sim 10^{13}$
纺织纤维材料	$10^{13} \sim 10^{20}$
绝缘材料	$>10^{14}$

表11－2　常用纤维表面电阻

纤维种类	经向表面电阻（Ω）
棉	1.2×10^{9}
羊毛	5×10^{11}

续表

纤维种类	经向表面电阻(Ω)
真丝	4×10^{14}
涤纶	$>1\times10^{15}$
腈纶	1×10^{14}
锦纶	1×10^{15}

一、导电高分子材料的种类

导电高分子材料也称导电聚合物，具有明显聚合物特征，如果在材料两端加上一定电压，在材料中有明显电流流过，即具有导体性质的高分子材料。虽然同为导电体，导电聚合物与常规的金属导电体不同，它属于分子导电物质，而常规的金属导电体是金属晶体导电物质，因此，其结构和导电方式也就不同。聚合物的导电性能与其化学组成、分子结构、组织成分等密切相关。导电高分子材料根据材料的组成可以分成复合型导电高分子材料和本征型导电高分子材料两大类，后者也被称为结构型导电高分子材料。

(一)复合型导电高分子材料

复合型导电高分子材料是由普通高分子结构材料与金属或碳等导电材料，通过分散、层合、梯度、表面镀层等方式复合构成。其导电作用主要通过其中的导电材料来完成，高分子连续相主要起支撑作用。

(二)本征型导电高分子材料

本征型导电高分子材料内部不含其他导电性物质，完全由导电性高分子本身构成。由于其高分子本身具备传输电荷的能力，导电性能和支撑作用均由高分子本身承担，因此，被称为结构型导电高分子材料。这种导电聚合物如果按其结构特性和导电机理还可以进一步分成以下三类：载流子为自由电子的电子导电聚合物，载流子为能在聚合物分子间迁移的正、负离子的离子导电聚合物，以氧化还原反应为电子转移机理的氧化还原型导电聚合物。

二、纺织品抗静电原理和方法

(一)纺织材料抗静电原理

一般静电的产生主要分为两种方式，一种为经接触产生静电；另一种为受到静电诱导产生静电。经接触产生静电最主要是由电荷移动产生的，物体经过摩擦接触后，一物体表面开始累积正电荷，另一物体表面则带有负电荷，进而产生静电。而受到静电诱导产生静电则是当导电体在导体或绝缘体附近时，靠近导电体的导体侧或绝缘体侧就会开始累积电荷，经长时间诱导后，可使导体或绝缘体的正负电荷被完全分开，产生静电。这两种情况所导致的结果都可称为电荷转移效应。因此，抗静电织物能够将电荷转移效应减小到最小，防止静电的聚集，减少与制品的摩擦或接触，进而达到抗静电的目的。通常采用如下方法。

1. 提高纤维的亲水性

水是电的良导体，当纤维或织物上含有较多的水分时，电荷可以通过水分快速逸散掉，纤维的吸湿能力越强，越不易产生静电。所以把含亲水性基团的助剂加到纤维织物上，以增加纤维或织物的吸湿性，是改变纤维或织物抗静电性能的重要方法之一。

2. 电荷中和

将处于静电序列两端的两种材料混合应用，使不同极性电荷互相中和。这种中和不是消除电荷，只是抵消表面电荷。在现实生产中，因受到各种助剂、设备材料、纤维混纺比例的限制，此法有较大局限性，但也有可取之处。例如，纤维摩擦产生正电荷，生产时可考虑用阴离子型抗静电剂。因此，中和法也应是抗静电技术之一。

3. 静电逸散法

像避雷针以接地方式导去雷击一样，将纺织品上的静电导走，这种方法称为静电逸散法。包括金属纤维、碳纤维、导电聚合物等导电物质均一型导电纤维，也包括合成纤维外层涂覆炭黑等导电成分的导电物质包覆型导电纤维，还包括炭黑或金属化合物与成纤高分子聚合物复合纺丝得到的导电物质复合型导电纤维。

（二）纺织品抗静电方法

实际生产所采用的抗静电方法主要是提高周围环境湿度或增加纤维材料电导率，而最基本、最主要的方法是降低纤维电阻，提高纤维的导电性。常用的纺织品抗静电方法如下。

（1）用抗静电整理剂整理织物。

（2）纤维的亲水接枝改性以及与亲水性纤维的混纺和交织。

（3）混纺或嵌织导电纤维。

三、用抗静电整理剂整理织物

（一）抗静电剂的种类

抗静电剂的种类很多，根据抗静电效果的持续性可分为暂时性抗静电剂和耐久性抗静电剂。用于合成纤维的纺丝、纺纱、织造用的抗静电剂多为暂时性抗静电剂，作为织物成品后整理用的多为耐久性抗静电剂。现将常用的暂时性和耐久性抗静电剂分别论述如下。

1. 暂时性抗静电剂

目前工业上应用的暂时性抗静电剂主要是一些表面活性剂，由于离子型表面活性剂可以直接利用自身的离子导电性消除静电，所以目前应用最多。

（1）阴离子表面活性剂。在阴离子表面活性剂中，烷基（苯）磺酸钠、烷基硫酸钠、烷基硫酸酯、烷基苯酚聚氧乙烯醚硫酸酯和烷基磷酸酯都具有抗静电作用，以烷基酚聚氧乙烯醚硫酸酯和烷基磷酸酯的效果最好。烷基酚聚氧乙烯醚硫酸酯除了具有抗静电效果外，还有优良的乳化分散作用，但从环保的角度它又受到了限制。烷基磷酸酯类抗静电剂的水溶性和抗静电效果良好，起泡性小，具有良好的耐热性、耐酸碱性能。烷基磷酸酯和环氧乙烷缩合可以进一步增强其抗静电性能。

（2）阳离子表面活性剂。阳离子表面活性剂是抗静电剂的大类品种，在低浓度时就具有优良的抗静电性能。由于大多数高分子材料都带有负电荷，因此，阳离子表面活性剂是较为有效的抗静电剂。与阴离子型抗静电剂相比，阳离子型抗静电剂的耐洗性较好、柔软性和平滑性优良，还有良好的杀菌性能。缺点是会使染料变色，耐晒牢度降低且不能和阴离子型助剂、染料、增白剂同浴使用。用作抗静电剂的阳离子表面活性剂主要为季铵盐型，代表性产品有抗静电剂TM和抗静电剂SN。在季铵化合物的一个或多个烷基中采用聚氧乙烯基取代，可以改进其水溶性，形成的聚醚型季铵盐，还可以与阴离子型表面活性剂拼混使用。此外，N－十六烷基吡啶硝酸盐的抗静电效果优良。氨基烷基聚乙二醇醚 $RNH(EO)_nH$ 具有抗静电性大和吸着性大的特点。氧化胺型阳离子表面活性剂稳泡性和抗静电性好，主要用于纤维抗静电剂。咪唑啉季铵盐衍生物，如酰胺咪唑啉季铵盐（抗静电柔软剂 AS）不仅具有良好的抗静电性能，还具有优良的柔软性能。脂肪酸胺类抗静电剂主要有 N,N－二甲基－β－羟乙基十八酰胺－γ－丙基季铵硝酸盐，该产品适用于合纤纺丝和织布时消除静电，效果优良。

（3）两性表面活性剂。这是一类优良的抗静电剂，能在纤维表面形成定向吸附层，从而提高纤维表面电导率以达到抗静电目的。主要有氨基酸型、甜菜碱型、咪唑啉型。其中以甜菜碱型最为有效，对染色的影响也小，如 BS－12（十二烷基甜菜碱）不仅具有良好的抗静电性、柔软性，还有良好的去污力和钙皂分散性。而烷基咪唑啉甜菜碱型产品由于对皮肤刺激性小，抗静电性和柔软性好，常用于织物后整理。

（4）非离子表面活性剂。非离子表面活性剂有多元醇类和聚氧乙烯醚类，它们可以吸附在纤维表面形成吸附层，使纤维与摩擦物体的表面距离增加，减少纤维表面的摩擦，使起电量降低。另外，非离子表面活性剂中的羟基和氧乙烯基能与水形成氢键，增加纤维的吸湿，提高含水量而降低纤维表面电阻，从而使静电易于消除。非离子表面活性剂毒性小，对皮肤无刺激性，使用广泛，主要用作合纤油剂，常与离子型抗静电剂拼用，兼有润湿、乳化和抗静电作用。

（5）有机硅表面活性剂。目前有机硅抗静电剂常见的有聚醚型改性硅氧烷。乙酰氧基封端的聚烯丙基聚氧乙烯醚与聚甲基氢硅氧烷加成形成的高分子抗静电剂用于锦纶、涤纶的抗静电整理，效果极好。

（6）有机氟表面活性剂。具有表面张力低、耐热、耐化学品、憎油和润滑性好等特点，抗静电性能比烃类化合物大得多，但价格昂贵。

（7）高分子型表面活性剂。高分子型抗静电剂具有耐热性好的特点。低聚苯乙烯磺酸钠、聚乙烯磺酸钠、聚乙烯苄基三甲基季铵盐等都可用作抗静电剂。聚 2－甲基丙烯酰氧乙基三甲基氯化铵对丙纶有很强的结合力，用它处理过的丙纶地毯具有优良的抗静电性能。

2. 耐久性抗静电剂

上述抗静电剂中，除阳离子、两性表面活性剂的抗静电剂有一定的耐久性外，其他类型的抗静电剂都不耐储存和洗涤。为此，人们开发了耐久性抗静电剂。

（1）聚胺类。以聚氧乙烯链为主链的聚胺型化合物，是最早应用的耐久性抗静电剂。例如，多乙烯多胺与聚乙二醇反应而得的抗静电剂 XFZ－03，可用作腈纶和涤纶等合成纤维的抗静电剂，它的抗静电性由亲水性聚醚产生，耐洗性则源于较高的相对分子质量与反应性基团。

（2）聚酯聚醚类。它是对苯二甲酸、乙二醇、聚乙二醇的嵌段共聚物，基本结构和涤纶相似。如国产抗静电剂 CAS、F4，分子中相对分子质量在 600 以上的聚氧乙烯基可提高其亲水性，从而降低表面电阻获得抗静电效果。涤纶表面上接聚氧乙烯基能耐久并经受多次洗涤，还有防止再污染和易去污的性能。聚酯链段与涤纶分子结构相同，热处理后形成共晶，结成长链，也使耐洗性大大提高，且分子链段越长，相对分子质量越大，耐洗性越好。这种抗静电剂可广泛用于各种化纤织物、丝、毛织物及各种混纺织物，具有优良的抗静电和柔软效果。

（3）聚丙烯酸酯类。丙烯酸（或甲基丙烯酸）和丙烯酸酯与亲水性单体的共聚物能在纤维表面形成阴离子型亲水性薄膜。由于分子中有亲水性很强的羧基，所以抗静电效果很好，特别适用于涤纶整理。

(4)三嗪类。以三聚氰胺为骨架,接上聚酯、聚醚基团,具有良好的抗静电性和耐洗性,适用于涤纶、腈纶等合成纤维的整理。

(5)聚氨酯型。基本结构为 NHCOO—(EO)$_n$CONHR,其中聚醚链段和酰胺链段都是很好的吸湿抗静电基团。聚氨酯型抗静电剂常与其他类型的抗静电剂并用,以获得更好的效果。

(6)交联性抗静电体系。含有羟基或氨基的非耐久性抗静电剂与多官能度交联剂反应,生成线性或三维网状结构的不溶性高分子材料,覆盖在纤维表面,可以提高耐洗性。常用交联剂有 HMM(六羟甲基三聚氰胺)和 TMPT(三甲氧基丙酰三嗪)。选择合适的交联剂与抗静电剂的比例可以得到极好的耐久性抗静电效果。

(7)壳聚糖。壳聚糖作为涤纶织物的抗静电剂,抗静电效果良好,在交联剂、催化剂存在下经焙烘可获得较为耐久的抗静电效果。利用丙二酸的交联,可在壳聚糖和涤纶之间形成稳定的化学键,焙烘后,涤纶织物的拉伸强度因壳聚糖交联而提高,处理后的织物静电压降低到未处理织物的 1/10。

(二)织物的抗静电整理

用表面活性剂直接对织物表面进行抗静电处理的方法始于 20 世纪 50 年代,这种方法适合于各种纤维材料。所用抗静电剂大多数是结构与被整理纤维相似的高分子物,经过浸、轧、焙烘而黏附在合成纤维或其织物上。这些高分子物是亲水的,因此,涂覆在表面上可通过吸湿而增加纤维的导电,使纤维不至于积聚较多的静电荷而造成危害。这种方法除使织物具有抗静电效果外,处理后的织物还具有吸湿、防污、不吸尘等功能。普通织物的抗静电剂整理通常有三种方法。

(1)浸轧法。浸渍抗静电浸渍液后通过轧辊挤、轧以控制其带液量。轧辊数目不同,可对织物进行多种形式浸轧,加工工艺通常有:

浸轧→干燥→焙烘、浸轧→干燥→汽蒸、浸轧→汽蒸

(2)涂层法。利用涂层刮刀将含有抗静电剂的涂料刮涂于布面。刮刀形状多种多样,通过选择不同刮刀,可获得不同厚度的涂层薄膜。

(3)树脂法。对于非直接热熔树脂型抗静电剂可用上述浸轧、涂层方式固化在织物表面,直接热熔树脂型抗静电剂要利用较特殊的设备进行直接热熔,而后固着在织物表面或采用层压方式形成一个连续性抗静电薄膜。选择适宜的织物整理方法和效果较好的抗静电剂,使纤维表面形成均匀的抗静电薄膜或提高抗静电剂与纤维表面的黏结性能,促进整理剂向纤维内部渗透,从而获得耐久性较好的抗静电效果。

四、纤维的亲水接枝改性和使用亲水性纤维

通过化学反应对纺织纤维进行改性以获得抗静电纤维的方法有两大类,一类是共聚法,另一类是共混法或复合法。

(一)共聚法

在聚合阶段,用共聚方法引入抗静电单体或通过化学方法引入吸湿性抗静电基团,就可制得共聚法抗静电纤维。共聚法制备抗静电纤维的另一种方法是表面接枝法,它利用亲水性单体在纤维表面进行接枝共聚。

两种共聚法制备的抗静电纤维具有本质上的区别，表面接枝法只改变聚合物表面的结构、性能；而前者对聚合物本身进行改性。从耐用性来看，表面接枝法是很好的后加工方法，若能在技术上、经济上进一步改进，前景可观。例如，将 PET（聚对苯二甲酸乙二酯）用紫外线照射 90min 后，在 PET 表面上接枝 PEM（甲基丙烯酸聚乙二醇酯），用此法纺制的抗静电 PET 纤维的耐洗涤性、耐久性良好。

（二）共混法或复合法

为制备效果相对耐久的表面活性剂添加型抗静电纤维，可采用将表面活性剂添加到纺丝液中进行共混纺丝的方法，利用表面活性剂从内向外不断迁移扩散，使纤维表面长期含有表面活性剂。表面活性剂的极性应与成纤高分子材料有适当的差异，如极性相似，则二者相容性好，共混纺丝后表面活性剂难以迁移，纤维内部的表面活性剂未吸收水分而不起作用；如极性相差过大，则很难相容，共混纺丝后表面活性剂很快渗析到表面，影响抗静电效果的耐久性。由于表面活性剂的迁移是在纤维的非晶区依靠布朗运动向纤维表面迁移的，这种运动在纤维的玻璃化温度以上时比较活跃，而在玻璃化温度以下时难以进行，故表面活性剂内部添加型抗静电纤维只适用于玻璃化温度处于室温的成纤高分子材料，并且对于结晶度高的高分子材料，应增加表面活性剂的用量。但添加量过大，则影响纺丝性能。

运用复合法可将纤维制成海岛型或芯鞘型复合纤维，其中岛相和芯部为含静电剂的聚合物组分，作为海相和鞘部的基体聚合物对抗静电组分起保护作用，以保持长期抗静电性能，同时不失去纤维原有的风格。

五、混纺或嵌织导电纤维

（一）金属纤维

金属纤维出现于 20 世纪 60 年代，最早由美国 Bekaert 公司推出商品化不锈钢纤维“Bekinox”。金属材料的纤维化方法包括拉伸法（单丝拉伸法、集束拉伸法，直径 4 ~ 35μm）、熔融纺丝法（直径 8 ~ 35μm）、切削法（直径 15 ~ 300μm）、结晶析出法（直径 0.2 ~ 8μm）等，使用最多的为切削法。金属材料多选用不锈钢，也有铜、铝、金、银、镍等。通常制成短纤维，与普通纺织纤维混纺织造，用于防静电地毯和工作服面料。金属纤维的特点是导电性能好（$10^{-5} \sim 10^{-4}\Omega \cdot cm$），耐热、耐化学腐蚀，但抱合力小、可纺性能差，制成高细度纤维时价格昂贵，成品色泽受限制。表 11 - 3 为常见不锈钢纺织制品及其主要用途，表 11 - 4 为金属纤维含量与抗静电性能的关系。

表 11 - 3　常见不锈钢纺织制品及其主要用途

不锈钢含量（%）	产品名称	用途
0.5 ~ 1	防静电工作服	有静电危害场所
3 ~ 5	防静电过滤布	过滤带电粉尘
3 ~ 5	防雷达侦查遮障布	坦克、战车、大炮伪装
5 ~ 15	防微波辐射服	人身防护
5 ~ 15	屏蔽贴墙布	防止外来信号干扰及敌方侦察
20	假雷达靶子、除尘布	迷惑敌人、消除器皿或材料带电

续表

不锈钢含量(%)	产品名称	用途
30~40	高压带电作业服	不停电检修输电线路
100	纯不锈钢纤维布	高温气体、酸碱性液体及污水处理过滤
100	纯不锈钢纤维毡	高温气体、酸碱性液体及污水处理过滤

表11-4 金属纤维含量与抗静电性能的关系

金属纤维含量(%)	表面电阻(Ω)	电荷面密度($\mu C/m^2$)
0.5~2	$10^7 \sim 10^9$	<2
2~5	$10^6 \sim 10^7$	<1
8~25	$10^7 \sim 10^{-2}$	<0.5

(二)炭黑系导电纤维

利用炭黑系的导电性能制造导电纤维的方法可分为以下三种。

1. 掺杂法

将炭黑与成纤物质混合后纺丝,赋予纤维抗静电性能。一般采用皮芯层复合纺丝,既不影响纤维原有的物理性能,又使纤维具有抗静电性。炭黑复合型有机导电纤维的电阻率通常在$10^5\Omega \cdot cm$。

2. 涂层法

该方法是在普通纤维表面涂上炭黑。可采用黏合剂将炭黑黏结在纤维表面,或直接将纤维表面快速软化并与炭黑黏合。有机导电纤维产生于20世纪60年代末期,此类导电纤维可获得较低的电阻率,导电成分都分布在纤维表面,放电效果好,但在摩擦和反复洗涤后皮层导电物质较易剥落。目前,应用较广的炭黑涂敷型有机导电纤维的电阻率通常为$10^3\Omega \cdot cm$。

采用皮芯复合结构的合成纤维为基材,皮层有较低的熔点。纤维在与炭黑相接触的状态下加热,当皮层软化时将炭黑嵌入纤维表面。

3. 纤维碳化处理

有些纤维的分子主链为碳原子,经碳化处理后使纤维具有导电能力。目前,制造长丝型碳纤维,工业上只能通过有机高分子纤维的固相碳化得到。经过多年的研究与实践,证明其中仅有三种原料可作为工业化生产的基材,可制得聚丙烯腈基、黏胶基和沥青基三种碳纤维。三种不同原料均需经预氧化、碳化、石墨化而制成含碳量大于90%的碳纤维。其中PAN基碳纤维由于生产工艺简单、产品力学性能良好,因而发展较快,成为最主要和占绝对地位的品种。虽然碳纤维比较脆、抗氧化性能差、破坏前无法预报,但由于碳纤维具有高强、高模、耐高温、耐腐蚀、抗疲劳、抗蠕变、导电和导热等优异性能,是航空航天工业中不可缺少的工程材料,在体育、娱乐、休闲用品、医疗卫生和土木建筑方面也有广泛应用,是一种属于军民两用的高科技纤维。

(三)高分子型导电纤维

高分子材料通常被认为是绝缘体。20世纪70年代聚乙炔电导材料研制成功,打破了这一观念。以后相继产生了聚苯胺等多种高分子型导电物质,对高分子材料导电性能的研究也越来越多。目前加碘聚乙炔的导电能力已达到室温下金属铜的水平($10^{-4}\Omega \cdot cm$)。利用此特性制备抗静电纤维的方法主要有以下两种：一种是直接纺丝法，多采用湿法纺丝，将聚苯胺配成浓溶液，在一定的凝固浴中拉伸纺丝，但其合成机理比较复杂，尚在研究之中；另一种是后处理法，在普通纤维表面进行化学反应，让导电高分子吸附在纤维表面，使普通纤维具有抗静电性能。例如，聚苯胺较易沉积在极性纤维（PAN 纤维、PA 纤维）的表面，而对 PET 纤维必须先进行预处理，增强表面极性才能使聚苯胺沉积在表面上。这类纤维的手感很好，但稳定性差，抗静电性能对环境的依赖性较强，且抗静电性能会随着时间的延长而缓慢衰退，这就使其应用受到限制。

（四）利用金属化合物形成导电纤维

为了克服炭黑纤维颜色上的限制，20 世纪 80 年代人们开始了导电纤维的白色化研究。普遍采用的方法是用铜、银、镍等金属的硫化物、碘化物或氧化物与普通高分子材料共混或复合纺丝而制成导电纤维。以金属化合物或氧化物为导电物质的白色导电纤维导电性能较炭黑复合型导电纤维差，但其应用不受颜色影响。

（五）表面镀覆金属的导电纤维

金属镀覆法是将普通纤维先进行表面处理，再用真空喷涂或化学电镀法将金属沉积在纤维表面，使纤维具有金属一样的导电性。纤维表面金属化的导电纤维，电阻率可达到 $10^{-4}\Omega \cdot cm$，力学性能与普通纤维差异较大，使混纺较为困难，因而并未得到广泛应用。

（六）纳米级金属氧化物型抗静电纤维

利用纳米级金属氧化物粉体的浅色透明特征，可制得浅色、高透明度的抗静电纤维。在合成导电纤维的诸多手段中是最时尚、最有潜力的方法之一。目前，已产业化的导电纤维所使用的导电粒子就是炭黑和金属化合物（如二氧化锡、碘化亚铜等），后者是制备白色抗静电纤维研究的重点，但碘化亚铜有毒，使用受到限制。因此，纳米级二氧化锡透明导电粉末在抗静电纤维制备中占有重要的地位。采用此法制备抗静电纤维的过程为：首先制得纳米级二氧化锡（掺锑）透明导电粉末，然后在表面处理装置中加入一定量的表面处理剂进行局部包覆，得到分散性良好的纳米级透明导电粉末或其分散体，最后选择纤维材料基体，根据抗静电等级、按比例加入浓缩的导电色浆，充分分散，获得纺丝前驱体，经湿法或干法纺丝制得抗静电性能优良的纤维。表 11－5 为各类导电添加物的特性比较。

表 11－5　各类导电添加物的特性比较

填料种类	电阻率（Ω·cm）	主要优缺点
炭黑	0.1～1	廉价，稳定；因产品颜色黑而影响外观，要求粒度小，电阻率较高
碳纤维	≥0.01	优异的抗腐蚀、耐辐射性能，高强度、高模量；电阻率较大，加工困难
银	$1\times10^{-5}\sim1\times10^{-3}$	性质稳定，电阻率低；价格昂贵，存在银的迁移问题
氧化锌晶须	0.1	用量少，稳定性好，颜色浅；电阻率较高
二氧化钛	10	稳定性好，颜色浅；电阻率较高
纳米二氧化锡（掺锑）	1～2	稳定性好，颜色浅，粒径小，透明度较高

六、抗静电纺织品的影响因素

导电纤维的含量增加可显著提高织物抗静电性能。研究发现，随着导电纤维间隔距离的增大,导电纤维的含量逐渐减少,织物的电荷半衰期呈增大趋势,织物的抗静电性能下降。由于导电纤维价格比较昂贵,可结合抗静电效果和织物成本两个方面综合考虑,合理控制导电纤维的间隔距离,控制导电纤维的含量。

改变织物组织结构和纺纱方式同样可以改变织物的抗静电性能。研究表明,添加同样导电纤维的织物,纬平针组织织物的抗静电性能优于罗纹组织,提花组织织物的抗静电性能优于平针组织,平纹组织织物的抗静电性能比斜纹组织差,针织结构织物的抗静电性能比机织结构织物略差一些。

有机导电纤维含量相同的前提下,长丝嵌入织物比混纺织物的抗静电性能更好。有机导电长丝在织物中的分布状态对织物的抗静电性能影响明显,均匀分布比集中分布、双向嵌入比单向嵌入更有利于提高织物的抗静电性能。

有机导电短纤维混纺纱中,环锭纱的导电性能优于转杯纱。环锭纱主要以导电方式消除静电,转杯纱主要以电弧放电消除堆积静电。

第二节 抗静电纺织品测试方法与标准

一、抗静电纺织品测试标准概述

纺织纤维制品的抗静电标准按适用范围可分为方法标准和产品标准。我国的标准主要借鉴国外的一些标准,包括日本标准(JIS)、欧洲标准(BS、DIN、EN、ISO)和美国标准(AATCC)。例如,GB/T 12703 系列标准采用的是日本标准 JIS L 1094 和 JIS T 8118;GB/T 22042 和 GB/T 22043 则分别采用欧洲标准 EN 1149 - 1、EN 1149 - 2。纺织品抗静电性能测试方法标准及采用标准情况见表 11 - 6,产品标准抗静电性能检测项目及技术指标要求见表 11 - 7。

表 11 - 6 国内外纺织品抗静电性能测试方法标准

标准代号	标准名称	适用范围	测试项目	采用标准情况
GB/T 12703. 1—2008	纺织品 静电性能的评定 第 1 部分:静电压半衰期	各类纺织织物,不适用于铺地织物	高压断开瞬间试样静电电压,半衰期	JIS L 1094 JIS T 8118 (MOD)
GB/T 12703. 2—2009	纺织品 静电性能的评定 第 2 部分:电荷面密度	各类纺织织物,不适用于铺地织物	电荷面密度	
GB/T 12703. 3—2009	纺织品 静电性能的评定 第 3 部分:电荷量	各类服装及其他纺织制品	电荷量	
GB/T 12703. 4—2010	纺织品 静电性能的评定 第 4 部分:电阻率	各类纺织织物,不适用于铺地织物	体积电阻率,表面电阻率	

续表

标准代号	标准名称	适用范围	测试项目	采用标准情况
GB/T 12703.5—2010	纺织品　静电性能的评定　第5部分：摩擦带电电压	各类纺织织物，不适用于铺地织物	摩擦带电电压	JIS L 1094 JIS T 8118 (MOD)
GB/T 12703.6—2010	纺织品　静电性能的评定　第6部分：纤维泄漏电阻	各类短纤维泄露电阻的测定	纤维泄露电阻	
GB/T 12703.7—2010	纺织品 静电性能的评定第7部分：动态静电压	纺织厂各道工序中纺织材料和纺织器材静电性能的测定	电压	
GB/T 22042—2008	服装　防静电性能　表面电阻率试验方法	适用于能消除静电火花的防静电防护服（或手套）材料，不适用于抗电源电压防护服或手套材料	表面电阻，表面电阻率	EN 1149－1 (IDT)
GB/T 22043—2008	服装　防静电性能　通过材料的电阻（垂直电阻）试验方法	适用于防护服材料，不适用于抗电源电压的防护服	垂直电阻	EN 1149－2(IDT)
GB/T 33728—2017	纺织品　静电性能的评定　静电衰减法	各类纺织品	静电衰减时间	—
GB/T 30131—2013	纺织品　服装系统静电性能的评定　穿着法	电子、半导体、通信等对静电敏感行业所穿着的服装系统	电阻，动态电压	—
FZ/T 01059—2014	织物摩擦静电吸附性能试验方法	各类纺织品	吸附时间	ANSI /AATCC 115(NEQ)
GB/T 18044—2008	地毯　静电习性评价法　行走试验	各种类型地毯	人体电压	ISO 6356
GB/T 23165—2008	地毯电阻的测定	地毯	水平电阻，垂直电阻	ISO 10965 (IDT)
GB/T 14342—2015	化学纤维　短纤维比电阻试验方法	化学短纤维	比电阻	—
EN 1149－1：2006	防护服　静电性能　第1部分：表面电阻（检验方法和要求）	适用于能消除静电火花的防静电防护服（或手套）材料，不适用于抗电源电压防护服或手套材料	表面电阻，表面电阻率	—

续表

标准代号	标准名称	适用范围	测试项目	采用标准情况
EN 1149 -2:1997	防护服　静电性能　第2部分:通过材料的电阻(垂直电阻)试验方法	适用于防护服材料,不适用于抗电源电压的防护服	垂直电阻	—
AATCC 76—2011	织物表面电阻率	各类纺织品	表面电阻率	—
BS 6524:1984	纺织品表面电阻率的测定方法	普通纺织品、涂层纺织品和含导电纤维的纺织品	表面电阻率	—

注　IDT、MOD和NEQ表示采标方法,其中IDT表示等同采用,MOD表示修改采用,NEQ表示非等效采用。

表11-7　纺织产品标准抗静电性能检测项目及技术指标要求

标准名称	标准代号	适用范围	技术指标
防静电服	GB 12014—2009	防静电服,不适用于抗电源电压类	点对点电阻,电量
防护服装　防静电毛针织服	GB/T 23464—2009	防静电毛针织服	带电电荷量
防静电洁净织物	GB/T 24249—2009	洁净室用防静电洁净织物	表面电阻率,摩擦起电电压
防静电手套	GB/T 22845—2009	防静电针织手套	带电电荷量
医用一次性防护服技术要求	GB 19082—2009	医用一次性防护服	带电电荷量,静电衰减时间
耐久型抗静电羊绒针织品	FZ/T 24013—2010	耐久型羊绒针织品	带电电荷量
工作服　防静电性能的要求及试验方法	GB/T 23316—2009	含有导电纤维的机织防静电服	电荷量,电荷面密度

除上述标准之外,还有许多其他国家的标准,如EN 1149 -3 ~ EN 1149 -5和DIN 54345 -1 ~ DIN 54345 -6系列,在此就不一一罗列。

二、抗静电纺织品测试标准的带电方法和测试原理

不同标准采用的带电方法和测试原理不同,常用的带电方法包括接触带电法和非接触带电法。接触带电法主要包括摩擦带电法和接直流电法,非接触带电主要指感应带电。摩擦带电、接直流电和感应带电是纺织纤维制品静电性能测试中最常见的三种带电原理。

(一)摩擦带电

摩擦带电是接触起电的一种,指两个物体接触后相互作用和分离引起材料间的电子转移,这是材料产生静电电荷最常见的方式之一。日常使用的大部分纺织品产生的静电都属于摩擦起电。因此,采用摩擦带电测试方法可以接近实际使用情况,模拟人穿着服装摩擦以后的带电情况。按照摩擦方法的不同,可分为如下几种。

1. 回转式滚筒摩擦机法

回转式滚筒摩擦机法是将经过回转式滚筒摩擦机后的试样，投入法拉第桶内，来测量试样带电量的方法。GB/T 12703.3、GB/T 23316 和 GB 12014 采用了此方法。回转式滚筒摩擦机装置如图 11－1 所示，虽然这几个标准的原理相似，但回转式滚筒摩擦机的参数并不完全相同，以 GB/T 12703.3 为例的装置参数见表 11－8。

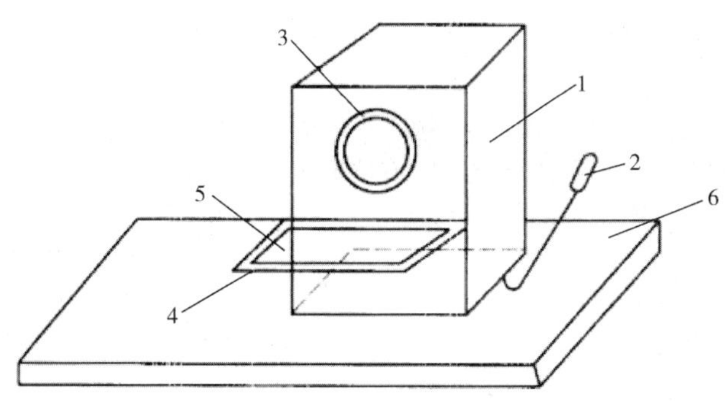

图 11－1 回转式滚筒摩擦装置图

1—转鼓 2—手柄 3—绝缘胶带 4—盖子 5—标准布 6—底座

表 11－8 GB/T 12703.3 中回转式滚筒摩擦机参数

项目	规格	项目	规格
转鼓内径	460mm 以上	转鼓叶片数	3 片
转鼓纵深	350mm 以上	转鼓内温度	(60 ± 10)℃，电气温风方式加热
转鼓口径	280mm 以上	排气量	2 m^3/min 以上
转鼓转速	(50 ± 10) r/min	转鼓内衬摩擦材料	锦纶标准布

该方法的关键点是标准摩擦布的选择，选择不同的标准摩擦布将会产生完全不同的测试结果，其结果不具有可比性。例如，GB/T 12703.3 的标准布是锦纶布，GB 12014 的标准布则是腈纶布，而 GB/T 23316 用的是锦纶布或腈纶布。

GB/T 12703.5 虽然也采用了滚筒旋转摩擦方式，但和上述设备不同，采用如图 11－2 所示设备，在金属转鼓上共安装 4 块试样。通过转鼓旋转，和锦纶标准布摩擦，进而测量出摩擦带电电压。

2. 摩擦棒摩擦法

摩擦棒摩擦法是用缠绕着标准布的摩擦棒摩擦试样，试样带电后再将试样投入法拉第桶，测量试样电荷面密度的方法。使用该方法的测试标准有 GB/T 12703.2 和 GB/T 23316。测试时，首先将锦纶平纹布缠绕在硬质聚氯乙烯管上 5 圈，制成摩擦棒。再将 250mm × 400mm 的试样按照图 11－3(a)所示，将长向一端缝制成套状，将绝缘棒插入缝好的套内，放置于垫板上，如图 11－3(b)所示。

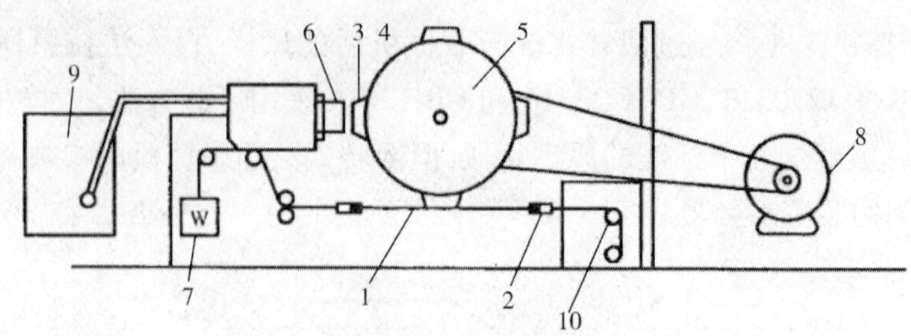

图 11-2　GB/T 12703.5 摩擦带电电压测试装置

1—标准布　2—标准布夹　3—样品框　4—样品夹框　5—金属转鼓

6—测量电极　7—负载　8—电动机　9—放大器及记录仪　10—立柱导轮

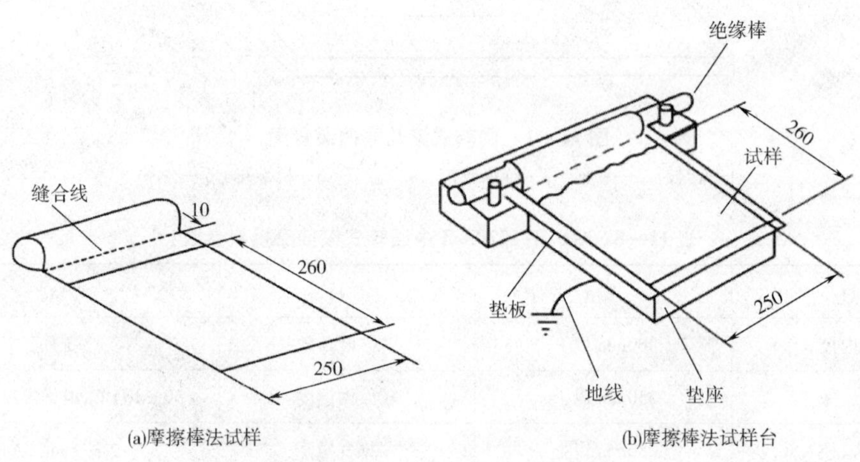

图 11-3　摩擦棒法试样和试验台(单位:mm)

接着,双手握住摩擦棒的两端,如图 11-4 所示,将身体的一部分重量均匀地压在上面,每秒 1 次使摩擦棒作直线往复运动,连续摩擦 5 次。GB/T 12703.2 中规定摩擦时摩擦棒不应有转动,而 GB/T 23316 规定每摩擦一次时,摩擦棒稍微转动一下位置。摩擦完成后,按图 11-5 所示立刻拿起绝缘棒的一端,试样不能滑出垫板,使绝缘棒在上方提起试样,保持水平地由垫板上揭离,约在 1s 内迅速将绝缘棒和试样投入法拉第筒中,记录电位计读数 V,并按下式计算电荷面密度。

$$\sigma = \frac{Q}{A} = \frac{C \cdot V}{A}$$

式中:σ——电荷面密度,$\mu C/m^2$;

Q——电荷量测定值,μC;

C——法拉第系统总电容量,F;

V——电压值,V;

A——试样摩擦面积,m^2。

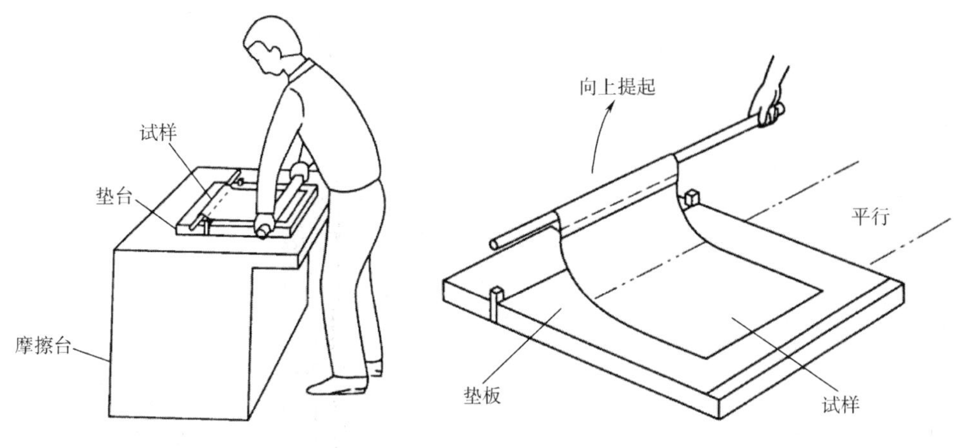

图 11-4　摩擦棒法摩擦示意图　　　图 11-5　揭离试样示意图

3. 摩擦吸附法

FZ/T 01059 采用了摩擦吸附法，测试装置采用由两片相交成 70°的不锈钢板组成，如图 11-6 所示，先将试样正面朝外用夹子固定在试样板上，再用包覆着聚酰胺摩擦布的摩擦块以每秒一次的速度摩擦 12 次，随后迅速将金属板竖起于接地板上，如图 11-7 所示，用尖端绝缘的镊子夹住试样的右下角，将试样从金属板上分离，使试样完全脱离金属板，直到试样处于垂直位置，保持(1±0.5)s，然后松开镊子，待试样再次吸附到金属板上时，之后每过(30±2)s，用镊子将试样分离一次，直到离夹子钳口线 25mm 外，试样不再吸附金属板时停止计时，记录时间为吸附时间。

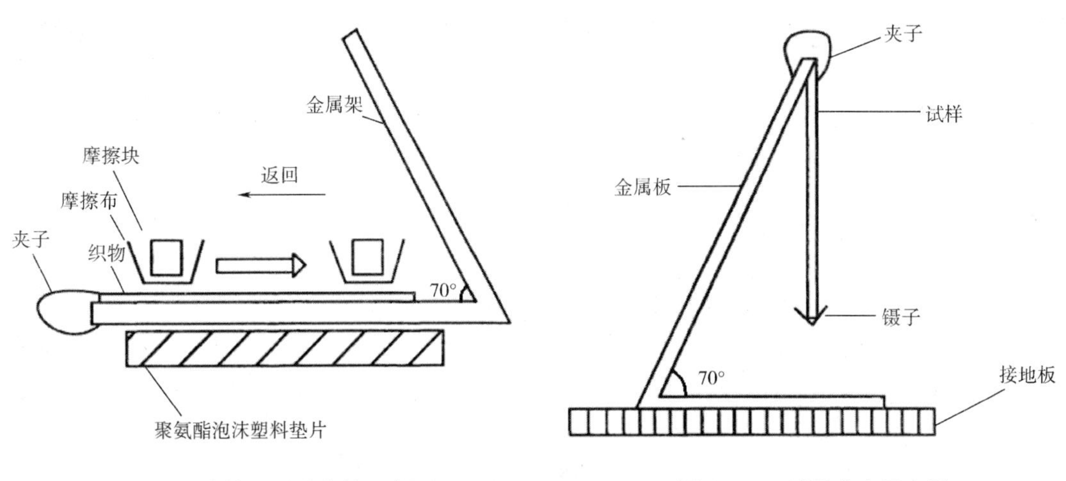

图 11-6　摩擦吸附法摩擦示意图　　　图 11-7　试样分离示意图

4. 行走法

GB/T 30131 的动态电压测试和 GB/T 18044 采用了行走法。以 GB/T 30131 为例，其测试原理如下：在测试前，测试人员穿着待测服装系统（由服装、袜子、鞋及其相关配置组成），手握手持式电极并连接到平板式静电监测仪上，保持穿着状态静止站立不少于 10min。接着以每秒钟 2 步的步频在地面试样上按照规定行走路径行走，行走时要保持身体面对同一方向，即通过前进及后退的方式进行。如图 11 - 8 所示，保持行走状态 1min，自动图形记录仪记录这段时间内检测得到的电压值曲线，从中找出 5 个最高波峰值和 5 个最低波谷值，分别取平均值作为服装系统穿着时的动态电压值。

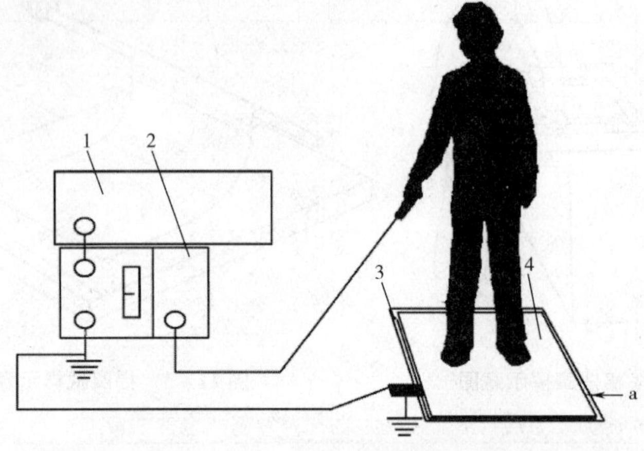

图 11 - 8 行走法动态电压测试示意图

1—自动图形记录仪 2—平板式静电监测仪 3—垫板 4—地面试样

a—地面试样与垫板或支撑材料的边缘相距不得小于 10mm

(二)接直流电法

接直流电法是将试样放置于绝缘底盘上，试样上再放置一个电极装置，将电极装置通上直流电后，用欧姆表测量纺织品的表面电阻(率)或垂直电阻。运用该方法的标准有 GB/T 22042、EN 1149 - 1、EN 1149 - 2、GB/T 22043、AATCC 76、GB/T 12703.4、GB/T 24249、GB 12014、BS 6524 和 GB/T 23165。

以 GB/T 22042 为例，电极由同轴的圆柱形电极和环形电极组成，如图 11 - 9 所示，连接电极后，施加(100 ± 5)V 的电压(15 ± 1)s 后，用电阻表测量出电阻。

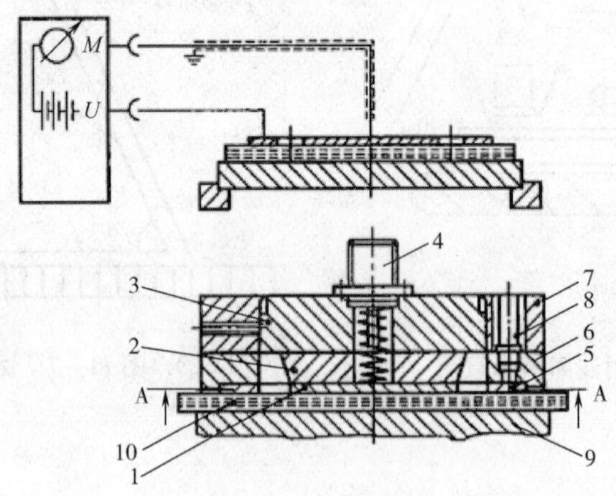

图 11 - 9 电极装置和电路

1—实验电极 2—绝缘圆盘 3—防护盘 4—同轴插入式连接器

5—环形电极 6—绝缘环 7—屏蔽环 8—连接器 9—底盘 10—样品

垂直电阻的测量在电路设计和电极连接上会稍有不同。在直流电压和通电时间上，不同标准也稍有不同，见表11－9。

表11－9　不同标准中的直流电压和通电时间

标准代号	直流电压(V)	通电时间
GB/T 22042—2008	100±5	(15±1)s
EN 1149—1:2006	100±5	(15±1)s
GB/T 22043—2008	100±5	(15±1)s
EN 1149－2:1997	100±5	(15±1)s
AATCC 76—2011	80－100	1min
GB/T 12703.4—2010	100,500,1000	1min
GB/T 24249—2009	10V或100V(根据试样不同表面电阻率选择)	(15±1)s
GB 12014—2009附录A	100±5	(15±1)s
BS 6524—1984	500	(15±1)s
GB/T 23165—2008	10V、100V或500V(根据试样不同表面电阻率选择)	15s

(三)感应带电法

利用高压放电极产生的高压电场，使试样在高压静电场中感应带电至稳定后，断开高压电源，使其电压通过接地金属台自然衰减，从而测得半衰期或衰减至某一电压时的时间。运用感应带电原理测定纺织品抗静电性能的标准有GB/T 12703.1和GB/T 33728。GB /T 12703.1利用针电极加10kV高压30s后断开，记录高压断开瞬间试样静电电压和衰减至1/2电压所需要的时间。而GB/T 33728则施加5kV的高压，测量衰减至500V时所需的时间。

三、抗静电纺织品测试标准的实验环境条件

样品的调湿与试验环境对静电性能测试结果影响非常大，尤其是湿度的影响。因此，在静电检测中，湿度的控制至关重要，对于调湿条件和试验环境也必须在检测报告中特别注明。纺织纤维制品静电性能检测中，样品调湿时间必须足够充分，试验环境必须稳定。不同温湿度条件下，测试结果差异很大。例如，在同一温度下，随相对湿度增大，织物产生静电的能力减小，尤其对不含导电纤维的织物影响更大。不同国家和地区静电性能测试时的试验环境如表11－10所示。

表11－10　不同国家和地区静电性能测试的试验环境

原理		标准代号	温度(℃)	湿度(%)
摩擦带电	回转式滚筒摩擦机法	GB/T 12703.3—2009	20±2	35±5
		GB/T 23316—2009第六章	20±5	40±5
		GB 12014—2009附录B	20±5	35±5
		GB/T 12703.5—2010	20±5	35±5

续表

原理		标准代号	温度(℃)	湿度(%)
摩擦带电	摩擦棒摩擦法	GB/T 12703.2—2009	20 ±2	35 ±5
		GB/T 23316—2009 第7章	20 ±2	30 ±3
	摩擦吸附法	FZ/T 01059—2014	20 ±2	35 ±5
	行走法	GB/T 30131—2013 的动态电压测试项目	23 ±3	12 ±3
		GB/T 18044—2008	(a)23 ±1	25 ±3
			(b)23 ±1	20 ±3
接直流电法		GB/T 22042—2008	23 ±1	25 ±5
		EN 1149 - 1:2006	23 ±1	25 ±5
		GB/T 22043—2008	23 ±1	25 ±5
		EN 1149 - 2:1997	23 ±1	25 ±5
		AATCC 76—2011	21 ±2	20(对于经抗静电整理或静电倾向关键的纺织品) 40(对于静电倾向不关键的纺织品)
		GB/T 12703.4—2010	20 ±2	35 ±5
		GB/T 24249—2009 附录B	23 ±3	12 ±3(基准条件)
				50 ±5(一般条件)
		GB 12014:2009 附录A	20 ±5	35 ±5
		BS 6524:1984	20 ±2	40 ±2
		GB/T 23165—2008	23 ±1	35 ±5
感应带电法		GB/T 12703.1—2008	20 ±2	35 ±5
		GB/T 33728—2017	A:23 ±3	12 ±3
			B:20 ±2	35 ±5
			C:23 ±3	50 ±5

四、抗静电纺织品技术指标和要求

(一)摩擦带电

摩擦带电的主要技术指标有电荷量、电荷面密度和带电电压。电荷量及电荷面密度测试原理都是通过摩擦使样品带电，然后放入法拉第筒测定电荷量，电荷面密度则指单位面积试样的电荷量。电荷量采用 μC 表示，电荷面密度则采用 $\mu C/m^2$ 表示，其中电荷量指标多适用于服装，而电荷面密度则多适用于织物面料。

(二)接直流电法

接直流电法的考核指标主要有体积电阻(垂直电阻)、表面电阻、点对点电阻、纤维比电阻和泄露电阻等。

(1)体积电阻(垂直电阻)是指在一定的通电时间后,施加于与试样两个相接触面的两个电极之间的直流电压对两个电极之间电流的比值,采用环形组合电极。

(2)表面电阻是指在通电一定时间后,施加于材料表面电极之间的直流电压对电极之间电流的比值,通过表面电阻计算样品的表面电阻率。

(3)点对点电阻是指在规定时间内,施加在材料表面的两个电极间的直流电压与流过这两点间的直流电流之比。

(4)纤维比电阻是用于表征纤维导电性能的指标,纤维比电阻仪根据体积比电阻公式 $\rho = RS/L$ 设计,测定在一定的几何形状下,具有一定密度的纤维的电阻值,根据纤维的填充度计算比电阻值。

(5)泄露电阻是用于表征纤维起静电性的一种指标,它以不同容量的电容 C 纤维固有电阻和纤维表面附着的抗静电油剂等综合电阻 R 的放电时间 t,乘以电阻指数 10^n 后的纤维电阻值 $t \times 10^n(\Omega)$ 表示。测定时利用阻容充放电原理,用不同纤维电阻 R 跨接于充以电荷的固定电容 C 两端,以其放电速度来测定纤维电阻值。

(三)感应带电法

感应带电法多考核时间类指标,如静电衰减时间和半衰期。FZ/T 01059—2014 虽然不是感应带电原理的测试,但其考核了吸附时间,也属于时间类指标。

表 11-11 列出了国家标准的考核项目及其技术要求。

表 11-11　国家标准的考核项目及技术要求

<table>
<tr><th colspan="2">原理</th><th>标准代号</th><th>考核项目</th><th>技术要求</th></tr>
<tr><td rowspan="12">摩擦带电</td><td rowspan="8">回转式滚筒摩擦机法</td><td rowspan="2">GB/T 12703.3—2009</td><td rowspan="2">带电电荷量(μC/件)</td><td>非耐久性抗静电纺织品:洗前≤0.6</td></tr>
<tr><td>耐久性抗静电纺织品:洗前、洗后≤0.6</td></tr>
<tr><td>GB/T 23316—2009 第六章</td><td>带电电荷量(μC /件)</td><td>洗后≤0.6</td></tr>
<tr><td>GB 12014—2009 附录 B</td><td>带电电荷量(μC /件)</td><td>A 级:洗后≤0.2
B 级:洗后 0.2~0.6</td></tr>
<tr><td rowspan="4">GB/T 12703.5—2010</td><td rowspan="4">摩擦带电电压(V)</td><td>非耐久性洗前达到下面要求,耐久性洗前、洗后需达到下面要求</td></tr>
<tr><td>A 级:<500</td></tr>
<tr><td>B 级:≥500,<1200</td></tr>
<tr><td>C 级:≥1200,≤2500</td></tr>
<tr><td rowspan="3">摩擦棒摩擦法</td><td rowspan="2">GB/T 12703.2—2009</td><td rowspan="2">电荷面密度(μC/m^2)</td><td>非耐久性抗静电纺织品:洗前≤7</td></tr>
<tr><td>耐久性抗静电纺织品:洗前、洗后≤7</td></tr>
<tr><td>GB/T 23316—2009 第 7 章</td><td>单位面积带电荷量(μC/m^2)</td><td>洗后≤7</td></tr>
<tr><td>行走法</td><td>GB/T 30131—2013</td><td>服装系统的电阻(Ω),动态电压(V)</td><td>服装系统电阻≤$3.5 \times 10^7\Omega$,或当服装系统的电阻>$3.5 \times 10^7\Omega$,但<$3.5 \times 10^{10}\Omega$ 时,动态电压的绝对值≤100V</td></tr>
</table>

续表

原理	标准代号	考核项目	技术要求
接直流电法	GB/T 12703.4—2010	表面电阻率（Ω）	非耐久性洗前达到下面要求，耐久性洗前、洗后需达到下面要求
			A 级：$<1\times10^{7}$
			B 级：$\geqslant1\times10^{7}$，$<1\times10^{10}$
			C 级：$\geqslant1\times10^{10}$，$\leqslant1\times10^{13}$
	GB/T 24249—2009 附录 B	表面电阻率（Ω）	$1.0\times10^{5}\sim1.0\times10^{11}$
	GB 12014—2009 附录 A	点对点电阻（Ω）	A 级：洗后 $1\times10^{5}\sim1\times10^{7}$ B 级：洗后 $1\times10^{7}\sim1\times10^{11}$
感应带电	GB/T 12703.1—2008	半衰期（s）	非耐久性洗前达到下面要求，耐久性洗后达到下面要求
			A 级：≤2
			B 级：≤5
			C 级：≤15
	GB/T 33728—2017	静电衰减时间（s）	A 级：≤0.1
			B 级：≤5
			C 级：≤60

五、抗静电纺织品测试标准的适用性和重现性

虽然本章所述标准中只有 GB/T 23316 指明其仅适用于含有导电纤维的机织防静电服，其他标准未做适用性限制，但样品尺寸却限制了某些测试方法对非均质纺织品的测试，尤其是含间隔引入的导电纤维的纺织品。比如，用接直流电法测试面料表面电阻率时，由于底盘尺寸限制了样品尺寸，通常样品尺寸的直径为 12cm 左右的圆形，间隔引入的导电纤维在测试时极有可能不能充分发挥其导电作用，导致测试结果偏大，也会导致测试的重复性不高，比如 GB/T 22042 也指出不同实验室之间的测试结果相差可达 10 倍，实践中各实验室之间的比对测试结果也会发生偏差 100 倍甚至更大的情况。再比如，GB/T 12703.5 的样品尺寸为 40mm × 80mm，实际滚筒转动时的试样摩擦面积还要小于此尺寸；感应带电方法 GB/T 12703.1 的样品尺寸为 40mm × 45mm，均会发生此类问题。

测试环境的湿度是影响测试结果的另外一个重要因素。因此，对静电测试过程中湿度的控制至关重要。而不同标准测试环境温湿度的也不相同，这也对测试造成了困难。同时，调湿过程也对测试结果有一定程度的影响，要严格按照标准要求进行平衡调湿，再安排测试。再结合试样的均匀性，GB/T 12703.4 指出通常表面电阻率测量的不重现性不是接近于 ±10%，而常常有较大的分散性。

有些测试的过程复杂，中间影响因素较多，比如摩擦棒摩擦法是人为手动操作，不同操作人

员的操作手法也会造成结果的偏差；行走法中的地毯测试也是人走动中产生摩擦，GB/T 18044中指出该实验的变异系数为15% ~25%，而统计分析中，通常若变异系数大于15%，则要考虑数据的可靠性。

另外，不同静电测试方法带电原理不同，同一原理下的标准参数也有差异，故不同测试标准的测试结果之间没有明显关联性。

参考文献

[1]施楣梧.纺织品用抗静电纤维、导电纤维的回顾和展望[J].毛纺科技，2000(6)：5－10.

[2]李亿光.浅谈防静电织物的应用及发展前景[J].中国个体防护装备，2010(2)：38－42.

[3]孙斌.关于织物抗静电性能的研究[J].广西纺织科技，2009(4)：29－31.

[4]张治国，尹红，陈志荣.纤维后整理用抗静电剂研究进展[J].纺织学报，2004(6)：121－123.

[5]张莲莲，周烨，周金香，等.织物抗静电加工方法及其产品开发趋势[J].上海纺织科技，2016(6)：1－3，7.

[6]倪冰选，张鹏.纺织纤维制品静电性能的标准与测试[J].印染，2013(4)：40－44，53.

[7]潘文丽，赵晓伟.纺织品抗静电性能的测试标准[J].印染，2017(18)：43－47.

[8]金关秀，李琪，莫穷，等.导电纤维间距对织物抗静电性能的影响[J].广西纺织科技，2010(2)：11－12.

[9]陈振洲，陈慕英，陶再荣.防静电针织物的抗静电性能研究[J].纺织学报，2004(6)：87－88.

[10]陈振洲，陈慕英，陶再荣.抗静电针织物组织结构对抗静电性能的影响[J].上海纺织科技，2004(6)：36－37.

[11]薛继艳，宋广礼，程亚光，等.复合导电丝抗静电针织产品的性能研究[J].针织工业，2014(10)：9－11.

[12]安琳，张辉，胡雪玉，等.毛织物抗静电性能测试分析[J].毛纺科技，2009(12)：38－41.

[13]伏广伟，王瑞，倪玉婷.有机导电短纤维混纺纱的导电和抗静电性能[J].纺织学报，2009(6)：34－38.

[14]潘菊芳，廉志军，和超伟.有机导电纤维应用方法的探讨[J].棉纺织技术，2009(5)：1－4.

[15]伏广伟，贺显伟，陈颖.导电纤维与纺织品及其抗静电性能测试[J].纺织导报，2007(6)：112－114.

[16]姜怀.功能纺织品[M].北京：化学工业出版社，2012.

[17]GB/T 12703.1—2008 纺织品　静电性能的评定　第1部分：静电压半衰期[S].

[18]GB/T 12703.2—2009 纺织品　静电性能的评定　第2部分：电荷面密度[S].

[19]GB/T 12703.3—2009 纺织品　静电性能的评定　第3部分：电荷量[S].

[20]GB/T 12703.4—2010 纺织品　静电性能的评定　第4部分：电阻率[S].

[21]GB/T 12703.5—2010 纺织品　静电性能的评定　第5部分：摩擦带电电压[S].

[22]GB/T 12703.6—2010 纺织品　静电性能的评定　第6部分：纤维泄漏电阻[S].

[23]GB/T 12703.7—2010 纺织品　静电性能的评定　第7部分：动态静电压[S].

[24]GB/T 22042—2008 服装　防静电性能　表面电阻率试验方法[S].

[25]GB/T 22043—2008 服装　防静电性能　通过材料的电阻(垂直电阻)试验方法[S].

[26]GB/T 33728—2017 纺织品　静电性能的评定　静电衰减法[S].

[27]GB/T 30131—2013 纺织品　服装系统静电性能的评定　穿着法[S].

[28]FZ/T 01059—2014 织物摩擦静电吸附性能试验方法[S].

[29]GB/T 18044—2008 地毯　静电习性评价法　行走试验[S].

[30]GB/T 23165—2008 地毯电阻的测定[S].

[31] GB/T 14342—2015 化学纤维　短纤维比电阻试验方法 [S].

[32] EN 1149 - 1:2006 防护服　静电性能　第 1 部分:表面电阻(检验方法和要求)[S].

[33] EN 1149 - 2:1997 防护服　静电性能　第 2 部分:通过材料的电阻(垂直电阻)的测量的实验方法 [S].

[34] AATCC 76—2011 织物表面电阻率 [S].

[35] BS 6524:1984 纺织织物表面电阻率的测定方法 [S].

[36] GB 12014—2009 防静电服 [S].

[37] GB/T 23464—2009 防护服装　防静电毛针织服 [S].

[38] GB/T 24249—2009 防静电洁净织物 [S].

[39] GB/T 22845—2009 防静电手套 [S].

[40] GB 19082—2009 医用一次性防护服技术要求 [S].

[41] FZ/T 24013—2010 耐久型抗静电羊绒针织品 [S].

[42] GB/T 23316—2009 工作服　防静电性能的要求及试验方法 [S].

第十二章　阻燃纺织产品检测技术

织物在人们日常生活中广泛应用,并且给人们带来了很大的方便,但其本身也存在易燃的缺陷。所有的天然纤维素或再生纤维素纤维织物以及部分经整理或未经整理的其他天然或合成纤维织物都是可燃的,这些织物在接触明火源时,容易引起燃烧。由于织物本身易燃的特点,纺织产品引发火灾的问题已经成为世界性的难题之一。统计表明,全球每年近一半左右的火灾是由于织物的引燃而导致的。

世界上很多国家专门制定了法规,对织物的生产和运用进行限定,不满足要求的纺织产品将不能够在本国家销售。其中日本、美国等一些国家规定,窗帘饰品、老人孩童的服饰以及睡衣等必须经过阻燃处理才能在生活中使用。美国更是通过了新的法案《纺织品防火安全强制性法规》对织物在生活中的使用进行严格的限制;中国公安部出台的《消防产品监督管理工作考核办法》表示,从 2008 年 7 月 1 日开始,新增建的或者改建的公共场所,其中使用的物品必须要满足国家标准《公共场所阻燃制品及组件燃烧性能要求和标识》的要求。

阻燃技术就是延缓和抑制燃烧的传播,降低燃烧概率,是一种从根本上抑制、消除失控燃烧的技术。阻燃技术可以运用在生活中的纺织品上,也可以用在国防军工和各种防火作业服、劳动保护服,如作战服、消防服、炉前服、焊接服、飞行服、石油服、森林服等,以及某些产业用织物(火车卡车的篷布、帆布、音箱设备喇叭布、消防带等)上。因此,阻燃纺织品有着广阔稳定的潜在市场,发展阻燃纺织品具有明显的经济效益和社会效益,了解阻燃纺织产品测试方法与标准也具有重要的意义。

第一节　阻燃纺织品

一、阻燃纺织品的分类

(一)按照燃烧性能分类

从理论上讲,纺织材料的氧指数只要大于 21%(自然界空气中氧气的体积浓度),其在空气中就有自熄性。极限氧指数法是指将被测试的阻燃纺织品放置于由氧气和氮气组成的混合气体中,将被测试的纺织品用点火器点燃后刚好能保持燃烧状态,氧气在氮、氧混合气体中具有的最低的体积百分数,用极限氧指数(Limiting Oxygen Index,LOI)表示。根据极限氧指数的大小,通常将纺织品分为易燃、可燃、难燃和不燃四个等级见表 12 - 1。

表 12-1 纺织品的燃烧性能分类

分类		极限氧指数	纤维种类
阻燃纺织品	不燃	>35%	玻璃纤维、金属纤维、石棉纤维、碳纤维
	难燃	26%~34%	氯纶、偏氯纶、芳纶、改性腈纶等
非阻燃纺织品	可燃	20%~26%	涤纶、锦纶、蚕丝、羊毛等
	易燃	<20%	棉、麻、黏胶、丙纶、腈纶等

(二)按照阻燃剂的引入方法分类

纺织品的阻燃按生产过程及阻燃剂的引入方法大致分为纤维的阻燃处理和织物的阻燃整理两类。

1. 纤维的阻燃处理

将有阻燃功能的阻燃剂通过聚合物聚合、共混、共聚、复合纺丝、接枝改性等方式加入到纤维中,使纤维具有阻燃性。纺制阻燃纤维的方法,虽然阻燃效果持久,对阻燃织物的手感影响小,产品质量的稳定性可控,但不能应用于天然纤维,必须大量制造,工艺过程长,纺丝难度大,应用范围有局限性。

2. 织物的阻燃整理

织物阻燃整理是用后整理方法将阻燃剂涂覆在织物表面或渗入到织物内部,主要是通过吸附沉积、化学键合、非极性范德瓦尔斯引力、氢键及物理黏合等作用使阻燃剂固着在织物或纱线上而获得阻燃效果的加工工艺。相对于原丝改性,整理工艺简单,但存在阻燃剂与织物结合不紧密,阻燃效果不耐久、不耐水洗等缺点。

(三)按照阻燃效果的耐久程度分类

1. 非永久性阻燃整理

织物具有一定的阻燃性能,但不耐水洗,所用阻燃剂大部分为水溶性或乳液性阻燃剂,主要有磷酸盐、铵盐及硼砂、硼酸等。

2. 半永久性阻燃整理

半耐久性织物能耐 15 次温和洗涤,但不耐高温皂洗,一般用于窗帘、室内装饰布和床垫等,主要有磷酸—尿素法、磷酰胺法和磷化纤维素法等。

3. 永久性阻燃整理

耐久性阻燃整理的织物一般要耐洗 50 次以上,而且耐皂洗,主要有 Pyrovatex CP 法、Proban 法和 THPC—脲—TMM 热固法等。

二、纺织纤维的热裂解过程和阻燃机理

(一)热裂解过程

纺织品的燃烧过程包括加热熔融裂解和分解氧化剂着火等步骤。纺织品加热后首先是发生水分蒸发、软化和熔融等物理变化,继而是裂解和分解等化学变化。物理变化与纺织纤维的比热容、热传导率、熔融热和蒸发热等有关;化学变化决定纤维的裂解温度、分解温度及分解热的大小。当裂解和分解生成的可燃性气体与空气混合达到可燃浓度时才能着火,由此产生的燃烧热使气相、液相和固相温度上升,燃烧继续保持下去,图 12-1 表明了纤维的燃烧过程。纺织纤维的化学成分不同,热性能和燃烧过程也不相同。

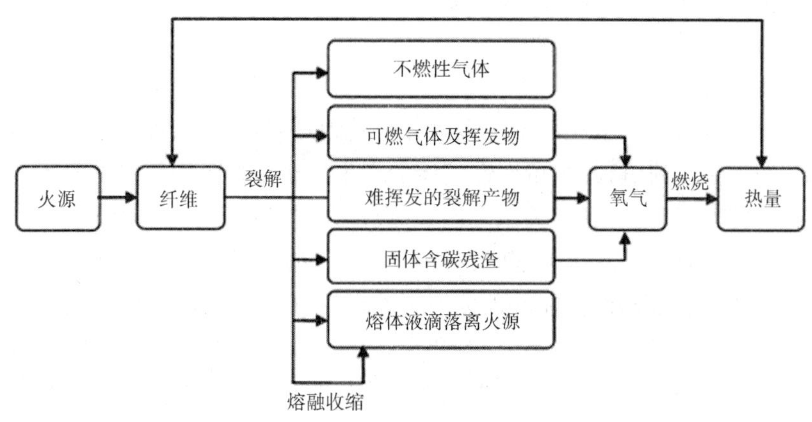

图 12－1　纤维燃烧的循环过程示意图

(二)阻燃机理

阻燃是指降低材料在火焰中的可燃性,减缓火焰蔓延速度,当火焰移去后能很快自熄,减少燃烧。从燃烧过程看,要达到阻燃目的,必须切断由可燃物、热和氧气三要素构成的燃烧循环。阻燃作用机理有物理的、化学的及二者结合作用等多种形式。根据现有的研究结果,可归纳为以下几种:覆盖层作用阻燃、气体稀释作用阻燃、吸热作用阻燃、熔滴作用阻燃、提高热裂解温度阻燃、凝聚相阻燃、气相阻燃、阻燃协同效应。

1. 覆盖层作用阻燃

阻燃剂受热后,在纤维材料表面熔融形成玻璃状覆盖层,成为凝聚相和火焰之间的一个屏障,这样既可隔绝氧气,阻止可燃性气体的扩散,又可阻挡热传导和热辐射,减少反馈给纤维材料的热量,从而抑制热裂解和燃烧反应。例如,硼砂—硼酸混合阻燃剂对纤维的阻燃机理可用此理论解释,在高温下硼酸可脱水、软化、熔融而形成不透气的玻璃层黏附于纤维表面:

$$H_3BO_2 \xrightarrow[H_2O]{130\sim200℃} HBO_2 \xrightarrow[H_2O]{260\sim270℃} B_2O_3 \xrightarrow{325℃} \text{软化} \xrightarrow{500℃} \text{熔融} \longrightarrow \text{玻璃层}$$

2. 气体稀释作用阻燃

阻燃剂吸热分解后释放出不燃性气体,如氮气、二氧化碳、氨、二氧化硫等,这些气体稀释了可燃性气体,或使燃烧过程供氧不足。另外,不燃性气体还有散热降温作用。

3. 吸热作用阻燃

某些热容量高的阻燃剂在高温下发生相变、脱水或脱卤化氢等吸热分解反应,降低了纤维材料表面和火焰区的温度,减慢热裂解反应的速度,抑制可燃性气体的生成。例如,三水合氧化铝分解时可释放出 3 个分子水,转变为气相需要消耗大量的脱水热。

4. 熔滴作用阻燃

在阻燃剂的作用下,纤维材料发生解聚,熔融温度降低,增加了熔点和着火点之间的温差,使纤维材料在裂解之前软化、收缩、熔融,成为熔融液滴滴落,大部分热量被带走,从而中断了热反馈到纤维材料上的过程,最终中断了燃烧,使火焰自熄。涤纶的阻燃大多是以此方式实现的。

5. 提高热裂解温度阻燃

在纤维大分子中引入芳环或芳杂环,增加大分子链间的密集度和内聚力,提高纤维的耐热性;或通过大分子链交连环化,与金属离子形成络合物等方法,改变纤维分子结构,提高炭化程度,抑制热裂解,减少可燃性气体的产生。

6. 凝聚相阻燃

通过阻燃剂的作用,在凝聚相改变纤维大分子链的热裂解历程,促进脱水、缩合、环化、交联等反应的发生,增加炭化残渣,减少可燃性气体的产生。凝聚相阻燃作用的效果,与阻燃剂同纤维在化学结构上的匹配与否有密切关系。比如,磷化合物对纤维素纤维的阻燃机理主要是采用此方式,纤维素纤维在较低温度下裂解时,可能发生分子链1,4-苷键的断裂,继而残片发生分子重排,并首先生成左旋葡萄糖。左旋葡萄糖可通过脱水和缩聚作用形成焦油状物质,接着在高温的作用下又分解为可燃的有机物、气体和水。

一般认为磷酸盐及有机磷化合物的阻燃作用,是由于其可与纤维素大分子中的羟基(特别是第六位碳原子上的羟基)形成酯,阻止左旋葡萄糖的形成,并且进一步使纤维素分子脱水,生成不饱和双键,促进纤维素分子间形成交联,增加固体炭的形成。其他一些具有酸性或碱性的阻燃剂也有类似作用。

7. 气相阻燃

气相阻燃是指在气相中使燃烧中断或者延缓链式燃烧反应的阻燃作用机理。比如,阻燃剂在高温下受热分解,生成高密度的不可燃蒸气,这些高密度蒸气会笼罩在织物表面,从而稀释了织物表面的氧浓度,阻碍它们之间接触反应,从而抑制燃烧的进一步进行;另外,阻燃剂受热分解释放出的水蒸气蒸发会使织物表面的温度降低,抑制裂解的进行;同时在阻燃剂分解的过程中还会产生一些小分子,可以降低反应的自由基浓度,达到阻燃的效果。

8. 阻燃协同效应

在实际应用中,由于纤维的分子结构及阻燃剂种类的不同,阻燃作用十分复杂,并不限于上述几个方面。在某个阻燃体系中,可能是某种机理为主,也可能是多种机理作用的共同效果。

不同的阻燃元素或阻燃剂之间,往往会产生阻燃协同效应。阻燃协同效应有两种不同的概念,一种是多种阻燃元素或阻燃剂共同作用的效果比单独用一种阻燃元素或阻燃剂效果要强得多。如P—N协同效应、卤—锑协同效应等。另一种是在阻燃体系中添加非阻燃剂可以增强阻燃能力。例如,尿素及酰胺化合物本身并不显示阻燃能力,但当它们和含磷阻燃剂一起使用时,却可明显地增强阻燃效果。

三、阻燃纤维

阻燃纤维是指在火焰中仅阴燃,本身不发生火焰,离开火焰后阴燃自行熄灭的纤维。与普通纤维相比,阻燃纤维在燃烧过程中燃烧速率明显减缓,离开火源后能迅速自熄,且较少释放有毒烟雾。可以通过提高纤维成纤高聚物热稳定性,即前处理的方式得到阻燃纤维,也可以通过对纤维原丝的阻燃改性得到阻燃纤维。

(一)提高成纤高聚物热稳定性

1. 引入芳环或杂环法

在成纤高聚物的大分子链中引入芳环或杂环,增加分子链的刚性、大分子链的密集度和内聚力,从而提高热稳定性,再将这种高热稳定性高聚物用湿法纺丝制成纤维。比如,聚酰亚胺纤维,耐热性能优良,但成本高,色泽深,染色性差,常与羊毛阻燃纤维以合适比例混纺交织,可降低成本，获得性能优异的阻燃隔热织物。

2. 交联法

通过纤维中线形大分子链间交连反应变成三维交连结构，从而阻止碳链断裂，成为不收缩不熔融阻燃纤维。如酚醛纤维采用热塑性酚醛树脂为原料，添加少量聚酰胺作成形载体，用熔融法纺丝，纺得的纤维用甲醛在硫酸催化下交联制得三维立体网状结构聚合物。

3. 高温处理法

将纤维在200～300℃高温的空气氧化炉中停留几分钟或几小时，使纤维大分子发生氧化、环化、脱氢和碳化等反应，成为一种多共轭体系的梯形结构而具有优异耐高温阻燃性能纤维，如聚丙烯腈预氧化纤维等。

4. 螯合法

纤维大分子与金属离子螯合形成络盐，提高热稳定性，使纤维大分子受热后发生碳化，具有阻燃性。

（二）原丝的阻燃改性

1. 共聚法

在成纤高聚物合成过程中把含有磷、卤、氮等阻燃元素的化合物作为共聚单体引入到大分子链中，然后再把这种阻燃性高聚物熔融纺丝或湿纺制成阻燃纤维，目前生产的阻燃腈纶、涤纶大多采用共聚法。由于阻燃剂结合在大分子链上，阻燃持久。采用共聚法条件是阻燃改性单体能适应纺丝和加工各种要求，对纤维力学性能如染色性能、手感等没有影响。

2. 共混法

与共聚法同属原丝改性，将阻燃剂加入纺丝熔体或浆液中纺制阻燃纤维，工艺简单，对纤维原有性能影响较小，阻燃性能虽不如共聚法，但比后整理好得多。采用共混法时要求添加阻燃剂粒度细，与聚合体相容性好，能经受熔体纺丝温度，原液中具有良好稳定性。适用于聚合物中无极性聚烯烃类纤维，如聚丙烯纤维，工业生产中把阻燃剂、其他添加剂与聚合物捏合形成阻燃母粒，加入一定比例聚合体纺丝。生产成本低，工艺简单。

3. 接枝改性

用放射线、高能电子束或化学引发剂使纤维或织物与乙烯基型阻燃单体发生接枝共聚是一种有效、持久的阻燃改性方法。接枝后强度未降低，手感好，但成本高，未大量使用。

（三）常见的阻燃纤维

1. PBI（聚苯并咪唑）纤维

PBI有独特的耐热、耐化学品性能，受热和火焰作用在空气中不燃烧、不熔滴、不收缩、不脆化。在高温作用下仅散发少量烟，但不散发毒气。在300℃或更高温度下仍保持强力和完整性；在450℃时仍保持原有重量的80%以上；在350℃时，6h后重量仍然保持90%以上；在600℃下能维持约5s。

2. 芳纶

芳纶纤维是永久阻燃纤维，燃烧无熔滴、不产生毒气等。用芳纶阻燃纤维织成的织物有良好的尺寸稳定性，可在250℃下长期使用，其热收缩率仅为1%。纤维软化温度为373℃，超过400℃才开始分解，分解时布面增厚，纤维膨胀，布面外900～1300℃隔绝热量传递而不开裂。PPTA（聚对苯二甲酰对苯二胺，常称芳族聚酰胺），有优良的热稳定性，在371℃时不熔融，但会分解。常用于石油化学、公用事业和消防服。

3. PTFE(聚四氟乙烯)

PTEE为长链含氟聚合物,在高温下不熔融,有高拉伸和压缩强力。在高达260℃连续作用下仍稳定,能短时间经受290℃高温,290℃以上开始升华,每小时重量损失0.0002%,在327℃时达到凝胶态。它在各种有机纤维中耐化学品性能最好。纤维本身无毒,但在高温下使用可能产生有毒气体。

4. 阻燃涤纶

添加阻燃剂也是涤纶最初的阻燃改性方法。阻燃剂主要有卤素阻燃剂和磷系阻燃剂。目前国际上最常用的是磷系阻燃剂。磷系阻燃剂对涤纶纤维具有良好的阻燃效果,且燃烧过程中没有毒性气体生成,属于环保友好型阻燃体系。

5. 阻燃锦纶

可用作锦纶6及锦纶66共聚阻燃改性的阻燃剂主要有红磷和二羧酸乙基甲基磷酸酯等。红磷常与惰性化合物,如氢氧化锰、氢氧化铝等共同作用对锦纶6及锦纶66进行阻燃改性。膨胀型阻燃体系在锦纶阻燃改性方面具有潜在的市场应用。用于锦纶共混改性的阻燃剂比较多,如低相对分子质量的含磷化合物、氯代聚乙烯、溴代季戊四醇及三氧化二锑等。采用硼、锑和溴组成的三元阻燃体系对锦纶进行阻燃改性,其阻燃效果比较好。另外采用红磷或微胶囊化的红磷与锦纶共混纺丝也能获得具有自熄灭性能的阻燃锦纶。

6. 阻燃腈纶

目前世界上已经工业化生产的阻燃腈纶大多采用共聚法制造。共聚阻燃改性方法主要是在腈纶中引入含有卤素或磷元素等的共聚单体,如氯乙烯、二氯乙烯、烯丙基磷酸烷基、乙烯基双(2-氯代乙基)磷酸等共聚单体。由于共混阻燃腈纶中阻燃剂的含量不能太高,因而要选用高效的阻燃剂,且阻燃剂在纺丝原液中的溶解性和均匀稳定分散性要好,以及与腈纶的相容性,纺丝过程中的保留率、耐洗涤性及毒性等,因此阻燃剂的选择难度较大,目前已工业化的共混阻燃腈纶纤维的品种很少。

7. 阻燃丙纶

丙纶的阻燃改性主要是通过添加改性和阻燃后整理的方法制备。目前,丙纶主要通过利用卤素阻燃剂和三氧化二锑等协效剂共同作用来获得阻燃效果,通常首先在丙纶切片中添加高浓度的阻燃剂及其他助剂,经过共混制造阻燃母粒,然后与常规丙纶切片熔融纺丝成型,制备具有阻燃性的丙纶。磷—溴协效阻燃体系用于丙纶的阻燃具有良好的阻燃效果,环境污染小,而磷—氮协效阻燃体系用于丙纶具有更好的阻燃效果,但是在丙纶中的应用条件相对较高。

四、纺织品的阻燃整理

织物进行阻燃整理常用方法有:浸渍烘燥法、浸轧焙烘法、有机溶剂法、涂布法、喷雾法、表面接枝改性和微胶囊阻燃。

(一)浸渍烘燥法

浸渍烘燥法又称吸尽法,主要将织物放在阻燃液中浸渍一定时间后,再干燥焙烘使阻燃剂被纤维聚合体吸尽。一般用于疏水性合成纤维织物,阻燃剂与纤维聚合体有亲和性,在高温或膨化剂作用下可渗入纤维内,靠非极性范德瓦尔斯力固着在纤维上。

(二)浸轧焙烘法

浸轧焙烘法是阻燃整理工艺中应用最广的一种工艺。工艺流程为:坯布准备→浸轧→预烘→焙烘。

坯布准备是为了促进阻燃剂渗透和化学反应,除去织物表面杂质,干燥织物。浸轧液由阻燃剂、催化剂、树脂、润湿剂、柔软剂等成分配成乳液整理。选择合适阻燃剂及浓度,为提高耐洗性,需考虑阻燃剂的配制及浸轧、与树脂的相容性、稳定性,加少量润湿渗透剂,防止织物整理后发硬,加柔软剂,浸轧液要均匀,附着均匀。预烘过程中,严格控制热风湿度和风量,除去多余水分,防止阻燃剂泳移,充分干燥才能焙烘。焙烘与预烘同步进行,要严格控制焙烘时间,使阻燃剂在织物上均匀固化。

(三)有机溶剂法

可使用非水溶性阻燃剂,其优点是阻燃整理时间短,能耗低,实际应用中由于溶剂毒性、燃烧性,未普遍采用。

(四)涂布法

将阻燃剂混入树脂内,靠树脂黏合作用将阻燃剂固着在织物上的一种整理方法,可分为刮刀法、浇注法和压延法三种。

刮刀法是将阻燃剂配成溶液或乳液,再与树脂调成阻燃浆料,再用刮刀直接涂布在织物上。浇注法是将阻燃剂与树脂浇铸成薄膜加压附着在织物上,适用于需高阻燃剂含量的大型帷幕和土木工程制品。压延法是将树脂在压延机上制成薄膜,再贴在织物上。

(五)喷雾法(手工、连续喷雾法)

对不能用普通设备整理的厚型帷幕,大块地毯等纺织针刺产品在最后一道工序用手工喷雾法阻燃整理。对表面蓬松、有花纹、簇绒或绒头起毛的织物,即不适用于浸轧烘燥的织物,一般可采用连续喷雾法。

(六)表面接枝改性

表面接枝改性是通过化学接枝、高能辐射引发接枝、等离子体引发接枝、紫外光引发接枝等方法将阻燃单体接枝到织物表面的整理方法。

(七)微胶囊阻燃

用有机物或无机物包裹阻燃剂,或者将阻燃剂吸附在比表面积很大的多孔无机载体的空隙中,制成微胶囊型阻燃剂。制备方法有凝聚法、分散包裹法及载体包裹法。微胶囊法处理后的阻燃剂与有机大分子的相融能力增强,与其他制备阻燃织物的方法相结合,可以制备耐久性的阻燃织物。

第二节　阻燃纺织品测试方法与标准

一、阻燃纺织品测试方法与标准概述

(一)阻燃纺织品测试方法

阻燃纺织品的阻燃性能可以通过测试阻燃纺织品的阻燃效果来判断,一般通过测定其防余燃、防阴燃以及被燃焦的长度(即炭化长度)来衡量。目前国际上纺织品阻燃性能测试方法较

多,按照目前的国际标准或特殊规定(如采购商制定),用于评定材料的阻燃性而进行一系列的试验,测试常见参数如下。

(1)点燃性和可燃性,即被引燃的难易程度。

(2)火焰传播速度,即火焰沿材料表面的蔓延速度。

(3)耐火性,即火穿透材料构件的速度。

(4)释放速度(HRR),即材料燃烧时放出的热量和放出的速度。

(5)自熄的难易程度。

(6)生烟性,包括生烟量、烟的释放速度及烟的组成。

(7)有毒气体的生成,包括气体量、释放速度及组成。

针对不同应用类别的纺织品,如普通纺织品(包括各种床上用品)、服装纺织品(包括儿童睡衣、工作服和防护服)、装饰布(包括窗帘、幕布、帐篷布)、地面覆盖物(地毯等)以及飞机、火车、船舶等纺织品,有不同的测试方法。测试方法可归纳为:燃烧实验法、极限氧指数法、表面燃烧实验法等几类。

1. 燃烧实验法

燃烧实验法指测定材料的燃烧广度(炭化面积和损毁长度)、续燃时间和阴燃时间的方法。一定尺寸的试样,在规定的燃烧箱里用规定的火源点燃一定时间,除去火源后测定试样的续燃时间和阴燃时间,阴燃停止后,按规定的方法测出损毁长度(炭长)。根据试样与火焰的相对位置,可以分为垂直测试法、水平测试法和倾斜(45°、30°)测试法三大类,以垂直测试法要求最高,垂直法比其他方法更严厉些。

2. 极限氧指数法

20 世纪 70 年代开始,极限氧指数法被广泛应用,试验在氧指数测定仪上进行。一定尺寸的试样置于燃烧筒中的试样夹上,调节氧气和氮气的比例,用特定的点火器点燃试样,使之燃烧一定时间自熄或损毁长度为一定值时自熄,由此时的氧、氮流量可计算氧指数值,即为该试样的氧指数。我国标准 GB/T 5454 规定试样恰好燃烧 2min 自熄或损毁长度恰好为 40mm 时所需要的氧的百分含量即为试样的极限氧指数值。

3. 表面燃烧实验法

这种方法是测定试样表面的燃烧蔓延程度的方法,适用于厚实纺织品。以铺地纺织品燃烧性能测试为例,国外对铺地材料燃烧性能的测试开始均采用水平法,如美国易燃织物法令要求用水平烟蒂法和乌洛托品法考核;英国采用热金属螺帽法。乌洛托品法是在一定大小试样的中心放一块直径为 6 ~ 6.5mm 的乌洛托品片剂,用火源点燃片剂,试样随之燃烧,待火焰熄灭后,测量火焰熄灭处到片剂中心的最大距离,用来考核试样的燃烧性能。热金属螺帽法是将不锈钢螺母在炉子中加热到灼热,放在样品室中的试样表面,试样燃烧熄灭后,测量火焰熄灭处到螺母中心的距离和着火时间,以此考核样品的燃烧性能。由于这类水平方式的燃烧条件不够剧烈,很多地毯不经阻燃也能达到要求,所以燃烧性能评定改为接近实际燃烧条件的热辐射法。

热辐射法的基本原理是:在规定温度(180℃)和尺寸的箱体中,以燃气为燃料的热辐射板与水平放置的试样倾斜成 30°,并面向试样,辐射板产生的规定辐射通量沿试样分布。在规定的时间用引火器点燃试样,火焰熄灭后测定试样的损毁长度,并计算临界辐射通量。这种试验方法的显著特点是:实验在箱体内进行且箱体温度保持 180℃;试样始终受到规定的辐射热作用;试样夹上水平放置的试样下可放与实际铺设条件相同的底衬材料。这种试验装置模拟了室内或邻室发生大火时产生的火焰、热气或者两者同时作用使建筑物上部受热后辐射到地板的热辐射强度。显然这种装置更接近铺地材料的实际燃烧条件,其实验结果更能反映铺地材料系统真实的燃烧性能。临界辐射通量为评价铺地材料系统暴露于火焰时的燃烧性能提供了依据。测得的临界辐射通量值越大,说明铺地材料越难燃烧。

4. 发烟性试验法

根据长期积累的各类火灾资料,分析燃烧物的烟雾和毒性,其危害性常比燃烧时产生的火焰和热量更为严重,是导致死亡的主要原因。国内外都有专用的仪器设备,测试原理较多采用光透过法。通过烟密度测出透过率和时间曲线可以得出各种参数,包括光密度、最大烟密度、平均发烟速度以及透光率,从最大到75%(比光密度)所需要的时间,从而较全面地评价阻燃纺织材料的发烟性。建筑行业和交通运输部门常应用该类仪器及测试方法研究和选用阻燃材料。

5. 闪点和自燃点测定及点着温度测定

闪点指材料受热分解放出可燃气体,并刚刚能被外界小的火焰点着时周围空气的最低初始温度。自燃点指材料受热达到一定温度后不用外界点火源点燃,而自行爆炸或燃烧时周围空气的最低初始温度。以上各种测定用于各类织物在热或火焰作用下的燃烧性能,作为评价火灾危险性的一个因素。另外,对织物燃烧气体毒性的分析研究可用红外仪、气相色谱仪和质谱仪等进行分析。

6. 阻燃整理热分析

当织物按一定温度程序在受热或冷却时,常发生一系列的物理或化学变化。热分析技术是研究或测定发生这些变化时,物质的质量或能量随温度(或时间)变化的函数关系。热分析技术内容较多,阻燃测试中常用的是热解重量分析法(TGA)和差示扫描量热(DSC)。利用热解重量分析法(TGA)可以测定纤维的热失重变化情况,其对织物的阻燃效果可进行相对比较,且有一个数量的概念。差示扫描量热(DSC)可以分析纤维的分解温度变化,表明阻燃前后裂解方式改变。在热分析技术中还可以利用色谱—质谱联用,研究纤维的热裂解产物等。

7. 锥形量热计

锥形量热计能模拟真实燃烧时的各参数。它主要用来测量材料燃烧时的热释放速率。研究表明,材料燃烧时的热释放速率,即单位时间内材料燃烧放出的热量,是表征材料在火灾中的燃烧危险性的最重要的火情参数。因此,近年来各种用于测量材料热释放速率的仪器和方法不断涌现。锥形量热计采用氧消耗原理测量材料燃烧时的释热速率,此法目前已取代传统的建立在能量平衡基础上的释热速率测试方法,被广泛应用于各种放热速率测试仪器及方法中。此外,它可以测量材料燃烧时的单位面积热释放速率、样品点燃时间、质量损失速率、烟密度、有效燃烧热、有害气体含量等参数。这些参数对于评价一个阻燃剂或阻燃体系的性能具有重要意义,因为在实际火情中,受害者不但受到火焰发出的热量的灼烧,而且还受到聚合物等材料燃烧分解生成大量烟气而窒息等危害。锥形量热计近年来已在欧美许多国家投入使用,我国也已引进该仪器并应用于研究工作。

(二)阻燃纺织品标准概述

一般标准测试方法,仪器设备要专门制造,条件要求很高,操作严格复杂。测试结果可以表示在实验室条件下相对的阻燃安全性,有较好的重现性,但其结果还不能代表实际火灾条件下的危险性和燃烧情况。多年来,国内进口或设计了多种阻燃测试仪器,并进行了各种条件试验。对于这些标准方法,要取得良好的重现性,测试条件是关键。其中对数据影响最大的是:①织物和空气的温湿度;②火焰大小和温度;③四周通风条件(试验箱)等;④试样大小和火焰的相对位置。试验中也发现各种不同的标准试验方法,由于要求和条件不同,结果常有差别,有时对某一标准方法测试结果较好,但对另一方法,测试结果不好甚至很差。因此,各种标准试验方法,仅能说明在某一规定实验室条件下,对火焰、热或燃烧表示的安全性,不一定能说明在实际火灾中着火危险性或燃烧程度。在研究或开发阻燃产品时,首先要规定测试标准和方法。

我国常见的纺织品阻燃标准有 GB/T 5454—1997《纺织品　燃烧性能试验　氧指数法》、GB/T 5455—2014《纺织品　燃烧性能　垂直方向损毁长度、阴燃和续燃时间的测定》、GB/T 5456—2009《纺织品　燃烧性能　垂直方向试样火焰蔓延性能的测定》、GB/T 8745—2001《纺织品　燃烧性能　织物表面燃烧时间的测定》、GB/T 8746—2009《纺织品　燃烧性能　垂直方向试样易点燃性的测定》、FZ/T 01028—2016《纺织品　燃烧性能　水平方向燃烧速率的测定》、GB/T 14644—2014《纺织品　燃烧性能　45°方向燃烧速率的测定》和 GB/T 14645—2014《纺织品　燃烧性能　45°方向损毁面积和接焰次数的测定》等。

GB/T 17591—2006《阻燃织物》适用于装饰用、交通工具(包括飞机、火车、汽车和轮船)内饰用、阻燃防护服用的机织物和针织物,覆盖面宽泛,综合性较强。GB 20286—2006《公共场所阻燃制品及组件燃烧性能要求和标识》和 GB 50222—2001《建筑内部装修设计防火规范》对家庭内装饰织物(如窗帘、帷幕、床罩、家具包布等)的阻燃要求以及测试方法都做了相关规定。此外还有 GB/T 20390. 1—2018《纺织品　床上用品燃烧性能　第 1 部分:香烟为点火源方法》和 GB/T 20390. 2—2018《纺织品　床上用品燃烧性能　第 2 部分　与火柴火焰相当的点火源》,GB/T 14768—2015《地毯燃烧性能 45°试验方法及评定》和 GB 8410—2006《汽车内饰材料的燃烧特性》等。

涉及特殊行业的阻燃服装标准有公安消防强制性标准 GA 10—2014《消防员灭火防护服》及 GB 8965. 1—2009《防护服装　阻燃防护　第 1 部分:阻燃服》。另外,公安消防标准GA 504—2004《阻燃装饰织物》,适用于窗帘、幕布、家具包布等装饰用纺织品,包括阻燃装饰机织物和阻燃装饰针织物。

美国是世界上纺织品标准最健全的国家之一,其中的阻燃标准分类细化,要求严格,涉及的多种标准多通过立法以法规、规范的形式存在,具有很强的法律效力。美国的纺织品阻燃标准大致分为两类:一类是根据纺织产品的适用范围分类,另一类是根据测试手段分类。前者主要包括服用纺织品可燃性标准(16 CFR 1610)、乙烯基塑料膜可燃性标准(16 CFR 1611)、儿童睡衣可燃性标准:0 ~6X 号(16 CFR 1615)、儿童睡衣可燃性标准:7 ~14 号(16 CFR 1616)、地毯类产品表面可燃性能标准(16 CFR 1630)、小地毯类产品表面可燃性能标准(16 CFR 1631)和床垫可燃性能标准(16 CFR 1632)等;后者主要为具体的测试手段、方法,包括 ASTM D 1230—2017《服装纺织品易燃性测试方法》、ASTM D6545—2018《儿童睡衣裤用纺织品易燃性试验方法》和针对织物和薄膜的火焰传播防火测试的方法标准 NFPA 701 等。

英国阻燃标准可分为两类:一类为以产品为载体的阻燃性规范,另一类为阻燃测试方法。规范类标准有 BS 7177:2008《垫子、沙发床和床垫抗燃性规范》,BS 7176:2017《家具阻燃测试标准》,BS 5722:1991(R2008)《睡衣用织物和连衫裤织物的可燃性规范》,BS 5815 -3:1991

(R2007)《适于公共场所使用的被单、被单布、枕套、毛巾、餐巾、床罩和大陆人用被罩 第3部分:被单布、被单及枕套规范(包括可燃性)》,BS EN 14878:2007《纺织材料儿童睡服的燃烧特性规范》等。对于如床垫、床罩等家纺类产品,很多都增加了对填充物的检测要求。有些规范涉及的产品填充物料还必须符合英国家具及家具防火安全条例1988的标准。

阻燃测试方法标准根据点火源、测试方式等的不同又有不同系列。如BS 5438:1989(R2008)《垂直取向织物与织物组件对小火焰引燃可燃性的试验方法》、BS 7175:1989《用发烟燃烧和火焰点火源法对床罩和枕头进行可燃性的试验方法》、BS EN 1625:1999《织物和纺织产品工业和技术织物的燃烧特性垂直试样易燃性的测定方法》、BS EN 1103:2005《纺织品服装织物燃烧性能的测定用详细程序》、BS EN ISO 6940:2004《纺织织物燃烧性能垂直向样品易点燃性的测定》和BS EN ISO 6941:2003《纺织品燃烧性能垂直方向样品火焰蔓延性能的测定》等。

加拿大纺织品和服装阻燃性能的规定包含在危险物品法规当中,加拿大立法议会首先制定了《危险产品法规》,其次制定了《危险产品(儿童睡衣)条例》,《危险产品(地毯)条例》《危险产品(帐篷)条例》《危险产品(玩具)条例》《危险产品(床垫)条例》等。这些条例都必须严格遵守《危险产品法规》的规定。《危险产品法规》也是通过这些条例来具体实施。加拿大卫生部负责派检查员强制执行危险产品法规和条例。

日本是最早对阻燃产品作出规定的国家之一,最早的阻燃标准出台于1966年,JIS Z 2150:1966《薄板材料防火性能试验方法(45°默克尔燃烧器法)》。JIS L 1091:1999《纤维制品燃烧性能试验方法》是日本检测纺织品燃烧性能最常用的方法。

二、服装类阻燃纺织品测试方法与标准

(一)常规服装

16 CFR 1610是针对美国服装织物燃烧性能的一个法规。该标准是测试成人服装和儿童外衣燃烧安全性的最低标准,允许织物在测试中燃烧起来,以火焰蔓延的时间作为评判指标。

该标准主要针对服用纺织品(帽子、手套、鞋子例外),将服用纺织品的易燃性能分为3级。1级:常规可燃性,通常指表面平坦织物通过规定的方法测试时,其火焰蔓延时间≥3.5s,或者表面起绒织物通过规定方法测试时,其火焰蔓延时间≥7s,此类纺织品适合用来制衣;2级:中等易燃,通常指表面起绒织物通过规定的方法测试时,其火焰蔓延时间为4~7s,此类纺织品也可用于服装,但须谨慎;3级:快速剧烈燃烧,通常指表面起绒织物通过规定的方法测试时,其火焰蔓延时间<4s,此类纺织品不适合用来制衣。如果被检测认为是高度易燃的,那么根据该法规,这种服用纺织品是不允许被交易与买卖的。该标准中的测试方法类似于美国材料与试验协会标准ASTM D1230(45°倾斜法),每次测试需要5份尺寸为5.08cm(2英寸)×15.24cm(6英寸)的试样,分别在干洗和清洗前后进行测试。

该标准的要求相对较低,通常具备较大面密度、相对厚实的织物,即使不经过阻燃剂整理也能满足要求;如果是绒面织物,则需要进行半耐久或耐久的阻燃剂整理才能满足需求。

GB/T 21295—2014《服装理化性能的技术要求》中规定14岁及以下儿童睡衣燃烧损毁长度≤17.8cm,其他服装燃烧性能需要满足GB/T 14644中1级水平,即正常可燃性。

(二)儿童睡衣

睡衣通常以针织物为主,针织物结构松散,相对于机织物来说更容易燃烧。16 CFR 1615和

16 CFR 1616 是针对儿童睡衣的一个法规,该法规的主要评判指标是炭化损毁长度。从燃烧性质来说,涤纶织物的炭化损毁长度有限,比较容易符合该标准要求。通常,阻燃涤纶纱线织成的织物和经过永久阻燃剂整理的轻薄涤纶织物,甚至一部分未经阻燃整理的涤纶织物都能满足 16 CFR 1615 和 16 CFR 1616 的要求。

我国虽然没有专门的儿童睡衣燃烧性标准,但在行业标准 FZ/T 81001—2016《睡衣套》中规定了通用阻燃要求,适用于成人及儿童睡衣。GB 31701—2015《婴幼儿及儿童纺织产品安全技术规范》中也对婴幼儿服装的燃烧性能做了明确要求。

首先,通过预测试选择火焰燃烧蔓延速度最快的方向作为取样面及取样方向,实验前起绒织物还需进行刷毛处理,试样大小为 15mm × 5mm。此外,样品需按 GB/T 8629 和 GB/T 19981.2 规定进行一次洗涤。样品说明规定不可水洗的产品不考核水洗后燃烧性能,明示不可干洗的产品不考核干洗后燃烧性能。将样品放入试夹,水平置于温度为(105 ± 3)℃的烘箱内进行干燥,30min 后取出,放入干燥器中进行冷却时间应不少于 30min。燃烧试验程序及评价标准基本与 16 CFR 1610 相同。

(三)阻燃工作服

GB 8965《防护服装》主要由阻燃服和焊接服两部分组成。

1. GB 8965.1—2009《防护服装 阻燃防护 第1部分:阻燃服》

适用于服用者从事有明火、散发火花、在熔融金属附近操作和有易燃物质并有发火危险的场所穿阻燃服;不适用于消防救援中穿用的阻燃服。

面料在燃烧测试前需进行洗涤,方法按 GB/T 17596 中"自动洗衣机缓和洗衣程序"执行,洗涤次数根据面料阻燃等级要求的不同而不同。

阻燃性能试验方法按 GB/T 5455 垂直燃烧法执行。面料阻燃性分为 A、B、C 三个等级。阻燃性能测试项目和指标见表 12-2。

表 12-2 阻燃服面料阻燃性能要求

<table>
<tr><th>测试项目</th><th>防护等级</th><th>指标</th><th>洗涤次数</th></tr>
<tr><td rowspan="3">续燃时间(s)</td><td>A 级</td><td>≤2</td><td rowspan="2">50</td></tr>
<tr><td>B 级</td><td>≤2</td></tr>
<tr><td>C 级</td><td>≤5</td><td>12</td></tr>
<tr><td rowspan="3">阻燃时间(s)</td><td>A 级</td><td>≤2</td><td rowspan="2">50</td></tr>
<tr><td>B 级</td><td>≤2</td></tr>
<tr><td>C 级</td><td>≤5</td><td>12</td></tr>
<tr><td rowspan="3">损毁长度(mm)</td><td>A 级</td><td>≤50</td><td rowspan="2">50</td></tr>
<tr><td>B 级</td><td>≤100</td></tr>
<tr><td>C 级</td><td>≤150</td><td>12</td></tr>
<tr><td>熔融、滴落</td><td>A、B、C</td><td>不允许</td><td>—</td></tr>
</table>

标签要求:产品标志应符合 GB 5296.4 有关规定,每套(件、条)服装应有认证许可标识及信息、产品执行准合格、生产企业名称、厂址、认证许可标识及信息、规格号型、材料组分洗涤方

法和检验章，每件产品应附有使用说明。

2. GB 8965.2—2009 防护服装 阻燃防护 第2部分：焊接服

适用于焊接及相关作业场所，可能遭受熔融金属飞溅其热伤害的作业人员用防护服。阻燃性能方法按 GB/T 5455 垂直燃烧法执行。防护服面料的阻燃性能应符合表 12－3 的要求。

表 12－3　焊接服面料阻燃性能要求

性能参数		焊接服防护等级		
		A	B	C
测试项目	续燃时间(s)	≤2	≤4	≤5
	阻燃时间(s)	≤2	≤4	≤5
	损毁长度(mm)	≤50	≤100	≤150
	燃烧特征	燃烧不能蔓延至试样的顶部或两侧边缘，试样不能熔穿形成孔洞，试样不能产生有焰燃烧或熔融碎片		

每套焊接防护服上应有永久性标志，包括安全、合格证的内容，应有产品名称、类别、防护等级、生产日期、制造厂名、厂址等。防护服标签除满足上述要求外，还应符合 GB/T 20097—2006《防护服一般要求》的规定。

工作服标准 ISO 11611/11612、EN 531/532/533、EN 469、EN 470－1 等采用的是垂直表面燃烧的测试方法，与 NFPA 2112、GB/T 5455 等使用的垂直边缘燃烧相比，同样大小的火源，测试时接触面积小，测试难度更低。这类工作服标准通常不允许在测试时烧穿成洞，普通纯棉织物和含棉量较高的 CVC 织物在经过耐久阻燃剂处理后即能满足标准要求。如果要符合 EN 533 的 1 级水平，允许工作服织物在测试时烧穿成洞，那么阻燃涤纶纱线织成的织物和涤纶或丙纶的阻燃剂背涂织物均能满足要求。

三、家纺类阻燃纺织品测试方法与标准

（一）国内家纺类纺织品阻燃标准

1. GB/T 20390.1—2018《纺织品　床上用品燃烧性能 第1部分：香烟为点火源》

标准适用于床上用品，如床罩、床单、被单、毯子、被子和被套、枕头、枕套、床垫罩布等，不适用于床垫、床基和褥垫。

对于单件床上用品，使用时一般不折叠的平面材料如床罩，应剪取 450mm×450mm；使用时一般需折叠的平面材料如被单、毯子等，应剪取 450mm×1350mm，枕头应剪取 450mm 的长度。

试样及试验衬底和香烟在试验前都应在温度为(20±2)℃、相对湿度为(65±4)%的大气湿度中调湿至少 72 h，试样应在洗涤后再进行测试。

在温度为 10～30℃，湿度为 15%～80%的自然通风环境中试验，试样放在试验衬底上，在试样的上部或下部放置发烟燃烧的香烟，记录所发生的渐进性发烟燃烧或有焰燃烧。渐进性阴燃的点燃是指：①试样表现出阴燃逐步加剧，如果继续试验是不安全的，需要强制熄灭；②试样在施加阴燃的香烟 1h 内，试样阴燃至基本烧尽；③试样在施加阴燃的香烟 1h 之后，产生外部可觉察的烟、热或发光；④在最终评定时，试样有明显阴燃的迹象。有焰燃烧的点燃是指由阴燃香

烟引起的试样出现火焰的现象。

使用时一般不需折叠的平面材料放在试验衬底上，将 2 支已点燃的香烟放在试样上，沿长度和宽度方向各放 1 支，香烟距试样的边缘至少应 100mm，彼此之间相距至少 100mm。

使用时一般需要折叠的平面材料折叠成 450mm 的三层放在试验衬底上，并掀开上层，在上层和第二层之间放 2 支点燃的香烟，其中沿长度和宽度方向各放 1 支，再将上层复原。再把 2 支香烟放在上层的上面，沿长度和宽度方向各放 1 支，香烟距试样的边缘至少应 100mm，彼此之间相距至少 100mm，如图 12－2 所示。

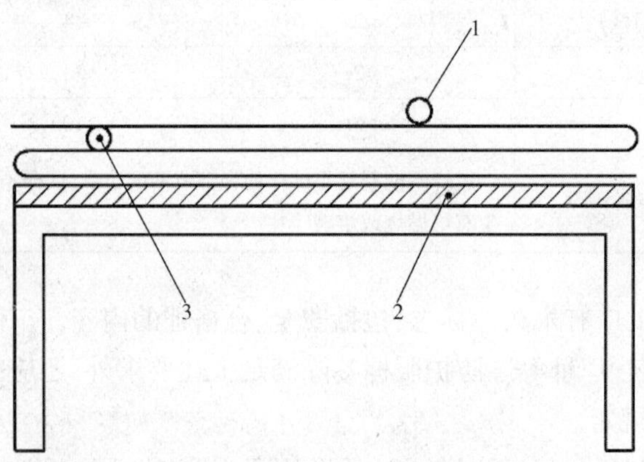

图 12－2 平面床上用品(使用时折叠)：香烟的位置

1—置于上层表面的香烟 2—试验衬底 3—置于上层和第二层之间的香烟

对于绗缝被，试样平放在试验架的试验衬底上，将 6 支已点燃的香烟，2 支置于绗缝被的平整面上，2 支置于绗缝被的绗缝线上，2 支置于绗缝被最厚部分的下方，如图 12－3 所示。

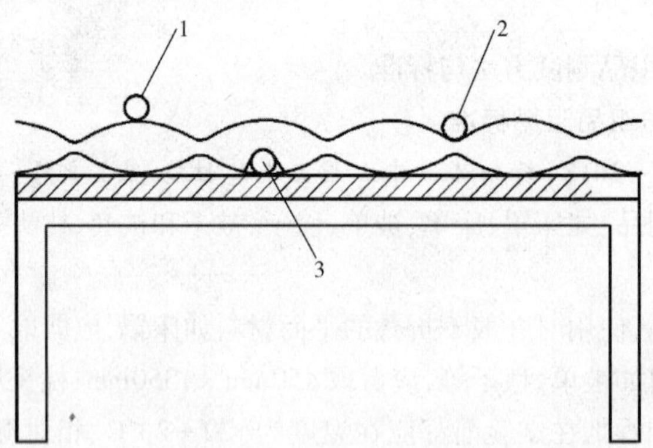

图 12－3 绗缝被：香烟的位置

1—水平置于平坦的上表面的香烟 2—置于绗缝线上的香烟

3—置于绗缝被最厚部分下方的香烟

对于枕头和长枕试样，将其平放在试验架的试验衬底上，将 4 支已点燃的香烟，2 支置于试样上表面的平坦部位，2 支置于试样与试验衬底的连接部位，如图 12－4 所示。对于含有绗缝线的枕头和长枕，应增加2支香烟放置于绗缝线上。

当枕头（或长枕）和床罩（毯子、绗缝被、被子）放置在底层床单、护理垫或床垫罩上时，将2支已点燃的香烟放在枕头和床罩交汇处的底层床单上，如图12－5所示。

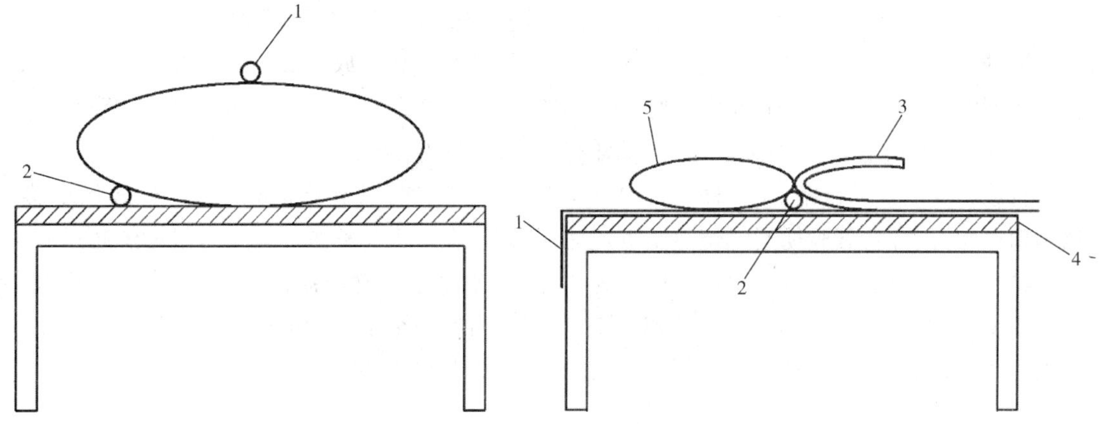

图12－4　枕头和长枕：香烟的位置

1—水平置于平坦的上表面的香烟

2—置于试验衬底与试样之间的香烟

图12－5　枕头和床罩组合样：香烟的位置

1—底层床单　2—放置在枕头和床罩交汇处的香烟

3—床罩（对折）　4—试验衬底　5—枕头

当床上用品组合件中不含枕头时，2支已点燃的香烟放置在底层床单和床罩的交汇点，如图12－6所示。

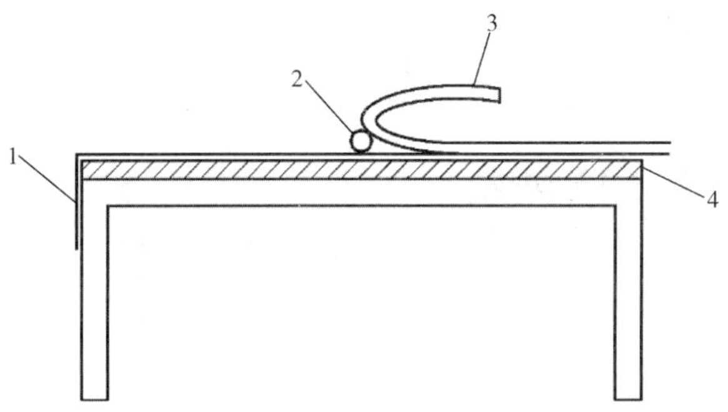

图12－6　床单和床罩组合样：香烟的位置

1—底层床单　2—置于底层床单和床罩交汇点的香烟

3—床罩（对折）　4—试验衬底

2. GB/T 20390.2—2018《纺织品　床上用品燃烧性能 第2部分：与火柴火焰相当的点火源》

标准适用于床上用品，如床罩、床单、被单、毯子、被子和被套、枕头、枕套、床垫罩布等，不适用于床垫、床基和褥垫。

使用时一般不折叠的平铺材料如床罩，应剪取450mm×450mm的试样，枕头应剪取450mm的长度，绗缝被和被子可剪取450mm×450mm的试样。

对于组合试验的组合样，试样应以单件试验时相同的尺寸从组合件上剪取，枕头和羽绒被尺寸减小为225mm×225mm，用时一般需折叠的平面材料尺寸为450mm×450mm。

试样及试验衬底和香烟在试验前都应在温度为(20 ±2)℃、相对湿度为(65 ±4)% 的大气湿度中调湿至少 72h,试样在测试前需要经过洗涤。

在温度为 10 ~30℃,湿度为 15% ~80% 的自然通风环境中试验,试样放在试验衬底上,在试样的上部或下部施加小火焰,记录所发生的渐进性发烟燃烧或有焰燃烧。

渐进性阴燃的点燃是指:①试样表现出阴燃逐步加剧,如果继续试验是不安全的,需要强制熄灭;②试样在移去火源 15min 内阴燃至基本烧完;③试样在移去火源 15min 之后,产生外部可觉察的烟、热或发光;④在最终评定时,试样有明显阴燃的迹象。

有焰燃烧的点燃是指:①试样表现出有焰燃烧逐步剧烈,以至于继续试验是不安全的,需要强制熄灭;②试样在试验期间燃烧至基本烧完;③试样在点火源移去后持续有焰燃烧超过 120s。

试验采用丁烷气体火焰,火焰高度约为 35mm。水平手持燃烧器,使其与试样表面接触,点火源距试样的边缘至少应 100mm,距离以前试验留下的痕迹至少 100mm。图 12 -7 ~图 12 -10 分别为绗缝被、枕头和长枕、组合样的试样放置和点火源位置图。

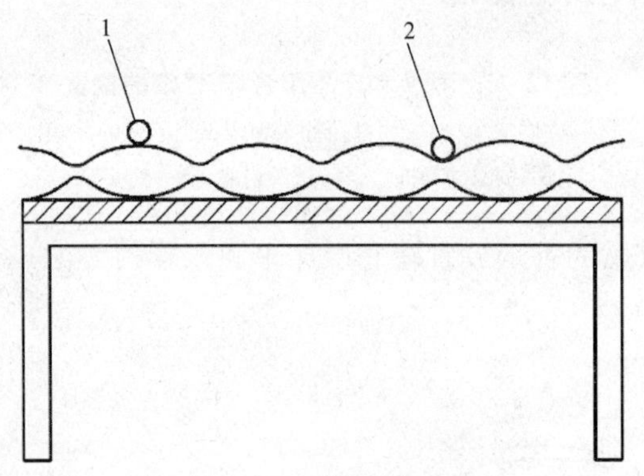

图 12 -7 绗缝被:点火源的位置

1—水平置于平坦的上表面的点火源

2—置于绗缝线上的点火源

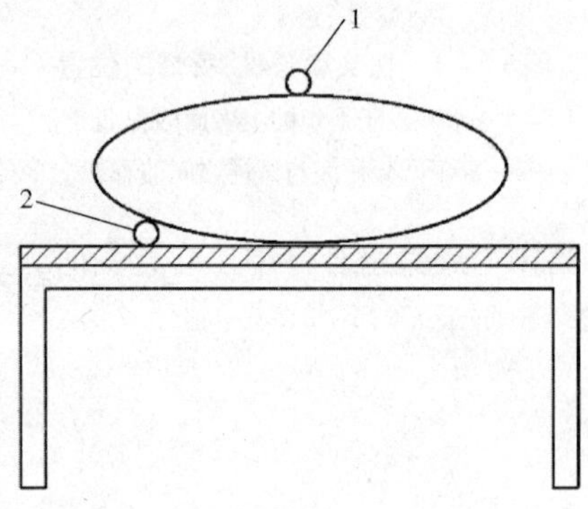

图 12 -8 枕头和长枕:点火源的位置

1—水平置于平坦的上表面的点火源

2—置于与枕边类似平面上的点火源

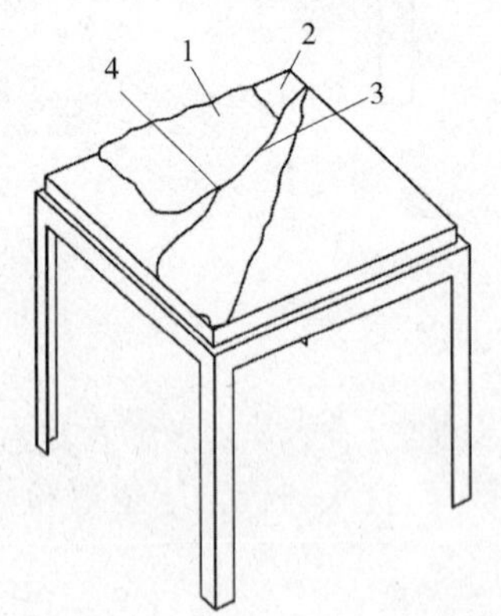

图 12 -9 含枕头的组合样:点火源的位置

1—枕头(一半尺寸) 2—底层床单的位置

3—以约 30 °角向外折叠的床罩

4—置于底层床单和折叠床罩交汇处的点火源

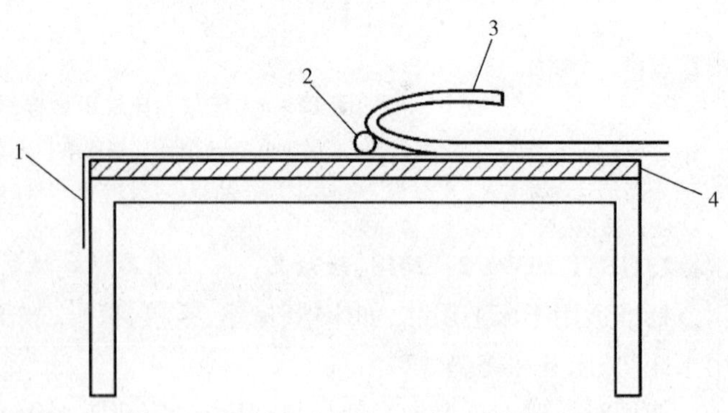

图 12 -10 不含枕头的组合样:点火源的位置

1—底层床单 2—置于底层床单和床罩交汇点处的点火源

3—床罩(对折) 4—试验底衬

3. GB 17591—2006《阻燃织物》

标准规定了阻燃织物的产品分类、技术要求、实验方法、检验规则及包装和标志。标准将阻燃织物的阻燃性能分为 2 个级别:①B1 级:损毁长度≤150mm,续燃时间≤5s,阴燃时间≤5s;②B2 级:损毁长度≤200mm,续燃时间≤15s,阴燃时间≤10s。阻燃性能的测试方法按照 GB/T 5455。根据产品用途或由供需双方协商确定考核级别,一般 B1 级适用于服用和特殊需要的装饰用布,B2 级适用于各种装饰布。

4. GB/T 11049—2008《地毯燃烧性能室温片剂试验方法》

GB/T 11049—2008 等同采用了 ISO 6925《铺地织物的燃烧性能室温片剂实验》,是我国用以测试地毯燃烧安全性的自愿性标准。适用于各种组织结构和纤维成分的地毯。

每种样品至少取 8 块试样,尺寸为 230mm×230mm,允差为±3mm。试样的预处理方法分为两类,在清洁后按照 ISO 139 中的规定,在温度为(20±2)℃,相对湿度(65±4)%的标准大气中放置 24h 或将试样放入(105±2)℃的烘箱内,2h 后移入干燥器冷却至室温。一般来说,前者方法更现实,但后者更严格。

实验时将试样使用面朝上平放在实验箱底板,再将金属板放在试样上,四边与试样对齐。取一片剂(六亚甲基四胺)平放在试样中心,点燃片剂,等到试验结束后测量试样的最大损毁长度。

(二)国外家纺类纺织品阻燃标准

美国的地毯燃烧法规有两个,即 16 CFR 1630 和 16 CFR 1631,两者针对的地毯大小不同,燃烧测试方法一致。16 CFR 1630 针对单向长度大于 1.83m,表面积大于 2.23m^2 的地毯;16 CFR 1631 针对单向长度不大于 1.83m,表面积不大于 2.23m^2 的地毯。

该标准适用于所有铺在一般地面的毯,除古董、沙滩垫、地毯垫等。

在送检的地毯上分别选取 8 个尺寸为 22.86cm × 22.86cm 的样品。如果地毯经过阻燃处理,或含有经阻燃处理的纤维,则必须按照 AATCC 124—2014《织物经多次家庭洗涤后的外观平整度》方法洗涤 10 次,再进行测试;未经阻燃处理的地毯直接进行原样测试。将试样水平放置在温度为 105℃的烘箱中干燥 2h,然后放入干燥器中冷却至室温,冷却时间应不小于 1h。

试样从干燥器中取出后进行表面刷毛,试样水平放入燃烧测试箱的底板中央,在试样上放置以金属平板,平板中央为直径 20.32cm 的空心孔,将六亚甲基四胺的燃烧丸放置其中心,点燃燃烧丸。整个过程不得超过 2min,否则需重复测试。燃烧停止后,观察并记录试样炭化位置与平板孔边缘的最短距离及试验现象。

BS EN 1101:1996 标准是关于纺织品窗帘或帷幕等垂挂织物燃烧特性的测试,要求测试前依据 EN 26330 6A 或 ISO 3175 执行一次循环的清洗步骤,并在(20±2)℃,(65±5)%标准大气中调湿至少 24h,试样为 200mm×80mm 的 24 片,测试垂直排列试样易燃性(小火焰),根据 EN ISO 6940 对窗帘用纺织品进行可燃性测试的程序。

BS EN 1102:2016 标准是关于纺织品窗帘或帷幕等垂挂织物燃烧特性的测试,要求测试前依据 EN 26330 6A 或 ISO 3175 执行一次循环的清洗步骤,并在(20±2)℃,(65±5)%标准大气中调湿至少 24h,试样为 560mm×170mm 的 6 片(每个方向 3 片),测试垂直排列试样火焰蔓延性能,根据 EN ISO 6941 对窗帘用纺织品进行可燃性测试的程序。

四、家具类阻燃纺织品测试方法与标准

(一)国内家具类纺织品阻燃标准

GB 17927—2011《软体家具 床垫和沙发抗引燃特性的评定》是我国关于床垫和沙发等软体家具制定的强性标准,共分为以下 2 个部分:GB 17927.1《软体家具 床垫和沙发抗引燃特性的评定 第 1 部分:阴燃的香烟》及 GB 17927.2《软体家具 床垫和沙发抗引燃特性的评定 第 2 部分:模拟火柴火焰》。

1. GB 17927.1《软体家具 床垫和沙发抗引燃特性的评定 第 1 部分:阴燃的香烟》

GB 17927.1 标准适用家庭用床垫、沙发等软体家具。按规定取长度为(60 ± 5)mm 的无过滤嘴香烟作为点火源,10 个为一组,与测试样在温度(23 ± 2)℃,相对湿度(50 ± 5)% 的条件下平衡至少 16h。

试样从预处理环境中取出后,应在 20min 内开始试验。将点燃的香烟平放在床垫的平坦表面或者放在沙发的立面和水平接合部,且香烟紧贴立面,进行燃烧测试。观察香烟点燃后 1h 内试样的阴燃或续燃现象。如果未发现任何阴燃或续燃现象,或香烟在烧完其全长前自熄则需要进行重复,并进行最终检验。

在整个实验过程中,试样表面及内部均未出现阴燃或续燃现象的,判定为阻燃 1 级,通过测试;否则,判定为不通过。产品需注出该产品的阻燃等级水平。

2. GB 17927.2《软体家具 床垫和沙发抗引燃特性的评定 第 2 部分:模拟火柴火焰》

试样预处理同 GB 17927.1。试样从预处理环境中取出后,应在 20min 内开始试验。以丁烷气体作为点火源模拟火柴的有焰燃烧,点燃气体使之稳定燃烧 2min。燃烧管按照规定方法放置在床垫及沙发上进行燃烧测试。燃烧管放置在床垫及沙发上燃烧 15s 后,移开并终止引燃。观察记录燃烧管移开后 1h 内试样的阴燃或续燃现象。如果未发现任何阴燃或续燃现象,则需要进行重复实验并最终检验。燃烧管移开后 120 s 内即自行熄灭的任何阴燃或续燃现象均无须记录。

在整个实验过程中,燃烧管离开试样后 120s ~ 1h 期间,试样表面及内部均未出现阴燃或续燃现象的,判定为阻燃Ⅱ级,通过模拟火柴焰抗引燃测试;否则,判定为不通过。

(二)国外家具类纺织品阻燃标准

1. BS 5852 阻燃测试安全要求

英国家具家私防火安全条例规定了软垫家具罩布等家具家私的阻燃性能要求,其测试方法为 BS 5852。成品模型的燃烧,将试样组合成规定尺寸的沙发模型,采用 0 号到 7 号总共 8 个火源进行测试。常用的火源有 0 号香烟火源、1 号火柴火源、2 号火源和 5 号小木架火源。测试时,填充料的使用至关重要,是否使用阻燃填充料对软垫家具罩布的选用具有决定作用。

用 0 号香烟火源测试时,将软垫家具的各部分材料取出,按照规定尺寸组合成一个小沙发模型,该测试难度较低。需注意的是,如果该软垫家具采用的是不阻燃的填充料,当软垫家具罩布结构紧密、手感厚重时,有可能出现烟头渗入沙发模型内部的热量难以散发,聚集的热量引起不阻燃的填充料持续阴燃,从而通不过测试。

1 号火柴火源测试通常用于家具外罩布。如果是家庭用的软垫家具,采用的是不阻燃的海绵填充料进行测试(如英国家具家私防火安全条例),测试时如果织物烧穿成洞,海绵就会被点

着，从而通不过测试。家庭用软垫家具的外罩布通常需要采用全棉织物或以棉为主的棉与化纤混纺织物，如果采用的是阻燃填充料进行测试（如用于公共场合，BS 7176），即使外罩布烧穿，填充料也不会点着。常见的多种阻燃织物都可以作为外罩布使用。

2 号火源通常适用于枕头和靠垫。将枕头和靠垫的各部分材料取出，按照规定尺寸组合成一个小沙发模型进行测试。如果采用不阻燃的填充料，那么对外罩布的要求比较高，不能在测试中烧穿。通常采用阻燃整理的全棉织物作为外罩布，如果枕头或靠垫采用的是阻燃填充料，可以选用各种类型的阻燃织物作为外罩布。

5 号小木架火源用于测试软垫家具各种类型填充料的阻燃性能，同时也用于测试衬里布的阻燃性能。该测试采用 17 g 松木小木架，燃烧时火焰很大，燃烧时间大于 2min，在英国家具家私防火安全条例中规定的衬里布测试中，填充料采用的是标准不阻燃聚氨酯海绵。对于纺织品来说，BS 5852 标准中的 5 号小木架火源测试可以说是难度最高的测试标准之一。衬里布不但自身要具有很好的阻燃性能，而且还要求结构紧密、均衡，能起到良好的阻隔作用，防止衬里布包覆的聚氨酯海绵被点燃或持续阴燃。

2. 美国阻燃床垫燃烧性法规

美国的床垫燃烧性法规有两种，一是采用香烟的 16 CFR 1632，另一种是采用明火的 16 CFR 1633。两者都适用于充有填充物的床垫或褥、成人和青年床垫、童床垫（包括便携式）、可拆卸的沙发床垫、折叠床垫等；不包括睡袋、水床、不可拆卸的沙发垫及一些特殊用途褥（如宠物用褥等）。

16 CFR 1632 要求样品需测试 6 个面，即需正反均可测试的床垫、垫褥 3 个，单面可测的床垫 6 个。

测试前需准备全棉床单一张，按规定进行一次水洗处理。经过阻燃处理的床垫、褥，除标注为“不可洗涤的”或一次性产品外，均需进行洗后处理；标注为“仅供干洗”的产品需进行 1 次商业干洗，其他产品按 AATCC 124 规定方法进行 10 次水洗及烘干。样品和香烟要在温度为 18℃，相对湿度为 55% 的环境中至少放置 48 h，且样品的放置应保证周围空气的自由流通。

点火源为无过滤嘴香烟，长（85 ± 2）mm，点火直到香烟燃尽。

每个测试面平均分为两部分，一部分为直接暴露在空气中的床垫，另一部分为需覆盖折叠后的床单。这两个部分均需放置 9 支香烟，香烟之间相互距离至少为 15. 24cm。如果测试面上存在三个及以上的表面区域（如平坦表面、围边、絮绒部位），那么每个区域点燃 3 支香烟。如果一个测试面上只存在两个表面区域（如平坦表面、围边），那么在平坦表面点燃 4 支香烟，在围边点燃 5 支香烟。若香烟在完全燃烧前自熄，那么需在同一部位的不同位置进行重复测试。

香烟周围任何方向上的炭长不超过 50mm，则该部位合格；所有部位都合格，才可判定为该床垫通过测试。

16 CFR 1633 要求 3 个完整的床垫、褥。测试前样品需在温度为 18 ~ 25℃，相对湿度小于 55% 的空气中放置至少 48 h，并确保周围空气的自由流通。采用丙烷气体燃烧器，使用已知净燃烧热量为（46. 5 ± 0. 5）MJ/kg 的丙烷气体。正面燃烧器喷 70 s，侧面燃烧器喷 50 s。

将试样从平衡装置中取出，在 20min 内开始实验，接通燃烧器的电源，在燃烧喷火的同时启动计时器，测试时间为 30min。燃烧器需在样品的正面和侧同时喷火，分别持续 70 s 和 50 s。在燃烧器熄灭之后，移离样品表面。通过视频或照相机记录整个燃烧过程，观察被点燃的样品侧面全貌图。

评定标准要求：①热释放的峰值在30min、测试的任何时间不能超过200kW；②总释放的热量在测试前10min内不能超过15MJ。热释放率必须通过耗氧热量测定来测量。

3. BS 7177 英国衬垫家具及床垫的阻燃性标准

BS 7177 测试对象是家用床垫的成品。通常家用床垫使用的填充料并不要求阻燃，为了防止床垫烧穿、填充料被点燃，一般采用经一次性阻燃整理的全棉织物或以棉为主的CVC涤/棉织物作为床垫的套布。如果家用床垫使用的填充料本身阻燃，则阻燃的涤纶等化纤织物也可用作床垫套布。

五、汽车内阻燃纺织品测试方法与标准

火焰蔓延是汽车内饰材料燃烧特性的重要特性指标之一，现行标准GB 8410—2006《汽车内饰材料的燃烧特性》等效于美国联邦机动车辆安全标准FMVSS 571.302。

汽车内饰零件所用的单一材料或层积复合材料，如坐垫、座椅靠背、座椅套、安全带、头枕、扶手、活动式折叠车顶、所有装饰性衬板（包括门内护板、侧围护板、后围护板、车顶棚衬里）、仪表板、杂物箱、室内货架板或后窗台板、窗帘、地板覆盖层、遮阳板、轮罩覆盖物、发动机罩覆盖物和其他任何室内有机材料，包括撞车时吸收碰撞能量的填料、缓冲装置等材料。应从被试零件上取下至少5块试样。如果沿不同方向有不同燃烧速度的材料，则应在不同方向截取试样，并且要将5块（或更多）试样在燃烧箱中分别试验。材料按整幅宽度供应时，应截取包含全宽并且长度至少为500mm的样品，并将距边缘100mm的材料切掉，然后在其余部分上彼此等距、均匀取样。若零件的形状和尺寸不符合取样要求，又必须按本标准进行试验时，可用同材料同工艺制作结构与零件一致的标准试样（356mm×100mm）。试验前试样应在温度（23±2）℃和相对湿度45%～55%的标准状态下平衡至少24h，但不超过168h。将试样水平地夹持在U形支架上，在燃烧箱中用规定高度火焰点燃试样的自由端15s后，确定试样上火焰是否熄灭，或何时熄灭，以及试样燃烧的距离和燃烧该距离所用时间。内饰材料的燃烧特性必须满足燃烧速度不大于100mm/min。

FMVSS 571.302 对阻燃性能的要求相对较低。一方面，通过水平燃烧测试的难度相对较低（要求织物燃烧时火焰的蔓延速度小于4英寸/min）；另一方面，FMVSS 302 对水洗次数没有要求。通常经一次性阻燃剂低浓度配方整理的织物即可满足要求，常用的织物有涤纶、丙纶或混纺织物等。如果要在汽车内饰织物中使用涤、棉等纤维与化纤混纺的织物，需要适当提高配方中阻燃剂的浓度。

与欧洲议会和理事会发布的95/28/EC 机动车辆内饰材料燃烧特性和ECE R118 用于某些类型机动车辆内部结构的材料的燃烧特性的统一技术规定等指令相比，我国国家标准缺少对内饰材料沿垂直方向的燃烧特性的评价，缺少对内饰材料熔融特性的评价试验；而在实际的客车上，相当一部分的内饰件为垂直布置。对材料的火焰蔓延特性进行测试，不考虑内饰材料的实际使用部位，笼统地用水平燃烧速度来评价内饰材料的火焰蔓延特性是不科学的，水平和垂直两种评价方法测得的评价结果偏差较大。内饰材料燃烧熔融现象也是实际存在的，产生的熔融滴落物温度较高，常易引起其他内饰材料的燃烧，尤其布置在车辆顶部的内饰材料，产生的熔融滴落物还会引燃车内乘员的棉毛衣物。同时内饰材料熔融测试时，有些内饰件虽然极易燃烧，

但由于材料本身柔软或易卷曲等原因，熔融滴落物会引起燃烧不稳定、产生自熄现象，虽然测试结果材料测试合格，但实际材料阻燃性能较差。因此，考核在垂直状态的内饰件的燃烧特性以及内饰材料燃烧熔融物的特性是非常重要的。

材料的燃烧分为有焰燃烧和无焰燃烧（阴燃）两个阶段。有些内饰材料，如层合复合材料、发泡塑料等，在明火焰熄灭后仍能保持很长时间的无焰燃烧状态，持续释放热量和蔓延，常会引起低着火点内饰材料的燃烧，或加速临近材料的燃烧，而且其本身也易在周围热源的影响下复燃，所以在相关标准中，增加材料无焰燃烧状态的标准要求及测试方法也是有必要的。

六、帐篷阻燃纺织品测试方法与标准

国际产业用织物协会于1980年发布了标准CPAI 84，对用于帐篷的阻燃性材料进行了规定和说明。标准涉及产品包括所有帐篷类型（野营帐篷和室内帐篷）。

根据CPAI 84—1995规定，对帐篷材料根据使用位置的不同分为底部材料以及墙和顶部材料两部分。

对于底部材料，CPAI 84规定进行水平燃烧测定，测试步骤如下。

（1）将测试柜放于通风橱内，撑样框放于测试柜内；

（2）在测试样品中心刺一个6mm的洞；

（3）将样品放于撑样框上，使其水平平整，然后将点燃源甲胺片放于样品上，离样品的小洞不超过3mm；

（4）点燃甲胺片，观察测试；

（5）当所有燃烧停止后，通风，测试样品的损毁长度，记录数据。

对于墙和顶部材料，CPAI 84规定进行垂直燃烧测定，测试步骤如下。

（1）将样品安装于样品夹上，挂在测试柜中，样品最低点与火源管上端距离为20mm；

（2）调整火源高度为（38mm ± 3mm）（测试用气体为甲烷）；

（3）启动仪器，使火源移动到样品正下方，燃烧12s后移开火源，记录续燃时间；

（4）待燃烧结束后，取出样品，测量样品的损毁长度。

根据CPAI 84对帐篷材料进行测试，其阻燃性能要求为：①底部材料的损毁长度不超过72mm；②墙和顶部材料的单个样本的续燃时间不超过4s，样本的平均续燃时间不超过2s；单个样本损毁长度不超过255mm，样本的平均损坏长度则依样本的平方米克重不同而有不同的规定范围。

此外，条例中还规定在帐篷类产品的永久性标签上应该注明所规定的易燃性警示语言，字体清晰显著，并用英语和法语表达。

参考文献

[1]雒焱. 无卤阻燃棉织物的制备及其阻燃特性研究[D]. 淮南：安徽理工大学，2018.

[2]眭伟民. 阻燃纤维及织物[M]. 北京：纺织工业出版社，1990.

[3]姜怀. 功能纺织品开发及应用[M]. 北京：化学工业出版社，2012.

[4]杨建伟. P、N系列阻燃剂的合成及应用[D]. 南京：南京师范大学，2004.

[5]孔令奇. 棉织物表面阻燃改性及性能研究[D]. 天津：天津工业大学，2016.

[6]石建兵. 棉纤维的阻燃改性及其热降解研究[D]. 保定:河北大学,2004.

[7]阻燃整理. [EB/OL]. https://wenku. baidu. com/view/e74080a10029bd64783e2c93. html. 2011 - 10 - 27/2019 - 01 - 19.

[8]杨晓琴,顾欣,邓桦. 接枝阻燃改性羊毛织物的性能测试[J]. 产业用纺织品,2015(4):39 - 45.

[9]楼利琴,励宏,黄锐镇. 不同混纺比芳纶、芳砜纶隔热层水刺非织造布性能分析[J]. 纺织学报,2013,34(6):46 - 50.

[10]张济邦. 阻燃剂化学分析和阻燃织物性能测试(二)[J]. 印染,2000(7):33 - 36.

[11]阎克路. 染整工艺学教程:第一分册[M]. 北京:中国纺织出版社,2005.

[12]纺织品阻燃性能测试方法综述. [EB/OL]. https://wenku. baidu. com/view/59a9600ff242336c1eb95ef8. html. 2015 - 04 - 11/2019 - 01 - 19.

[13]郑玉梅,郭凯,孙建民. 国内外纺织品阻燃标准分析[J]. 纺织标准与质量,2011(5):21 - 23.

[14]冉祥凤,甘亚雯. 纺织品阻燃标准的国内外比较[J]. 中国纤检,2009(2):36 - 37.

[15]姜逊,徐桂龙. 常见纺织品阻燃性能的国内外标准要求与选用方案[J]. 产业用纺织品,2011(4):41 - 45.

[16]金晓凤. 中美服用与家纺织品阻燃性法规及标准体系的研究[D]. 上海:东华大学,2015.

[17]苏亮. 客车内饰材料燃烧标准分析[J]. 客车技术与研究,2010(4):51 - 53.

[18]袁志磊,吴雄英,杨娟. 国内外纺织品服装燃烧性能技术法规与标准的研究[J]. 纺织导报,2004(5):128 - 133.

[19]GB/T 5454—1997 纺织品 燃烧性能试验 氧指数法[S].

[20]GB/T 5455—2014 纺织品 燃烧性能 垂直方向损毁长度、阴燃和续燃时间的测定[S].

[21]GB/T 5456—2009 纺织品 燃烧性能 垂直方向试样火焰蔓延性能的测定[S].

[22]GB/T 8745—2001 纺织品 燃烧性能 织物表面燃烧时间的测定[S].

[23]GB/T 8746—2009 纺织品 燃烧性能 垂直方向试样易点燃性的测定[S].

[24]FZ/T 01028—2016 纺织品 燃烧性能 水平方向燃烧速率的测定[S].

[25]GB/T 14644—2014 纺织品 燃烧性能 45°方向燃烧速率的测定[S].

[26]GB/T 14645—2014 纺织品 燃烧性能 45°方向损毁面积和接焰次数的测定[S].

[27]GB/T 17591—2006 阻燃织物[S].

[28]GB/T 21295—2014 服装理化性能的技术要求[S].

[29]FZ/T 81001—2016 睡衣套[S].

[30]GB 20286—2006 公共场所阻燃制品及组件燃烧性能要求和标识[S].

[31]GB 50222—2017 建筑内部装修设计防火规范[S].

[32]GB/T 20390. 1—2018 纺织品 床上用品燃烧性能 第1部分:香烟为点火源[S].

[33]GB/T 20390. 2—2018 纺织品 床上用品燃烧性能 第2部分:与火柴火焰相当的点火源[S].

[34]GB/T 14768—2015 地毯燃烧性能45°试验方法及评定[S].

[35]GB 8410—2006 汽车内饰材料的燃烧特性[S].

[36]GA 10—2014 消防员灭火防护服[S].

[37]GB 8965. 1—2009 防护服装 阻燃防护 第1部分:阻燃服[S].

[38]GB 8965. 2—2009 防护服装 阻燃防护 第2部分:焊接服[S].

[39]GA 504—2004 阻燃装饰织物[S].

[40]GB 17927. 1—2011 软体家具 床垫和沙发抗引燃特性的评定 第1部分:阴燃的香烟[S].

[41]GB 17927. 2—2011 软体家具床垫和沙发抗引燃特性的评定 第2部分:模拟火柴火焰[S].

[42]GB/T 11049—2008 地毯燃烧性能室温片剂试验方法[S].

[43] GB/T 20097—2006 防护服 一般要求 [S].

[44] JIS L 1091:1999 Testing methods for flammability of textiles [S].

[45] BS EN 597 -1:2015 Furniture Assessment of the ignitability of mattresses and upholstered bed bases Part 1: Ignition source:smouldering cigarette[S].

[46] BS EN 597 -2:2015 Furniture Assessment of the ignitability of mattresses and upholstered bed bases Part 2: Ignition source:match flame equivalent [S].

[47] BS EN ISO 6940:2004 Textile fabrics - Burning behaviour - Determination of ease of ignition of vertically oriented specimens [S].

[48] BS EN ISO 6941:2003Textile fabrics - Burning behaviour - Measurement of flame spread properties of vertically oriented specimens [S].

[49] NFPA 701—2015 Standard Methods of Fire Tests for Flame Propagation of Textiles and Films[S].

[50] 16 CFR 1610 Standard for the Flammability of Clothing Textiles[S].

[51] 16 CFR 1615 和 16 CFR 1616 Standards for the Flammability of Children's Sleepwear[S].

[52] BS EN 1101:1996Textiles and textile products - Burning behaviour - Curtains and drapes - Detailed procedure to determine the ignitability of vertically oriented specimens(small flame)[S].

[53] BS EN 1102:2016 Textiles and textile products - Burning behaviour - Curtains and drapes - Detailed procedure to determine the flame spread of vertically oriented specimens[S].

[54] 16 CFR 1632 Standard for the Flammability of Mattress And Mattress Pad [S].

[55] 16 CFR 1633 Standard for the Flammability(Open flame)of Mattress Sets [S].

[56] ASTM D1230—2017 Standard Test Method for Flammability of Apparel Textiles[S].

[57] ASTM D6545—2018 Standard Test Method for Flammability of Textiles Used in Children's Sleepwear [S].

[58] BS 7177:2008 + A1:2011 Specification for resistance to ignition of mattresses,divans and bed bases [S].

[59] BS 7175:1989 Methods of test for the ignitability of bedcovers and pillow by smouldering and flaming ignition sources[S].

[60] BS 7176:2007 + A1:2011 Specification for resistance to ignition of upholstered furniture for non - domestic seating by testing composites[S].

[61] BS 5722:1991(R2008) Specifaction for flammability performance of fabrics and fabric combination used in nightwear garments [S].

[62] BS EN 14878:2007 Textiles—Burning Behaviour of children's nightwear—Specification[S].

[63] BS 5852:2006 Methods of test for assessment of the ignitability of upholstered seating by smouldering and flaming ignition sources[S].

[64] FMVSS 571.302 Flammability of materials used in the occupant compartments of motor vehicles[S].

[65] CPAI 84—1995 A Specification for Flame - Resistant Materials Used in Camping Tentage[S].

第十三章　功能性纺织产品开发和应用中的生态安全与环境问题

第一节　功能性纺织品开发中的误区和安全问题

一、夸大宣传

中国的功能性纺织产品消费市场的兴起并非源自市场和消费的导向，而是部分生产企业基于中国部分消费群体的心理需求，借鉴了中国保健品市场所谓的“成功经验”，以“讲故事”的方式将功能性纺织产品的某些功能进行宣传，并有意无意地将其与人体健康和保健连接起来，让消费者以为在满足日常对纺织产品穿着或使用需求的同时还可以达到健体养生的功效，可谓是一举两得，销量提升也自然。更有甚者，有的功能性纺织产品生产企业甚至将产品的功能无限扩大，大有包治百病之功效，误导消费者将其看作具有保健甚至治病功能的产品。其结果不仅误导消费，甚至还有可能使某些患病的消费者贻误最佳医疗时机，造成严重后果。

二、功能评价结果与实际使用功效存在明显差距

诚然，绝大部分功能性纺织产品确实具有某种特定的功能。但现实是，产品的实际功效大多与商家所宣传的相去甚远。这里面除了商家的不诚信或者是不实宣传之外，还涉及很多技术上的问题，使得消费者乃至商家本身都存在一定认知上的误区。而这些技术上的问题如果不仔细追究，往往会被有意或无意地忽视。例如，功能性评价方法的科学性和合理性、功能性纺织产品的实际使用环境与功能性评价方法实验条件的一致性等。以远红外功能性纺织产品为例，具有远红外辐射功能的材料可在很宽的波长范围内吸收环境发射出的电磁波(包括人体因散热而发出的红外光波)，并辐射出波长范围在2.5～30μm的远红外线。这是由于具有远红外辐射功能的材料在吸收外界的电磁辐射能量后，其分子的能态从低能级向高能级跃迁，而后又从不稳态的高能级回复到较低的稳态能级而辐射出远红外线。通过适当的工艺，可以将某些具有远红外辐射功能的材料加载到纤维材料中或附着在织物上，制成远红外功能性纺织产品。理论上讲，由于远红外功能性纺织产品在吸收外界能量后所辐射出的电磁波中4～14μm波长范围内的远红外线与人体细胞中水分子的振动频率相同，当人体表面受到此波长范围的远红外线的辐射时，会引起人体表面细胞内水分子的共振，产生热效应，并激活人体表面细胞，促进人体皮下组织血液的微循环，达到保暖、保健、促进新陈代谢的功效。

目前评价纺织品远红外辐射功能的方法有两种：一是直接方法，即测定样品在接受外界能量后发射远红外光的能力；二是间接方法，即测定物体受样品远红外辐射后的升温情况，但前提是样品和受辐射物体之间必须可实现能量的转换。目前，国际上通行的标准方法是测定样品在

接受外界能量时,其辐射远红外光的法向发射率。但不管远红外功能性纺织产品的远红外辐射功能有多强,其首要的条件是必须吸收外界能量,然后是要能够到达人体皮肤表面。但在实际使用中,如果将远红外功能性纺织产品用于外套面料,虽然可以吸收太阳辐射的能量,但其产生的远红外辐射却无法透过面料到达人体皮肤表面,也就无法引起人体皮肤表面细胞中水分子的共振,不会有热效应产生。而如果将面料用于内衣,暂且不论其穿着的舒适性如何,由于无法吸收外界光辐射的能量,则由人体自身散发出的热量就成了唯一的能量来源。经能量转换后,除去损耗,辐射回人体皮肤的能量也就大打折扣,效果非常有限。

由于功能评价方法的实验条件与实际穿着使用的环境严重不符,使得其功能性评价方法的合理性和有效性受到广泛质疑;而商家的夸大宣传与消费者的实际感受之间的巨大差异更是受到广泛的诟病。这样的情况在负离子功能性纺织产品上也同样存在。由于测试时的摩擦条件在实际使用中并不经常发生,所以实际穿着或使用时负离子的发生率要远低于功能评价时的测试结果。

三、过度追求功效

具有某种特定的功能是功能性纺织产品追求的目标,但这并不意味着一定要把某种功效放大到极致。以抗菌功能性纺织产品为例,目前市场上有不少抗菌、防霉、消臭的功能性纺织产品被冠以广谱、高效抗菌的光环,殊不知,人体皮肤表面有很多常驻菌,其中不乏有益菌。如果所使用的抗菌功能性纺织产品具有广谱抗菌功效,不管是什么菌一概杀死,不仅不能起到有效保护人体健康的作用,反而可能造成皮肤表面的菌群失调而对人体健康带来安全隐患。

事实上,抗菌功能性纺织产品的开发应该以对人体有致病性的微生物为主攻目标,包括各种致病性的细菌、真菌及其他微生物等。而不同的抗菌剂对不同微生物的杀灭作用也是不一样的,即并非所有的抗菌剂对所有的微生物都有杀灭作用,而我们也并不需要杀死所有的微生物。因此,有针对性地根据不同的产品及其用途开发个性化的抗菌产品应该成为一个基本原则,比如开发抗菌内裤和袜子,其针对的主要目标应该是会引起股癣和脚癣的真菌。对于某些特殊用途的产品,如军用的内衣和鞋袜,考虑到战时的特殊环境,可能无法及时清洗,赋予其抗菌、防臭功能应该是必需的。但一般的日常生活中与皮肤直接接触的内衣无论是从安全性角度考虑还是从必要性去权衡,都不宜制成具有抗菌功能的产品,更不宜具有广谱抗菌性。对于某些产业用纺织品,如土工布,由于其在自然环境中使用时容易受到微生物的侵蚀,可以考虑进行防霉处理,但不此对环境造成污染是最基本的底线。

四、产品定位存在误区

仍以抗菌纺织产品为例,开发家用和服用的抗菌纺织产品固然可以赢得一部分消费者的青睐,但实际上抗菌功能性纺织产品真正应该发挥作用的领域是公共场所使用的各种纺织产品。事实上,很多疾病的传播是在公共场所实现的。如果能将目前在公共场所使用的普通纺织产品全部替换成具有抗菌功能的纺织产品,将大大减少公共场所使用的纺织产品因沾染有害微生物而成为传播病菌的媒介的概率。但遗憾的是,目前几乎所有抗菌纺织品的开发厂商都把目标集中在家用和服用的纺织品上,对公共场所使用的纺织产品关注甚少。

在公共卫生安全领域,严格控制疾病的传播,做好预防工作意义重大。将抗菌功能性纺织产品的开发和应用的重点转到公共卫生安全领域不仅可以为公共卫生安全管理提供强有力的技术支撑,而且可以为生产企业开拓一个更为广阔的抗菌纺织产品应用领域。包括学校、医疗机构、娱乐场所、餐厅、宾馆、交通工具、会议中心等在内的公共场所对纺织产品的需求量巨大,如果能将这些公共场所所使用的纺织品做成具有抗菌功能的产品,对于控制疾病的传播和交叉感染具有非常重要的现实意义。

又如抗紫外功能性纺织产品。目前市场上推广的抗紫外功能性纺织产品大多将其功能与防止紫外线对人体皮肤的伤害相关联。但实际上,目前绝大部分常规服用纺织品都具有足够的阻止紫外线透射的功效,而真正需要赋予其抗紫外功能的应该是长期在户外使用的诸如登山服、野外工作服、广告布、蓬帆布、帽子、户外家具布、晴雨伞面料等。赋予其抗紫外功效的目的主要不是为了遮挡紫外线,而是为了避免因为紫外线的过度照射而引起其使用性能的快速下降。

五、功能性整理或添加剂的安全性问题

目前市场上大部分功能性纺织产品的所谓功能是通过采用功能性整理或添加功能性添加剂实现的。而这些整理剂或添加剂除了具有某种特定的功能之外,其安全性大部分没有经过专门的评估,在功能性纺织产品的开发中很少有企业给出安全性检测或评估报告。有些企业在追求功效最大化的同时,很少有意识去关注由此而带来的产品安全性问题。比如,对人体的各种急慢性毒性,如致畸、致癌、致突变、生殖毒性和皮肤刺激、皮肤过敏等的问题,以及在产品的生产和使用环节可能对环境带来的负面影响。事实上,某些整理或添加剂已经被证明存在可能影响人体健康的接触和暴露风险,这给功能性纺织产品的开发和应用带来了一定的安全隐患。因此,本章希望通过对一些实例的分析来引起各方的关注。

第二节 部分案例分析

一、抗菌纺织品的生态安全问题

用于抗菌纺织产品开发的抗菌添加剂有无机和有机两个大类。

早期的无机抗菌添加剂主要是一些重金属及其氧化物,因其毒性高而早已被淘汰。目前用得比较多的无机抗菌剂体系有以沸石为载体的金属离子抗菌剂体系、以金属及其氧化物为主体的抗菌剂体系、以磷酸盐为主的抗菌剂体系和光催化抗菌剂体系。这些无机抗菌添加剂体系虽然毒性相对较低,但抗菌的性能相对单一且较弱,通常抗细菌效果较好,抗真菌的效果一般。而且如果要确保一定的抗菌效率,还必须确保一定的使用量。但由于采用的是添加无机颗粒的共混纺丝工艺,使用量大的话,会影响成纤聚合物的流变性能,且易堵塞喷丝板。其中应用最广的银系抗菌剂还因其中的 Ag 易被氧化变黑而影响浅色产品的开发和应用。而有机抗菌剂体系不仅种类更为繁多,而且无论是在抗菌效率(用量低)、抗菌范围(广谱抗菌)、与成纤聚合物的相容性等诸多方面都有优良表现,因而被广泛应用于高分子材料的抗菌防霉,抗菌纺织产品也不例外。但从严格意义上讲,有机抗菌防霉剂绝大多数都属于农药或杀虫剂的范畴,用于纺织产品的抗菌改性存在相当的生态安全风险。

此外,使用抗菌纺织产品时应考虑以下问题,当人体在穿着或使用抗菌纺织产品时,所接触到的抗菌剂对人体的细胞是否也会产生作用呢?它的直接或累积后果会怎么样呢?由于片面追求广谱杀菌效果,是否会在杀死有害菌的同时也杀死有益菌,从而导致菌群失调的负面效果呢?至少到目前为止,大部分抗菌纺织产品的开发商没有给出说明或答案,而消费者对此却知之甚少。

在抗菌剂安全性评价中,急性毒性指标是最重要的,如 LD_{50}(引起半数受试动物死亡的剂量)和对皮肤、黏膜及眼睛的刺激等。按目前国际通行的毒性分级标准,大白鼠一次经口 LD_{50}(mg/kg)≤1 为剧毒、1 ~ 50 的为高毒、50 ~ 500 的为中等毒、500 ~ 5000 的为低毒,5000 ~ 15000 的为实际无毒,而 > 15000 的则为基本无害。根据这一标准,目前用于抗菌纺织产品的抗菌剂绝大部分属于低毒或中等毒。虽然抗菌剂在抗菌纺织产品上的负载量很低,但长期接触的累积毒性问题仍不容忽视。除急性毒性外,抗菌剂的慢性毒性问题亦应引起足够的重视。慢性毒性的主要考核内容包括:致畸、致癌、致突变和对生殖系统的影响等,而之前甚至目前仍在使用的部分抗菌剂已被证明存在严重的慢性毒性问题。但由于缺乏法规和标准的规范,目前市场上几乎所有的抗菌纺织产品都无这方面的相关信息披露,甚至有相当部分的抗菌纺织产品的开发商在选用抗菌剂时根本没有考虑要把抗菌剂的急慢性毒性作为重要的评估内容来进行安全性的管控,而只是片面追求广谱、高效的杀菌效果。

二、阻燃纺织品的生态安全与环境问题

因相关法规对儿童用品和家居用品(包括家用纺织品)的阻燃性能有严格的要求,在欧美等地,用于儿童服装或用品及家居用品的家用纺织品,满足规定的阻燃性能要求已经成为最基本的质量要求。

部分因性能良好而被广泛使用的阻燃剂存在可能危害人体健康或污染环境的安全隐患,表 13 - 1 所列的部分被禁用的阻燃剂已在欧盟法规中被明确规定。

表 13 - 1　部分被禁用的阻燃剂

化学名称	英文名缩写或分子式	CAS 编号
氯化石蜡(C_{10-13})	SCCPs(C_{10-13})	85535 - 84 - 8
多溴联苯	PBBs	59536 - 65 - 1
五溴联苯醚	pentaBDE	32534 - 81 - 9
八溴联苯醚	octaBDE	32536 - 52 - 0
三 - (2,3 - 二溴丙基)磷酸酯	TRIS	126 - 72 - 7
双 - (2,3 - 二溴丙基)磷酸酯	DRIS	5412 - 25 - 9
三(1 - 氮环丙基) - 膦化氧	TEPA	545 - 55 - 1
十溴联苯醚	decaBDE	1163 - 19 - 5
三氧化二锑	Sb_2O_3	1309 - 64 - 4

禁用这些物质是因为这些物质按欧盟的危险物质分类号可能被列为 R40(有致癌性)、R45(可致癌)、R46(可引起遗传性损害)、R49(可引起吸入性致癌)、R50(对水生物非常毒)、R51

(对水生物有毒)、R52(对水生物有害)、R53(对水环境可能产生长期的不利影响)、R60(可降低生育能力)、R61(可损害胎儿健康)、R62(有可能降低生育能力)、R63(有可能损害胎儿健康)和R68(有可能引起多种不可逆的危害)类物质。阻燃剂的误用或滥用可能通过阻燃纺织产品与人体的接触以及在生产过程中的排放或因产品的不完全燃烧放出大量的烟雾而对人体健康和环境造成严重的危害。需要提请注意的是,三氧化二锑通常用作聚酯缩合的催化剂以及聚酯纤维的阻燃改性,在聚酯纤维产品中可能会有残留。

三、远红外和负离子纺织品的生态安全问题

除仍有少量采用后整理方法之外,目前大部分远红外功能性纺织产品都是采用远红外功能性纤维制备的,其中绝大部分是由共混纺丝方法制得的,如远红外涤纶、远红外丙纶、远红外锦纶、远红外黏胶和远红外腈纶等。

具有远红外辐射功能的添加剂通常都是源自于天然矿石的金属氧化物,也有部分人工制成的具有相同化学组成的粉末。表13-2列出了部分具有远红外辐射功能的陶瓷微粉的化学组成及基本物理性质,其中,氧化锆是目前应用最多的具有远红外辐射功能的添加剂,但其却因存在辐射安全性问题而受到广泛关注。

表13-2　部分具有远红外辐射功能的陶瓷微粉的化学组成及物理性质

化学名称	化学式	色泽	粒径(μm)	密度(g/cm^3)
超细二氧化钛	TiO_2	白	0.02~0.1	4
超细氧化锌	ZnO	白	0.01~0.04	5.5~5.8
碳化锆	ZrC	灰黑	1.2~2	3.2~3.3
氧化铝	Al_2O_3	白	0.6~1	3.9~4
氧化锆	ZrO_2	白	0.02~0.1	3.3~3.5
氧化锡	SnO_2	白	0.01~0.06	6.9
氧化镁	MgO	白	0.3~1	3

有关氧化锆的辐射问题,最早源于对氧化锆用于齿科材料的辐射安全性问题的担忧。科学研究已经证明,氧化锆本身并无辐射性,但在天然氧化锆的开采中,有一种共生矿与氧化锆形影不离,很难分离。而这种共生矿的主要成分为铪(Hf),具有放射性。因而,天然氧化锆的辐射性问题不容忽视,而人工合成的氧化锆则不存在辐射安全性问题。但由于天然氧化锆与人工合成的氧化锆相比存在价格上的优势,因而因天然氧化锆的使用而可能带来的辐射安全问题就变得严重起来。

事实上,天然矿物质原料的辐射安全性问题远不止氧化锆一种。以在一定条件下具有热电或压电效应的天然电气石作为添加剂制得的负离子功能性纺织产品,同样面临类似的风险。有关负离子功能性纺织产品的实际功效(保健功效),业界存有不同的看法。要使负离子纤维在使用中产生负离子需满足两个基本条件,一是环境要有一定的湿度(有水分子存在并参与反应),二是必须有一定强度的摩擦,通过压电或热电效应使纤维周边的水分子发生电离,从而产

生负离子。但在纺织品的实际使用中，一定强度的摩擦发生的概率并不多，把仅存在理论上的功效作为功能性纺织产品开发和营销的热点，不仅不可能有长远的市场，而且更应权衡其在微乎其微的“功能”与消费者健康安全风险之间的利弊得失。

第三节　对功能性纺织品开发中的生态安全要求

一、纺织品生态安全的基本要求

近年来，伴随功能性纺织产品开发技术的日渐成熟，业内对功能性纺织产品的市场预期再度升温，但除了日本市场对抗菌产品情有独钟，欧美市场因法规要求而对产品的阻燃性能有所要求以及中国台湾的纺织业界对“机能性纺织品”继续倾注很大的热情之外，国际市场并未延续对以后整理或共混改性为主要制备方式的传统意义上的功能性纺织产品的热捧，其中功能性纺织产品开发和应用中的生态安全问题是主要障碍之一。特别是将化学品的使用作为某些特殊功能的主要获得渠道，国际市场和消费者仍是心存疑虑。

绿色消费已经成为引领国际纺织产品消费市场的主流和纺织产业发展的重要市场导向之一。其原因在于，现代纺织工业正在逐渐演变成一个典型的化学加工工业，现代纺织工业中几乎每一道加工工序都已离不开化学品的使用。纺织技术发展到今天，除了生产工艺、设备等方面的技术进步之外，人们还把注意力更多地放在提升产品的外观质量和使用性能上，而各种加工助剂或功能性添加剂的使用可起到事半功倍的作用。但纺织品上大量未经严格生态安全评估的化学品的使用甚至滥用以及某些生态毒性物质可能带来的生态安全与环境问题，已经引起世界各国的广泛关注，从源头上加强管理和监控已经成为各方的共识。

目前，纺织产品的生态安全性能要求已经成为纺织产品质量的最基本要求，以严格的生态安全要求为特征的技术性贸易措施已经成为国际纺织产品贸易的主要障碍，而纺织供应链的环境管理问题也正在成为各方关注的热点。虽然有关纺织品的生态安全性能要求目前尚无统一的国际标准，但生态安全纺织产品所应有的技术特征却已有广泛的社会共识，包括：原料可再生或可重复利用；产品在生产加工过程中不会因为污染而对人体健康或环境带来危害；产品在使用过程中对人体或环境不会造成危害；产品在废弃以后不会对环境带来新的污染。但目前不少功能性纺织产品的开发企业对产品的生态安全要求与环境的可持续发展问题缺乏足够的了解和关注，主要表现在：有害物质的误用和滥用、工艺上增加环境负担、在后道处理和应用中带来新的生态安全与环境问题等。

二、功能性纺织品开发中应注意的规范性要求

在强化对化学品生产和使用安全性的管控方面，目前全球最权威和最完整的法规是欧盟的REACH 法规，并已逐渐成为全球消费品贸易中被普遍遵循的最重要和最基本的生态安全技术要求的主要依据。

REACH 法规规定，欧盟化学品和其他有形产品的重要生产商和进口商负有如下义务：整理并提交包括产品每种化学物质测试数据在内的详细报告（即“注册”）；评估产品所含每种化学物质的安全性参数（即“评估”）；根据化学品的不同性质取得使用的特殊授权（即“授权”）；遵

守任何限制化学品生产和使用的限制规定(即“限制”)。

REACH 法规有两个非常重要的附件,一个是附件 XVII《对某些危险物质、制剂和物品的生产、销售和使用的限制》,另一个是附件 XIV《需授权物质清单》。这其中,限制是指不得有意生产、销售或使用,如果是因为工艺或技术原因作为杂质被引入,则必须满足附件所给出的限量要求。需授权物质,是指未经授权不得销售和使用的物质。这两个附件是目前全球化学品安全管控最主要的法规源头。

对于哪些物质应该被列入附件 XVII,欧盟给出的基本条件是:①对人类健康和环境存在不可接受的风险;②按分类标准属于 1 类和 2 类致癌、致基因突变或生殖毒性物质(Carcinogenic, Mutagenic or Toxic to Reproduction,简称 CMR);③在未遵守规定的限制条件的情况下,不得生产、销售或使用。事实上,目前世界各国几乎所有的限用物质清单,包括中国纺织工业联合会的团体标准 T/CNTAC 8—2018 纺织产品限用物质清单,其最基本和最重要的来源均指向 REACH 法规的附件 XVII。而这个附件 XVII 本身还有 10 个附录,里面列出了在附件 XVII 中给出的 72 个大类所涉及的上千种物质(至 2018 年底止)。

关于附件 XIV,根据 REACH 法规第 VII 章关于授权的要求,被列入附件 XIV 的物质包括致癌、致基因突变和生殖毒性物质(即 CMR 物质)、持久性、生物积累性和毒性物质(Persistent, Bioaccumulative and Toxic,简称 PBT)及高持久性、高生物积累性(Very Persistent and Very Bioaccumulative,简称 VPVB)物质及类似物质,统称为高度关注物质(Substances of Very High Concern,简称 SVHC)。将某一物质认定为 SVHC 并最终列入附件 XIV 必须经过一个复杂的程序。物质一旦被列入候选清单(即已确认为 SVHC)将给在欧洲生产或销售该物质的企业带来法定的信息通报责任。自物质被列入候选清单后,如物品中含候选清单所列物质超过 0.1% (w/w) 时,欧盟或欧洲经济区的物品供应商必须向他们的客户提供有关该物品安全使用的详细信息,或在接到消费者的要求后 45 天内提供该信息。到 2018 年度为止,被列为 REACH 法规附件 XIV 候选的 SVHC 已达 191 种,而其中真正经欧盟委员会审核同意被列入附件 XIV 的仅为 43 种。因此,从目前 ECHA 已公布的 SVHC 候选物质的属性来看,绝大部分还仅仅是候选物质,并不必然成为 REACH 法规附件 XIV 的最终入选者,也并非全是已经得到正式确认的 CMR、PBT、VPVB 或类似物质。

根据 REACH 法规规定,任何在欧盟境内生产或进口的达到一定量的化学品或制剂都需进行注册和使用风险评估,并确认是否需要纳入“授权使用”或“限制使用”这两种不同的风险控制范围。一旦被确定为需“限制使用”,则会被列入附件 XVII,其含义是不得有意生产、销售和使用。如果被允许授权使用,则意味着在被规定的授权范围和条件下可以进行有条件地使用。鉴于 REACH 法规的权威性和目前已被全球普遍采用的实际情况,在功能性纺织产品开发和应用中对所使用的化学品按照 REACH 法规的要求进行预先的安全评估是一种非常有效的安全风险管控手段。这样做不仅可以防范法律风险,更可以有效地保护消费者的健康安全和环境的可持续发展,将功能性纺织产品的开发和应用纳入规范化和标准化的正确轨道上来。

讨论功能性纺织产品开发和应用中的生态安全和环境问题,并非是要否定功能性纺织产品开发本身。近年来,随着材料科学、技术和装备水平的提高,以纤维物理改性和织物组织结构特殊设计为主要技术手段的吸湿速干纤维和织物的成功开发与应用为功能性纺织产品的发展打开了一个全新的视野,单纯依靠某些具有特殊功能的化学品的使用将不再是功能性纺织产品开发的唯一或最主要的手段。而新型的高科技纤维的开发和应用也将为功能性纺织产品的发展提供更多的机会和更为广阔的发展前景。

可持续发展已经成为21世纪全球发展战略的主题,人们正从工业化发展过程中伴随的环境问题中不断吸取经验教训。高新科技也是一把"双刃剑",在带给人们巨大的精神和物质利益的同时,如果应用不当,也会给这个世界带来巨大的灾难。在化学品的使用已经成为我们日常生活中一部分的时候,尤其要注意其对人类健康和环境的潜在威胁基于知识、专业、目的和利益的差异,有害物质的误用和滥用现象目前还时有发生,各方必须予以高度关注。在强化供应链管理中,特别要注重从源头上加强对有害物质使用的管控,不能再走"先污染后治理"的老路,在新技术、新产品和新工艺的开发中,自觉承担起保护人类和动植物健康、保护环境的社会责任,让人类和环境在和谐的环境中获得可持续发展,而这也是我们在大力发展功能性纺织产品的开发与应用中亟须解决的问题,切不可掉以轻心!

参考文献

[1]王建平.新型纤维材料开发中的生态安全与环境问题[J]. 合成纤维,2012,41(11):1-8.

[2]王建平,陈荣圻,吴岚,等. REACH法规与生态纺织品[M]. 北京:中国纺织出版社,2009.